普通高等教育土木工程学科精品规划教材（专业核心课适用）

砌体结构设计

DESIGN OF MASONRY STRUCTURES

王秀芬　主　编

贾英杰　师燕超　李新华　副主编

张晋元　主　审

内 容 提 要

本书根据高等学校土木工程专业“砌体结构设计”课程的教学基本要求，按照最新的国家标准《砌体结构设计规范》(GB 50003—2011)编写而成。本书共9章，包括：绪论，砌体材料及其力学性能，砌体结构的设计理论，砌体结构房屋的静力计算，砌体构件的承载力计算，过梁、墙梁、挑梁及圈梁，配筋砌体构件的承载力计算及构造，砌体结构房屋抗震设计，设计实例等。

本书除可作为高等学校本科、专科教材外，还可作为建筑结构工程专业工程技术人员及其他人员的自学用书。

图书在版编目(CIP)数据

砌体结构设计/王秀芬主编. —天津：天津大学出版社，2016.1

普通高等教育土木工程学科精品规划教材.专业核心课适用

ISBN 978-7-5618-5534-8

Ⅰ.①砌… Ⅱ.①王… Ⅲ.①砌体结构-结构设计-高等学校-教材 Ⅳ.①TU360.4

中国版本图书馆CIP数据核字(2016)第032315号

出版发行 天津大学出版社
地　　址 天津市卫津路92号天津大学内(邮编:300072)
电　　话 发行部:022-27403647
网　　址 publish.tju.edu.cn
印　　刷 天津泰宇印务有限公司
经　　销 全国各地新华书店
开　　本 185mm×260mm
印　　张 12.75
字　　数 318千
版　　次 2016年4月第1版
印　　次 2016年4月第1次
定　　价 36.00元

普通高等教育土木工程学科精品规划教材

编审委员会

普通高等教育土木工程学科精品规划教材

编写委员会

总序

随着我国高等教育的发展,全国土木工程教育状况有了很大的发展和变化,教学规模不断扩大,对适应社会的多样化人才的需求越来越紧迫。因此,必须按照新的形势在教育思想、教学观念、教学内容、教学计划、教学方法及教学手段等方面进行一系列的改革,而按照改革的要求编写新的教材就显得十分必要。

高等学校土木工程学科专业指导委员会编制了《高等学校土木工程本科指导性专业规范》(以下简称《规范》),《规范》对规范性和多样性、拓宽专业口径、核心知识等提出了明确的要求。本丛书编写委员会根据当前土木工程教育的形势和《规范》的要求,结合天津大学土木工程学科已有的办学经验和特色,对土木工程本科生教材建设进行了研讨,并组织编写了“普通高等教育土木工程学科精品规划教材”。为保证教材的编写质量,我们组织成立了教材编审委员会,在全国范围内聘请了一批学术造诣深的专家作教材主审,同时成立了教材编写委员会,组成了系列教材编写团队,由长期给本科生授课的具有丰富教学经验和工程实践经验的老师完成教材的编写工作。在此基础上,统一编写思路,力求做到内容连续、完整、新颖,避免内容重复交叉和真空缺失。

“普通高等教育土木工程学科精品规划教材”将陆续出版。我们相信,本系列教材的出版将对我国土木工程学科本科生教育的发展与教学质量的提高以及土木工程人才的培养产生积极的作用,为我国的教育事业和经济建设作出贡献。

丛书编写委员会

土木工程学科本科生教育课程体系

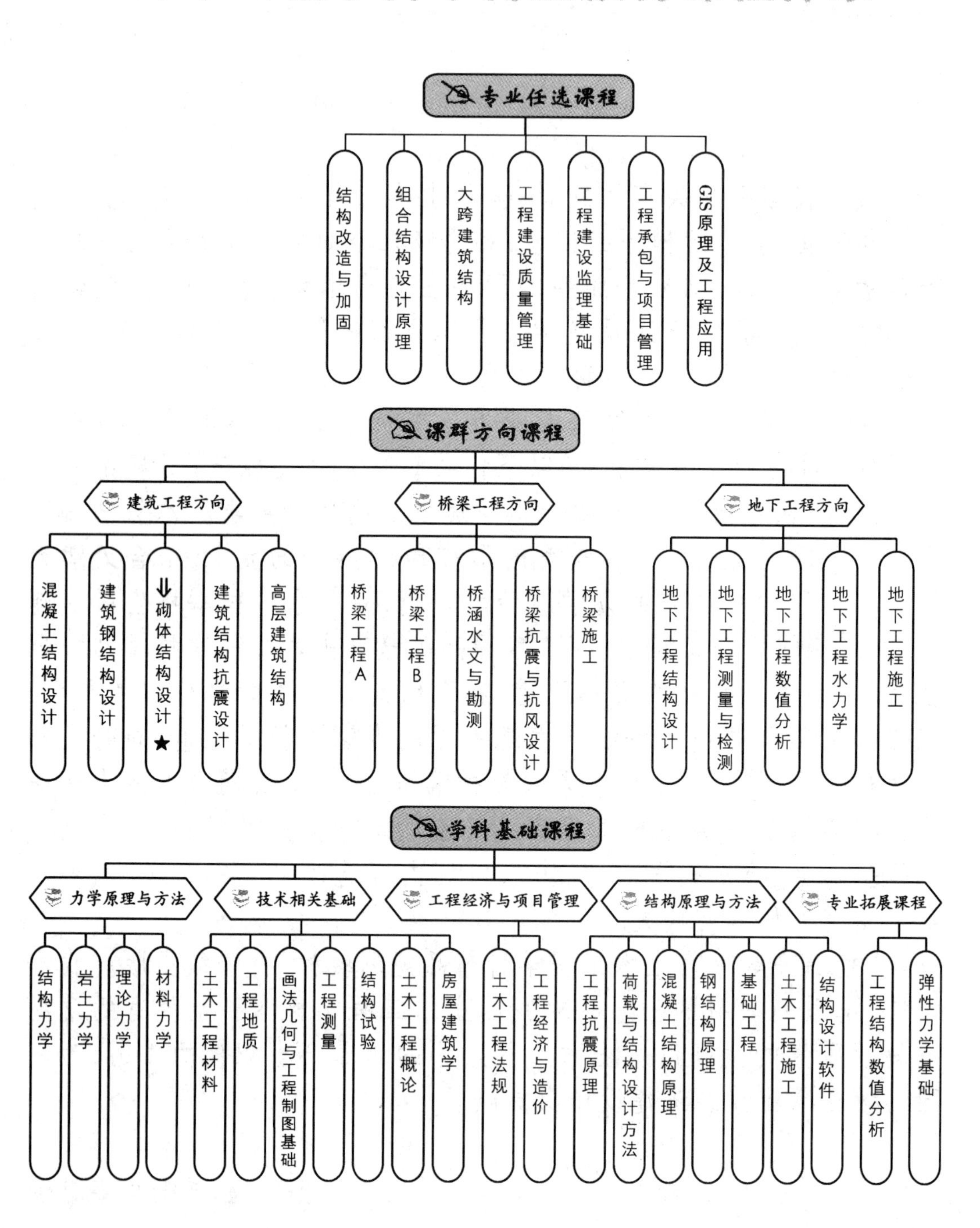

前言

本书是高等学校土木工程专业本科生培养的教学用书，有关内容均按照最新颁布的国家标准《砌体结构设计规范》(GB 50003—2011)、《建筑结构荷载规范》(GB 50009—2012)、《建筑抗震设计规范》(GB 50011—2010)及《混凝土结构设计规范》(GB 50010—2010)等现行规范编写。

砌体结构的设计理论，除了承启若干年来传统建筑结构体系的研究成果外，由于其独特的构造和设计特点，对混凝土结构及其他常规结构的设计也有重要的借鉴作用。

本书围绕砌体结构的各设计要点，详细论述了砌体结构的基本设计理论，确保所有内容与新规范无缝对接。同时，在结构或构件设计及验算过程中，对荷载统计与计算、截面抗震设计、耐久性要求等知识点进行了有效的融入与贯穿，形成一个对结构设计综合考虑的有机整体，对于从业人员对其他相关设计知识的巩固、更高效地投入设计与施工工作中、尽早具备结构工程师的综合素质并通过一级注册结构工程师的专业考试都会有很大帮助。

本书的另一个突出特点是在大量例题、习题的基础上，增加了设计资料完善、设计过程完整的课程设计实例，这对于学生完成砌体结构的课程设计及毕业设计均有指导作用，对于初入设计、施工单位的从业人员也有很好的借鉴意义。

由于各高校对本课程的教学内容及学时安排不同，任课教师可根据本校教学大纲要求讲授基本教学内容(第1~6章)，其他部分学生可适当自学。

本书第1、4、5、6、7章由王秀芬(天津大学)编写，第2章由王秀芬、贾英杰(北京交通大学)编写，第3章由师燕超(天津大学)、王秀芬编写，第8章由李新华(天津城建大学)编写，第9章由贾英杰、王秀芬编写。全书由王秀芬主编，张晋元(天津大学)主审。

本书的参编人员均为近年来主讲"砌体结构设计"课程的骨干教师，并具有丰富的设计实践经验。主审张晋元教授(国家一级注册结构工程师)为天津市一级注册结构工程师继续教育课程的主讲，具有广博的专业理论与设计知识。

在本书的编写过程中得到了河北工业大学王晓伟教授、天津大学李砚波和杨建民教授的鼎力支持，金明明、查万里、刘宇等同学也给出了宝贵意见，在此深表感谢。

因编者水平有限，敬请读者对书中错误和不足之处提出指正及改进意见。

编者

2016年1月

目　　录

第1章 绪论

1.1 砌体结构的历史和现状

砌体主要由块体(砖、石或砌块等)和砂浆砌筑而成,是砖砌体、砌块砌体和石砌体的总称。砌体结构是指由块体和砂浆砌筑而成的墙、柱作为建筑物主要受力构件的结构。

砌体结构的历史进程与人类的建筑发展史密切相关。考古资料显示,早在五十万年前的旧石器时代,中国原始人就已经利用天然的洞穴作为栖身之所。到了新石器时代,黄河中游的氏族部落,利用黄土层为墙壁,用木构架、草泥建造半穴居住所,进而发展为地面上的建筑。在《诗经·大雅》第三篇《绵》中有如下记载:“捄(jū)之陾(réng)陾(réng),度(duó)之薨(hōng)薨(hōng)。筑之登登,削(xiāo)屡(lǚ)冯(píng)冯(píng)。百堵皆兴,鼛(gāo)鼓弗胜。”生动形象地反映了商代古公亶父带领民众开发周原、筑墙建城的场面。经过夏、商、周三代,在中国的大地上先后营建了许多都邑,夯土技术已广泛使用于筑墙造台(图1-1),而夯土技术是土坯和烧结砖的前身。

砌体结构有悠久的历史。人类自巢居、穴居进化到室居以后,最早发现的建筑材料就是块材,如石块、土块等。人类利用这些原始材料垒筑洞穴和房屋,并在此基础上逐步从乱石块发展为人工块石,从土坯发展为烧结砖(图1-2),出现了最早的砌体结构。

图1-1 夯土建筑

图1-2 天然块体和人工块体

考古研究发现,我国早在5 000年前就建造有石砌祭坛和围墙,在公元前约2000年的夏代已有夯土的城墙,商代以后逐渐采用黏土做成的板筑墙。人们生产和使用烧结砖瓦也有3 000多年历史,在西周时期已有烧制瓦,在战国时期已能烧制大尺寸空心砖,南北朝时期砖的使用已很普遍。在秦代用乱石和土将秦、燕、赵北面的城墙连成一体，建成了万里长城的雏形，历经汉代和明代的多次修建，形成了今天闻名于世的万里长城(图1－3)；北魏孝文帝时期，建于河南登封的嵩岳寺塔(图1－4)是一座平面为十二边形的密檐式砖塔，共15层，总高43.5 m，为单筒体结构，是我国现存最古老的砖塔之一，在世界上也是独一无二的。

图1－3 中国的万里长城

图1－4 河南登封嵩岳寺塔

在隋代由李春所设计而建造的河北赵县安济桥(赵州桥)(图1－5)，距今已有约1 400年，净跨为37.02 m，宽约9 m，外形十分美观，是世界上最早建造的敞肩式单孔圆弧石拱桥。

古埃及于公元前约3 000年在尼罗河三角洲的吉萨采用块石建成的三座大金字塔(公元前2723—前2563年)(图1－6)，是精确的正方锥体。其中，最大的胡夫金字塔，塔高146.6 m，底边长230.6 m，约用230万块重2.5 t的块石建成。

图1－5 河北赵县安济桥

图1－6 埃及吉萨的三座大金字塔

公元72—82年建造的罗马斗兽场(科洛西姆圆形竞技场，图1－7)也是用块石砌成的，是古罗马文明的象征。从外观上看，它呈正圆形；俯瞰时，它呈椭圆形。其占地面积约2万m^2，最大直径为188 m，最小直径为156 m，圆周长527 m，围墙高57 m，这座庞大的建筑可以容纳近9万名观众，至今仍供人们参观。

公元532—537年在君士坦丁堡(现名伊斯坦布尔)建造的圣索菲亚教堂(图1－8)，东西长77 m，南北长71.7 m，正中是直径32.6 m、高15 m的穹顶，墙和穹顶都是砖砌的。

1 506年由米开朗基罗等人主持设计和施工的梵蒂冈圣彼得大教堂(图1－9)，总面积2.3万m^2，主体建筑高45.4 m，长约211 m，最多可容纳近6万人同时祈祷，是世界上最宏大、最壮丽的天主教堂。教堂全部用大理石砌筑而成，里面的所有画像都是用不同颜色大理石拼接而成的(图1－10)，工程十分浩大。

纵观近代及现代的国外砌体结构，由于高强材料的出现和运用，高层砌体结构也大量涌现。

图1-7　罗马斗兽场

图1-8　伊斯坦布尔的圣索菲亚教堂

图1-9　梵蒂冈圣彼得大教堂

图1-10　圣彼得大教堂穹顶局部

材料性能方面,黏土砖的强度等级高达100 MPa,砂浆的强度等级可达到20 MPa。在砂浆中掺入有机化合物形成高黏合砂浆,可使砌体的抗压强度高达35 MPa以上。因此,利用砌体结构承重可以修建十几层的高层房屋。1891年,美国人在芝加哥建造了一幢17层砖房,由于当时的技术条件限制,底层承重墙厚1.8 m。而于1957年,瑞士人在苏黎世采用强度为58.8 MPa、空心率为28%的空心砖建成了一幢19层塔式住宅,墙厚只有380 mm。

20世纪70年代,世界上50多个国家(不包括中国)的黏土砖总产量为1 000亿块。砖的强度一般达到30~60 MPa,有的高达100 MPa。砂浆的强度也提高许多,美国ASTM C标准规定的三类水泥石灰混合砂浆的抗压强度分别为25.5 MPa、20 MPa、13.9 MPa;德国的砂浆抗压强度为13.7~14.1 MPa。与此同时,砌块强度也已达到20 MPa,接近或超过普通混凝土强度。砌块产量大、应用广泛,在一些发达国家,其产量基本与砖的产量持平。

国外采用砌块作为承重墙建造了许多具有代表性的高层房屋。例如:1970年在英国诺丁汉市建成的一幢14层砌块房屋,高度为50 m,墙厚仅为280 mm;美国、新西兰等国采用配筋砌体建造了20层左右的高层建筑,如美国丹佛市17层的“五月市场”公寓和20层的派克兰姆塔楼等。国外采用高黏度、高强砂浆或有机化合物树脂砂浆甚至可以对缝砌筑。

我国近代北方地区,除木结构的应用外,大量的砖砌体作为建筑结构的主要形式得到广泛应用。从皇家宫苑到百姓民居,均充分利用了砌体结构营造简单、造型古朴且沉稳、使用时冬暖夏凉等特点。在相当长的时间里,砌体结构成为最普遍采用的建筑结构形式。1949

年中华人民共和国成立后，砌体结构得到规模空前的发展和应用，住宅建筑、多层民用建筑大量采用砖墙承重，5～6层的房屋普遍采用砌体结构，不少城市建到7～8层。重庆市20世纪70年代建成了高达12层的砌体结构住宅，在某些产石地区，毛石砌体作承重墙的房屋高达6层。砌体结构还常用于中、小型厂房和多层轻工业厂房以及影剧院、食堂、仓库等建筑的承重结构。在唐山发生大地震后，工程设计人员深入震区测绘、拍照，积累了大量的砌体结构震损破坏资料。经震害调查和研究表明：在抗震设防烈度6度以下的地区，一般的砌体结构房屋能经受地震的考验；在7度和8度设防区建造的砌体结构房屋，可按抗震设计要求进行改进和处理。

20世纪70年代前后的中国，黏土砖是使用最为广泛的砌体材料，但是烧制黏土砖不仅耗费良田、消耗大量能源，而且严重污染生态环境。进入21世纪以来，黏土砖已经逐渐被砌块、空心砖、非烧结砖等环保、节能块体所取代。因此，量大面广的村镇建筑、新农村改造等仍以砌体结构为主。在我国现阶段，虽然各类现代结构形式的发展如火如荼，但保持砌体结构的建筑风格是对村镇文化的延续和传承、对乡土氛围的保护和发扬，使得单层庭院和低层建筑生活群的建设受到越来越多的重视。

20世纪90年代以来，我国加快并深化了对配筋砌体的研究，1997年在辽宁盘锦建成了15层的住宅(图1－11(a))，1998年在上海建成了18层住宅(图1－11(b))，2003年在哈尔滨建成了18层双塔式住宅楼(图1－11(c))等。

(a)

(b)

(c)

图1－11 配筋砌体高层建筑

考虑节能节地的墙体改革后，大量非黏土烧制的砌块和配筋砌体结构得到了蓬勃的发展，使砌体结构焕发出新的生机和活力。

1.2 砌体结构的优缺点及应用范围

1. 砌体结构的优点

(1)易于就地取材。可采用煤矸石、页岩、粉煤灰等材料制砖，石材的原料是天然石材，砌块可以用工业废料——矿渣制作，来源方便，价格低廉。

(2)耐火性和耐久性好。与钢结构相比，砌体结构的耐火性和耐久性好，不需要经常性的保养和维护。

(3)施工简便、快捷。砌体结构砌筑时不需要模板和特殊的施工设备。在寒冷地区，冬季可用冻结法砌筑,不需要采取特殊的保温措施。

(4)使用功能好。砌体结构有良好的隔声、隔热和保温性能,既是较好的承重结构,又是较好的围护结构。

(5)抗爆破及抗倒塌能力强。砌体和砌块结构内通过设置钢筋并灌注混凝土,可有效增强其整体性,大幅提高结构安全度。

(6)经济性能好。砌体结构可节约钢材和水泥,并节省模板和木材,因而可降低建筑造价。

2. 砌体结构的缺点

(1)自重大。与钢和混凝土材料相比,国内砌体材料的强度相对较低,因而构件的截面尺寸较大,材料用量多,导致结构自重大。

(2)砌体的砌筑基本上是手工方式,施工劳动量大。

(3)砌体的抗拉和抗剪强度都很低,因而抗震性能较差,在使用上受到一定限制;砖、石的抗压强度也不能充分发挥。

(4)黏土砖需用黏土制造,在某些地区过多占用农田,会影响农业生产。

3. 砌体结构的应用范围

(1)多层住宅、办公楼等民用建筑的基础、墙、柱等构件大量采用砌体结构。在抗震设防烈度6度区,烧结普通砖砌体住宅可建到8层;在非抗震设防区,可建高度更高。例如,重庆市20世纪70年代就建成了一批12层砌体结构住宅。

(2)跨度小于24 m且高度较小的俱乐部、食堂以及跨度在15 m以下的中、小型工业厂房常采用砌体结构作为承重墙、柱及基础。

(3)60 m以下的烟囱、料仓、地沟、管道支架和小型水池等结构也常采用砌体结构。

(4)挡土墙、涵洞、桥梁、墩台、隧道和各种地下渠道也常用砌体结构。

1.3　砌体结构的理论研究

砌体结构虽然是应用了几千年的古老结构,但人们真正对其进行科学的理论研究的历史并不长。直至20世纪30年代,砌体结构都是采用经验法设计,或采用允许应力法作粗略的估算,所设计的构件粗大、笨重。苏联从20世纪40年代、欧美国家从20世纪50年代开始对砌体结构的受力性能进行较为广泛的试验研究,从而提出了以试验结果和理论分析为依据的设计计算方法。我国在新中国成立初期引用苏联的砖石结构规范作为我国砌体结构设计的依据。自20世纪60年代开始,我国对砌体结构开展了系统的试验和理论研究,提出了符合我国国情的设计计算理论和一系列的构造措施。1973年我国颁布了《砖石结构设计规范》(GBJ 3—73),在试验研究的基础上,对砌体结构的设计方法作了某些改进。如砌体结构房屋的静力计算,根据房屋的空间刚度,分别按刚性、刚弹性和弹性三种方案进行(见"砌体结构房屋的静力计算"一章),使墙体在竖向和水平荷载共同作用下的内力计算更加接近实际情况。无筋砌体受压构件的强度计算,改变了将构件区分为大、小偏心受压的计算方法,使计算更为简便。在此以后,研究工作不断地深入进行,1988年颁布了修订的《砌体结构设计规范》(GBJ 3—88),2001年颁布了又一次修订的《砌体结构设计规范》(GB 50003—2001),2011年发布了最新版的《砌体结构设计规范》(GB 50003—2011),由于不断地将新的研究成果纳入设计规范,使得我国砌体结构的理论研究已进入国际先进行列。

砌体结构的设计理论对形成其他结构体系设计理论及专业课程的学习都有帮助。由于砌体结构的材料组成较多、构造方式多样以及设计理论的模糊性和设计方法的复杂性，使得砌体结构的理论体系比其他结构体系更丰富。通过砌体结构的设计理论学习，可以帮助专业人员形成更全面的考虑问题的知识系统，对其他结构体系的学习起到事半功倍的作用。

1.4 砌体结构的发展方向

1. 发展高强、轻质、高性能砌体材料

砌体结构发展的主要趋向是要求砖及砌块材料具有轻质、高强的性能，砂浆具有高强度，特别是高黏结强度，尤其是采用高强度空心砖或空心砌块砌体时。在墙体内适当配置纵向钢筋，对克服砌体结构的缺点、减小构件截面尺寸、减轻自重和加快建造速度具有重要意义。研究设计理论，改进构件强度计算方法，提高施工机械化程度等，也是进一步发展砌体结构的重要课题。

2. 采用新型结构体系

采用高强度砖石和砂浆，用较薄的承重墙建造较高的建筑物是现代砌体结构的主要特点。如瑞士在16层高的公寓建筑中以150 mm厚的砖墙承重，并采用抗压强度达40 MPa的特种BS砖建成18层高的公寓；采用抗压强度达60 MPa、孔洞率为28%的多孔砖建成19层和24层高的塔式住宅建筑，砖墙仅厚380 mm。英国用抗压强度达35 MPa、49 MPa和70 MPa的卡尔柯龙(Calculon)多孔砖建成11～19层高的公寓。美国用两片90 mm厚的单砖墙中间夹70 mm厚的配筋灌浆层建成21层高的公寓，用灌浆配筋混凝土砌块墙建成18层高的旅馆。

配筋砌体在国外已获得广泛使用，我国对配筋砌块砌体剪力墙结构的研究已有初步成果，并已经建成了许多配筋砌体高层建筑。

3. 采用新技术

预制砖墙板提高了施工机械化的程度，施工速度快，质量也易保证。预制黏土砖墙板的形式因各国气候和地理条件以及建筑传统不同而异，大多数用夹心式构造，少数用空心砖，有些用带孔砖在孔内配筋灌浆，有些在内侧用轻混凝土兼作保温材料。墙板的大小和房间墙面的大小相同。预制砖墙板多用于低层居住建筑，也用于高层公寓作承重墙或非承重墙。

4. 采用新理论

砌体结构的设计理论发展较晚，设计中经验公式多，概念设计显得尤为重要，还有许多理论问题有待进一步研究和探讨。同时，还应重视砌体结构的耐久性和对既有砌体结构修复补强的研究工作。

1.5 砌体结构房屋的结构设计步骤

砌体结构房屋的结构设计是一项综合性的、创造性的工作。不仅包括确定结构方案，进行结构布置，确定截面形式、尺寸，选择材料等，而且要考虑安全、适用、经济和施工等方面的合理性和可行性等。设计中要对多种影响因素进行综合分析、归纳，通过分析比较才能取得合理的设计。因此，砌体结构房屋的结构设计按下列步骤进行。

1. 确定结构方案，进行结构布置和概念设计

方案和布置主要指墙体结构、屋盖、楼盖及基础等方案以及墙体材料的选择，墙厚的确定，楼盖、屋盖的结构形式，基础布置方式等。为使结构设计合理、传力线路清晰，必须与建筑设计方案同时协调进行。对地震设防区还要注意抗震概念设计，满足抗震概念设计的各项要求。

2. 进行结构计算和结构构件设计

结构计算是指设计规范明确规定进行计算的内容，如受压、受剪、高厚比验算、局部承压验算等。由于各种作用（尤其是地震作用）的不确定性以及砌体结构材料力学性能及破坏机理的复杂性，使得对砌体结构的各项结构计算属于一种粗略的等效计算，其目的是使结构抗力有一个较为合理的分布及合理的可靠度。结构的可靠性，特别是抗震可靠性，不可能完全通过计算手段来保证。

3. 进行结构整体及局部的构造设计

构造设计是指选择合理的构造柱、圈梁、叠合层、局部加强边框、窗下加强筋等，无须计算但要按概念设计进行加强。合理的构件形式及尺寸、构件之间的有效连接、不同类型构件和结构在不同受力条件下的特殊要求与采取的措施，按照规范相关要求细致考虑，并切实地反映到施工图中。

4. 绘制结构施工图

结构施工图包括总体结构布置图及构件节点详图等。图纸要符合制图标准的各项要求，并结合砌体结构相关的标准图集，准确反映结构计算及构造设计的结果，要简明无误、便于施工。

思考题

1－1　何谓砌体结构？

1－2　结合砌体结构的优缺点，简述砌体结构今后的发展方向。

1－3　砌体结构的设计步骤如何？

第2章　砌体材料及其力学性能

2.1　块体和砂浆

砌体结构是由块体和砂浆砌筑而成的，故块体与砂浆的力学性能决定了砌体的力学性能。

2.1.1　块体

块体主要有砖、砌块和石材。块体是砌体结构的主要组成部分，占砌体结构总体积的78%以上，是砌体强度的主要提供者。

1. 砖

我国目前常用的砖有烧结普通砖、烧结多孔砖、烧结空心砖、蒸压灰砂普通砖、蒸压粉煤灰普通砖、混凝土普通砖和混凝土多孔砖。

1）烧结普通砖

烧结普通砖是以煤矸石、页岩、粉煤灰或黏土为主要原料，经过焙烧而成的实心或孔洞率不大于15%且外形尺寸符合规定的砖（重力密度 $\gamma = 18 \sim 19\ \mathrm{kN/m^3}$）。烧结普通砖按其主要原料的种类分为烧结煤矸石砖、烧结页岩砖、烧结粉煤灰砖和烧结黏土砖等。如图2－1（a）所示，烧结普通砖的规格尺寸为240 mm×115 mm×53 mm（684块/$\mathrm{m^3}$）。烧结黏土砖曾在砌体结构建筑中长期占据主导地位，主要是因为其具有优良的力学及物理性能（保温、隔热、耐久性）。但是，生产黏土砖要消耗大量的土地且生产能耗高，因此在我国的大、中型城市已禁止使用。

2）烧结多孔砖

烧结多孔砖以煤矸石、页岩、粉煤灰或黏土为主要原料，经焙烧而成，孔洞率不大于35%，孔洞多与承压面垂直（竖孔，即孔洞垂直于砖的大面），孔的尺寸小而数量多，主要用于承重部位，简称多孔砖。目前，多孔砖分为P（popular）型砖和M（modular）型砖。P型砖的规格为240 mm×115 mm×90 mm，如图2－1（b）所示；M型砖的规格为190 mm×190 mm×90 mm，如图2－1（c）所示。

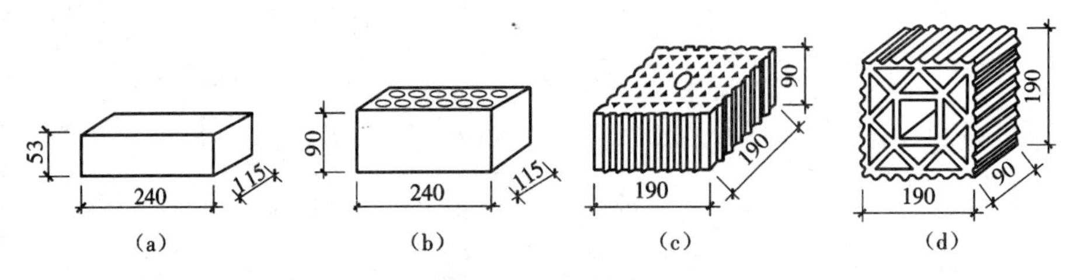

图2－1　砖的规格

3)烧结空心砖

烧结空心砖,孔洞率不小于 40%,孔洞多与承压面平行(水平孔,即孔洞平行于砖的大面),孔的尺寸大而数量少,常用于建筑物的非承重部位,如图 2-1(d)所示。

用烧结多孔砖($\gamma = 11 \sim 14\ kN/m^3$)和烧结空心砖($\gamma = 9 \sim 11\ kN/m^3$)代替烧结普通砖,可使建筑物自重减轻 30% 左右,节约黏土 20% ~30%,节省燃料 10% ~20%,墙体施工功效提高 40%,并可改善砖的隔热、隔声性能。烧结多孔砖和烧结空心砖的生产工艺与普通烧结砖相同,但由于坯体有孔洞,增加了成型的难度,因而对原料的可塑性要求较高。

4)蒸压灰砂普通砖、蒸压粉煤灰普通砖

蒸压灰砂普通砖是指以石灰等钙质材料和砂等硅质材料为主要原料,经坯料制备、压制排气成型、高压蒸汽养护而成的实心砖,简称灰砂砖。

蒸压粉煤灰普通砖是指以石灰、消石灰(如电石渣)或水泥等钙质材料与粉煤灰等硅质材料及集料(砂等)为主要原料,掺加适量石膏,经坯料制备、压制排气成型、高压蒸汽养护而成的实心砖,简称粉煤灰砖。

蒸压灰砂普通砖和蒸压粉煤灰普通砖的规格尺寸均与烧结普通砖相同。

5)混凝土普通砖、混凝土多孔砖

混凝土砖是指以水泥为胶结材料,以砂、石等为主要集料,经加水搅拌、成型、养护制成的一种多孔的混凝土半盲孔砖或实心砖。多孔砖的规格有 240 mm × 115 mm × 90 mm,240 mm × 190 mm × 90 mm,190 mm × 190 mm × 90 mm 等;普通实心砖的规格有 240 mm × 115 mm × 53 mm,240 mm × 115 mm × 90 mm 等。

2. 砌块

砌块是指采用普通混凝土或利用浮石、火山渣、陶粒等为骨料制成的轻集料混凝土砌块。砌块的尺寸比砖大,用砌块代替砖砌筑砌体,可节省砂浆、减少劳动量、加快施工速度。砌块按有无孔洞或空心率大小可分为实心砌块和空心砌块。一般将无孔洞或空心率小于 25% 的砌块称为实心砌块,将空心率大于或等于 25% 的砌块称为空心砌块。

砌块按尺寸大小可分为小型、中型、大型三种。通常把砌块高度为 180 ~ 350 mm 的称为小型砌块,高度为 360 ~ 900 mm 的称为中型砌块,高度大于 900 mm 的称为大型砌块。

1)混凝土砌块

我国目前在承重墙体材料中应用最为普遍的是混凝土小型空心砌块,它是由普通混凝土或轻集料混凝土制成的,主要规格尺寸为 390 mm × 190 mm × 190 mm,空心率为 25% ~ 50%,简称混凝土砌块或砌块。图 2-2 所示为砌块的主要块型与孔型。混凝土空心砌块的重力密度一般为 $12 \sim 18\ kN/m^3$。

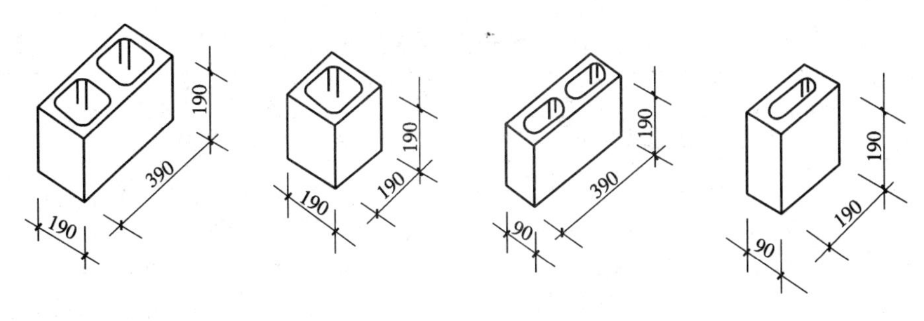

图 2-2　混凝土小型空心砌块

2)轻集料混凝土砌块

轻集料混凝土砌块包括煤矸石混凝土砌块和孔洞率不大于35%的火山渣、浮石、陶粒混凝土砌块。它具有轻质、高强、保温、隔热性能好的特点,广泛应用于各种建筑的墙体结构中,特别适用于对保温、隔热性能要求较高的结构。目前,我国轻集料混凝土小型空心砌块的主要规格和尺寸与普通混凝土小型空心砌块的主要规格及尺寸相同,但孔的排数有单排孔和多排孔之分。多排孔轻集料混凝土砌块在我国寒冷地区应用较多,特别是我国吉林和黑龙江地区已开始推广应用。多排孔砌块主要考虑节能要求,排数有二排、三排和四排,孔洞率较小,砌块规格各地不一致,块体强度等级较低。

3. 石材

天然石材按重力密度大小可分为重石与轻石两种。重力密度大于18 kN/m^{3}者为重石,如花岗岩、砂岩、石灰石等;重力密度小于18 kN/m^{3}者为轻石,如凝灰岩、贝壳灰岩等。重石具有强度高、抗冻性能好、耐久性好等优点,常用于建筑物的承重墙体、基础、挡土墙等。

石材一般采用重质天然石,按其外形加工的规整程度可分为毛石和料石。

1)毛石

毛石是指形状不规则、中部厚度不小于200 mm的块石。

2)料石

料石又可分为以下4种。

(1)细料石:通过细加工,外表规则,截面的宽度和高度不宜小于200 mm,且不宜小于长度的1/4,叠砌面凹入深度不应大于10 mm。

(2)半细料石:规格尺寸同上,但叠砌面凹入深度不应大于15 mm。

(3)粗料石:规格尺寸同上,但叠砌面凹入深度不应大于20 mm。

(4)毛料石:外形大致方正,一般不加工或仅稍加修整,高度不应小于200 mm,叠砌面凹入深度不应大于25 mm。

4. 块体的强度等级

块体的强度等级是块体力学性能的基本标志,用符号"MU"表示,是由标准试验方法得出的块体极限抗压强度并按规定的评定方法确定的,单位为MPa。

块体的强度等级是由试件破坏荷载值除以受压试块的毛截面面积确定,因此当块体有孔洞时,在设计计算中不需要考虑孔洞率的影响。

国家标准《砌体结构设计规范》(GB 50003—2011)规定了各种块体的强度等级,承重结构的块体的强度等级见表2-1,自承重墙的空心砖、轻集料混凝土砌块的强度等级见表2-2。

表2-1 承重结构的块体的强度等级

块体		强度等级
砖	烧结普通砖、烧结多孔砖	MU30、MU25、MU20、MU15、MU10
	蒸压灰砂普通砖、蒸压粉煤灰普通砖	MU25、MU20、MU15
	混凝土普通砖、混凝土多孔砖	MU30、MU25、MU20、MU15
砌块	混凝土砌块、轻集料混凝土砌块	MU20、MU15、MU10、MU7.5、MU5
石材	毛石、料石	MU100、MU80、MU60、MU50、MU40、MU30、MU20

表 2-2　自承重墙的空心砖、轻集料混凝土砌块的强度等级

块　体	强度等级
空心砖	MU10、MU7.5、MU5、MU3.5
轻集料混凝土砌块	MU10、MU7.5、MU5、MU3.5

2.1.2　砂浆及灌孔混凝土

1. 砂浆

砂浆是由砂、适量的无机胶凝材料(水泥、石灰、石膏、黏土等)、水以及根据需要掺入的掺和料和外加剂等组分,按一定比例搅拌而成的一种黏结材料。

砂浆在砌体中的作用:将单个块体粘连成整体;垫平块体的上、下表面,使块体的应力分布较为均匀;填满块材间隙,以提高砌体的防水、抗冻、防风、保温等性能。

按照砂浆中所用胶凝材料的不同,普通砂浆可分为无塑性掺料的(纯)水泥砂浆、有塑性掺料的混合砂浆、不含水泥的非水泥砂浆、蒸压灰砂普通砖及蒸压粉煤灰普通砖专用砌筑砂浆、混凝土砌块(砖)专用砌筑砂浆。

1)水泥砂浆

(纯)水泥砂浆是由水泥、砂和水拌和而成的砂浆。这种砂浆强度高、耐久性好,能在潮湿环境下硬化,故一般多用于地下砌体;但其和易性和保水性较差,施工难度较大。

2)水泥混合砂浆

水泥混合砂浆是在水泥砂浆中掺入一定比例塑化剂的砂浆,如水泥石灰砂浆、水泥石膏砂浆等。其可塑性和保水性较好,这会使砌筑质量提高、施工方便,常用于地上砌体。

3)非水泥砂浆

非水泥砂浆指不含水泥的砂浆,有石灰砂浆、黏土砂浆和石膏砂浆。其强度较低、耐久性差,但可塑性和保水性较好,一般用于不受潮湿的地上砌体和承载不大的临时性建筑等砌体结构。

砂浆的强度等级是用标准立方体试块(70.7 mm × 70.7 mm × 70.7 mm),采用同类块体作为砂浆试块的底模,每组试块为 6 块,成型后试件在(20 ± 3)℃温度下,水泥砂浆在相对湿度为 90% 以上、水泥石灰砂浆在相对湿度为 60% ~ 80% 的环境中养护 28 天,然后按标准试验方法进行抗压试验,按计算规则得出砂浆试件强度值,以 MPa 为单位来划分其抗压强度。

以上三种砂浆的强度等级分为五级:M15、M10、M7.5、M5 和 M2.5。

烧结普通砖、烧结多孔砖、蒸压灰砂普通砖和蒸压粉煤灰普通砖砌体采用的普通砂浆强度等级为 M15、M10、M7.5、M5 和 M2.5。

料石、毛石砌体采用的砂浆强度等级为 M7.5、M5 和 M2.5。

4)蒸压灰砂普通砖、蒸压粉煤灰普通砖专用砌筑砂浆

专用砌筑砂浆由水泥、砂、水以及根据需要掺入的掺和料和外加剂等组分,按一定比例,采用机械拌和制成,专门用于砌筑蒸压灰砂普通砖或蒸压粉煤灰普通砖砌体,且砌体抗剪强度应不低于烧结普通砖砌体的砂浆。

由于蒸压灰砂普通砖、蒸压粉煤灰普通砖等蒸压硅酸盐砖是采用半干压法生产的,制砖钢模十分光亮,在高压成型时会使砖的质地密实、表面光滑,吸水率也较小,这种光滑的表面导致与砂浆黏结力较差，使墙体的抗剪强度比烧结普通砖低 1/3，影响了蒸压硅酸盐砖在地震设防区的推广和应用。为保证砂浆砌筑时的工作性能和抗剪强度，应采用黏结强度高、工作性能好且方便施工的专用砌筑砂浆。

蒸压灰砂普通砖和蒸压粉煤灰普通砖砌体采用的专用砌筑砂浆强度等级用“Ms”表示，分为 Ms15、Ms10、Ms7.5 和 Ms5。

5）混凝土砌块（砖）专用砌筑砂浆

混凝土砌块（砖）专用砌筑砂浆是由水泥、砂、水以及根据需要掺入的掺和料和外加剂等组分，按一定比例，采用机械拌和制成，专门用于砌筑混凝土砌块（砖）的砌筑砂浆，简称砌块专用砂浆。其优点是使砌体灰缝饱满，黏结性能好，减少墙体开裂和渗漏，提高砌块建筑质量。

混凝土砌块专用砌筑砂浆的强度等级用“Mb”表示，分为 Mb20、Mb15、Mb10、Mb7.5 和 Mb5。

混凝土普通砖、混凝土多孔砖和单排孔轻集料混凝土砌块砌体采用的砂浆强度等级为 Mb20、Mb15、Mb10、Mb7.5 和 Mb5；双排孔或多排孔轻集料混凝土砌块砌体采用的砂浆强度等级为 Mb10、Mb7.5 和 Mb5。

2. 灌孔混凝土

灌孔混凝土由水泥、集料（砂子和豆石）、水以及根据需要掺入的掺和料和外加剂等组分，按一定比例，采用机械搅拌后，用于浇筑混凝土砌块砌体芯柱或其他需要填实部位孔洞的混凝土，简称砌块灌孔混凝土。

砌块灌孔混凝土的强度等级用“Cb”表示。砌块灌孔混凝土的强度等级“Cb××”等同于对应的混凝土的强度等级“C××”，例如 Cb20 砌块灌孔混凝土的强度等级等同于 C20 混凝土。

灌孔混凝土应符合下列规定。

（1）砌块砌体的灌孔混凝土的强度等级不应低于 Cb20，也不宜低于 1.5 倍的块体强度等级。这是由于混凝土砌块的抗压强度为毛截面强度，块材的混凝土强度等级为块体强度等级的 1.5 倍以上，故灌孔混凝土应与块材混凝土的强度相匹配。

（2）设计有抗冻性要求的墙体，灌孔混凝土应根据使用条件和设计要求进行冻融试验。这是基于北方寒冷地区及严寒地区混凝土的冻害实例，为确保混凝土芯柱在高低温交替状态下的受力性能，尤其为控制灌孔混凝土所掺外加剂的质量而作出的规定。

（3）为保证灌孔混凝土在空心砌块（或配筋砌块砌体）中所起的重要作用，要求其坍落度不宜小于 180 mm，泌水率不宜大于 3%，3 天龄期的膨胀率不应小于 0.025% 且不应大于 0.50%，并应具有良好的黏结性。

2.1.3 块体和砂浆的选用原则

1. 对块体和砂浆的基本要求

（1）因地制宜，就地取材。

（2）既要考虑受力需要，又要考虑材料的耐久性问题，保证砌体在长期使用过程中具有足够的强度和正常使用的性能。

（3）方便施工。材料的强度等级不宜变化过多，同一层的砌体一般宜采用同强度等级的材料。

(4)在冻胀地区,地面以下或防潮层以下的砌体,不宜采用多孔砖,如采用时,其孔洞应用水泥砂浆灌实;当采用混凝土砌块砌体时,其孔洞应采用不低于 Cb20 的混凝土灌实。

2. 块体的选用原则

1)对块体的最低强度要求

为避免强度低、性能差的低劣块材用于建筑工程的填充墙,使墙体出现开裂及地震时填充墙脆性垮塌严重等现象,国家标准《墙体材料应用统一技术规范》(GB 50574—2010)规定,在特殊情况下块体材料的最低强度等级应符合表 2-3 的规定。

表 2-3 块体材料的最低强度等级

块体材料用途及类型		最低强度等级	备 注
承重墙	烧结普通砖、烧结多孔砖	MU10	用于外墙及潮湿环境的内墙时,强度应提高一个等级
	蒸压普通砖、混凝土砖	MU15	
	混凝土砌块、轻集料混凝土砌块	MU7.5	以粉煤灰为掺和料时,粉煤灰的品质、取代水泥最大限量和掺和料应符合国家现行标准(注 3)的有关规定
自承重墙	轻骨料混凝土砌块、烧结空心砖、空心砌块	MU3.5	用于外墙及潮湿环境的内墙时,强度等级不应低于 MU5

注:1. 防潮层以下应采用实心砖或预先将孔灌实的多孔砖(空心砌块)。
2. 水平孔块体材料不得用于承重砌体。
3.《用于水泥和混凝土中的粉煤灰》(GB/T 1596—2005)、《粉煤灰混凝土应用技术规范》(GB/T 50146—2014)。

实践表明,蒸压灰砂砖和蒸压粉煤灰砖等硅酸盐墙材制品的原材料配比直接影响着砖的脆性,砖越脆墙体开裂越早。研究表明,制品中不同的粉煤灰掺量,导致其抗折强度相差甚多,即脆性特征相差较大,从而影响墙体的受力性能。因此,规定合理的折压比(块体抗折强度与抗压强度之比)将有利于提高砖的品质、改善砖的脆性、提高墙体的受力性能。

同样,含孔洞块材的砌体试验也表明:仅用含孔洞块材的抗压强度作为衡量其强度的指标是不全面的,因为该指标并没有反映孔型、孔的布置对砌体受力性能、墙体安全的影响。

为防止块体由于脆性较大而在砌体中过早断裂,在确定强度等级时,还要考虑折压比的限值要求。承重砖的折压比不应小于表 2-4 的要求。

表 2-4 承重砖的折压比

砖种类	高度/mm	砖强度等级				
		MU30	MU25	MU20	MU15	MU10
		折压比				
蒸压普通砖	53	0.16	0.18	0.20	0.25	—
多孔砖	90	0.21	0.23	0.24	0.27	0.32

注:1. 蒸压普通砖包括蒸压灰砂实心砖和蒸压粉煤灰实心砖。
2. 多孔砖包括烧结多孔砖和混凝土多孔砖。

2)对块体材料的外形尺寸及孔洞要求

块体材料的外形尺寸及孔洞对建筑物应用影响较大。含孔砖(砌块)的孔洞率(空心率)是影响块材物理性能的主要因素。试验表明,孔洞布置不合理的砖将导致砌体开裂、荷载降低,尤其当多孔砖的中部开有孔洞时,砖的抗折强度大幅度降低,降低砌体的承载能力并造成墙体过早开裂。多孔砖的孔洞布置不合理或孔洞率大于35%时,砖的肋及孔壁相对较窄或孔壁较柔(孔的长度与宽度比大于2,孔的长度是指与块材长边平行的长度),在荷载作用下易发生脆性破坏或外壁崩析。《墙体材料应用统一技术规范》在总结试验研究和工程实践的基础上给出了开孔要求及多孔砖孔洞率(空心率)的限值。砌块孔洞成型时不宜带有直角,以防孔洞尖角处的应力集中。

承重单排孔混凝土空心砌块砌体对穿孔(上下皮砌块孔与孔相对)是保证混凝土砌块与砌筑砂浆有效黏结、混凝土芯柱成型所必需的条件。工程实践表明,非对穿孔墙体砂浆的有效黏结面少、墙体的整体性差,已成为空心砌块建筑墙体"渗、漏、裂"的主要原因。

自承重块材的半盲孔面作为砌筑时的铺浆面,可使砂浆在半盲孔处形成嵌固钉楔,从而提高砌体沿水平通缝的抗剪能力,此举可有效减少墙体裂缝。

试验表明,薄灰缝(灰缝厚度不大于5 mm)既可提高砌体的力学性能,又可减少专用砂浆用量从而降低造价。减少块材外观尺寸误差是实现薄灰缝砌体的前提条件。

块体材料的外形尺寸除应符合建筑模数要求外,还应符合下列规定:

(1)非烧结含孔块材的孔洞率、壁及肋厚度等应符合表2-5的要求;

(2)承重烧结多孔砖的孔洞率不应大于35%;

(3)承重单排孔混凝土小型空心砌块的孔型,应保证其砌筑时上下皮砌块的孔与孔相对,多孔砖及自承重单排孔小砌块的孔型宜采用半盲孔;

(4)薄灰缝砌体结构的块体材料,砌块外观尺寸误差不应超过±1.0 mm。

表2-5 对非烧结含孔块材的孔洞率、壁及肋厚度要求

墙体材料类型及用途		孔洞率/%	最小外壁厚/mm	最小肋厚/mm	其他要求
含孔砖	用于承重墙	≤35	15	15	孔长与孔宽比应小于2
	用于自承重墙	—	10	10	—
砌块	用于承重墙	≤47	30	25	孔的圆角半径不小于20 mm
	用于自承重墙	—	15	15	—

注:1. 承重墙体的混凝土多孔砖的孔洞应垂直于铺浆面。当孔的长度与宽度比不小于2时,外壁的厚度不应小于18 mm;当孔的长度与宽度比小于2时,外壁的厚度不应小于15 mm。

2. 承重含孔块材,其长度方向的中部不得设孔,中肋厚度不宜小于20 mm。

3)对块体材料的物理性能要求

工程实践及试验研究表明,控制块体材料干燥收缩率和吸水率指标是防止墙体产生干缩裂缝的重要举措。但由于块体材料种类繁多,组成不同墙体的材料之间,干表观密度有较大差异,即使同一品种墙体材料,干表观密度范围也具有较大跨度,因此应根据块体材料的固有特性和应用技术要求,给出相应的最高限值。

非烧结块体材料,在大气中长期与二氧化碳接触产生的碳化作用是导致墙体劣化的主要因素之一。限制其碳化指标是保证墙体耐久性和结构安全性的重要措施。

软化系数用来表示墙体材料耐水性的优劣。材料的耐水性主要与其组成在水中的溶解度和材料的孔隙率有关,但软化系数低于标准时,材料强度降低,给墙体的安全性、耐久性带来不利影响。

材料抗冻性能指标的高低，不仅能评价材料在寒冷及严寒地区的应用效果，还可表征材料的最终水化生成物的反应水平及其内在质量的优劣。为强化非烧结块材的抗冻性能要求，以适应我国寒冷地区及严寒地区的工程应用，对块体的抗冻性能提出要求。

综合以上几方面的不利影响，块体材料的物理性能应满足以下要求：

（1）材料标准应给出吸水率和干燥收缩率限值；

（2）碳化系数不应小于 0.85；

（3）软化系数不应小于 0.85；

（4）抗冻性能应符合表 2－6 的要求；

（5）线膨胀系数不宜大于 1.0×10^{-5}/℃。

2－6　块体材料的抗冻性能

适用条件	抗冻指标	质量损失/%	强度损失/%
夏热冬暖地区	F15	≤5	≤25
夏热冬冷地区	F25		
寒冷地区	F35		
严寒地区	F50		

注：F15、F25、F35、F50 分别指冻融循环 15 次、25 次、35 次、50 次。

另外，蒸压灰砂砖和蒸压粉煤灰砖不得用于长期受热 200 ℃以上、受急冷急热和有酸性介质侵蚀的建筑部位。

3. 砂浆的选用原则

（1）砂浆的最低强度等级要求。砂浆按作用分为砌筑砂浆和抹灰砂浆。为保证砌体的强度，要求砌筑砂浆的强度不能过低。而抹灰砂浆不考虑强度指标就无法检查竣工后的墙面是否按设计配合比进行施工，只考虑抹灰砂浆的体积配合比而忽略水泥强度因素，会造成浪费资源、造价过高且不够科学，故《墙体材料应用统一技术规范》对抹灰砂浆提出抗压强度等级要求。砂浆最低强度等级应满足表 2－7 的要求。薄抹灰做法适应了块体材料块形尺寸精度的要求，可减轻墙体自重、减少砂浆用量，有利于提高墙体质量。

（2）砂浆应具有良好的可塑性，以保证砌筑质量和提高工效。为使砌筑时砂浆很容易而且很均匀地铺开，从而提高砌体强度和砌筑效率，砂浆必须有适当的可塑性。可塑性是指砂浆在自重和外力作用下所具有的变形能力，用标准锥体沉入砂浆中的深度来测定。根据砂浆的用途，规定锥体的沉入深度：用于砖砌体时为 70～100 mm，用于石砌体时为 40～70 mm，用于振动法石块砌体时为 10～30 mm。对于干燥及多孔的砖石，采用上述较大值；对于潮湿及密实的砖石，则采用较小值。

（3）砂浆应具有适当的保水性，以保证砌筑质量和正常硬化所需的水分。砂浆的质量在很大程度上取决于其保水性，即在存放、运输和砌筑过程中能够保持其水分不会很快流失。在砌筑过程中砖或砌块将吸收一定的水分，当吸收的水分在一定范围内时，对于砂浆的强度和密实性均具有好的影响。但若砂浆的保水性很小，将使砂浆很快干硬且很难铺平，影响正常硬化而降低砌体强度。

（4）设计有抗冻性要求的墙体时，砂浆应进行冻融试验，其抗冻性能应与块材相同。

表 2－7 砂浆的最低强度等级

材料用途及类型			最低强度等级	备　注
砌筑砂浆	普通砖砌体	水泥混合砂浆	M5	掺有引气剂的砌筑砂浆，其引气量不应大于 20%； 水泥砂浆的最低水泥用量不应小于 200 kg/m³； 水泥砂浆密度不应小于 1 900 kg/m³； 水泥混合砂浆密度不应小于 1 800 kg/m³
		混凝土砌块砌筑砂浆	Mb5	
		蒸压普通砖砌筑砂浆	Ms5	
	室内地坪以下及潮湿环境	水泥砂浆	M10	
		混凝土砌块砌筑砂浆	Mb10	
		蒸压普通砖砌筑砂浆	Ms10	
抹灰砂浆	内墙抹灰	水泥混合砂浆	M5	黏结强度不应小于 0.15 MPa
	外墙抹灰	水泥混合（防裂）砂浆	M10	采暖地区
			M7.5	非采暖地区
	地下室及潮湿环境	水泥砂浆	M10	水泥砂浆应具有防水性能

注：1. 抹灰砂浆与块体性能相近（保证墙体的抹灰质量）。
2. 墙体宜采用薄层抹灰砂浆。

（5）专用砌筑砂浆应有抗压强度、抗折强度、黏结强度、收缩率、碳化系数、软化系数等指标要求。

由于目前商品砂浆中大多掺入不同种类的增塑剂、引气剂等外加剂，虽然砂浆抗压强度满足要求，但其抗折性能降低，致使墙体的延性降低。为保证专用砂浆的应用质量，故对抗折强度等指标提出要求。

2.2 砌体的种类

砌体是由不同尺寸和形状的块体用砂浆砌筑而成的整体，所以块体的排列方式应使它们能较均匀地承受外力，否则不但会降低砌体的受力性能，而且会削弱甚至破坏建筑物的整体协调受力能力。按在砌体中是否配筋，可以将砌体分为无筋砌体和配筋砌体。

2.2.1 无筋砌体

根据采用块体的不同，无筋砌体又可分为砖砌体、砌块砌体和石砌体。

1. 砖砌体

在房屋建筑中，砖砌体通常用作外墙、内墙、柱、基础等承重结构以及围护墙与隔墙等非承重结构。墙体的厚度根据强度和稳定性的要求确定。对于房屋的外墙，还要满足保温、隔热和防水透气性的要求。

砖墙的组砌方式是指砖块在砌体中的排列方式。为了保证墙体的强度和稳定性，在砌筑时应遵循错缝搭接的原则，即将墙体上下皮砖的垂直砌缝有规律地错开。砖在墙体中的放置方式有顺式（砖的长方向平行于墙面砌筑）和丁式（砖的长方向垂直于墙面砌筑）。按照砖的组砌方式，砖墙砌体常用的有一顺一丁、梅花丁（十字式）、三顺一丁等多种砌法。对于烧结普通砖等实砌标准砖墙的厚度习惯上以砖长为基数来命名，如半砖墙、一砖墙、一砖半墙等。其厚度一般取决于对墙体强度、稳定性及功能的要求，同时还应符合砖的规格。因此，墙厚可为120 mm(半砖)、240 mm(一砖)、370 mm(一砖半)、490 mm(两砖)、620 mm(两砖半)、740 mm(三砖)等，如图2-3所示。如果不按半砖而按1/4砖进位，在特殊情况下还可加一块侧砖而砌成180 mm(115+53+12)、300 mm(240+53+7)、420 mm(240+115+53+12)等厚度。目前，国内应用较多的多孔砖的尺寸为240 mm×115 mm×90 mm、190 mm×190 mm×90 mm、240 mm×190 mm×90 mm，故还可砌成厚度为90 mm、190(200) mm、290 mm及390 mm的墙体。

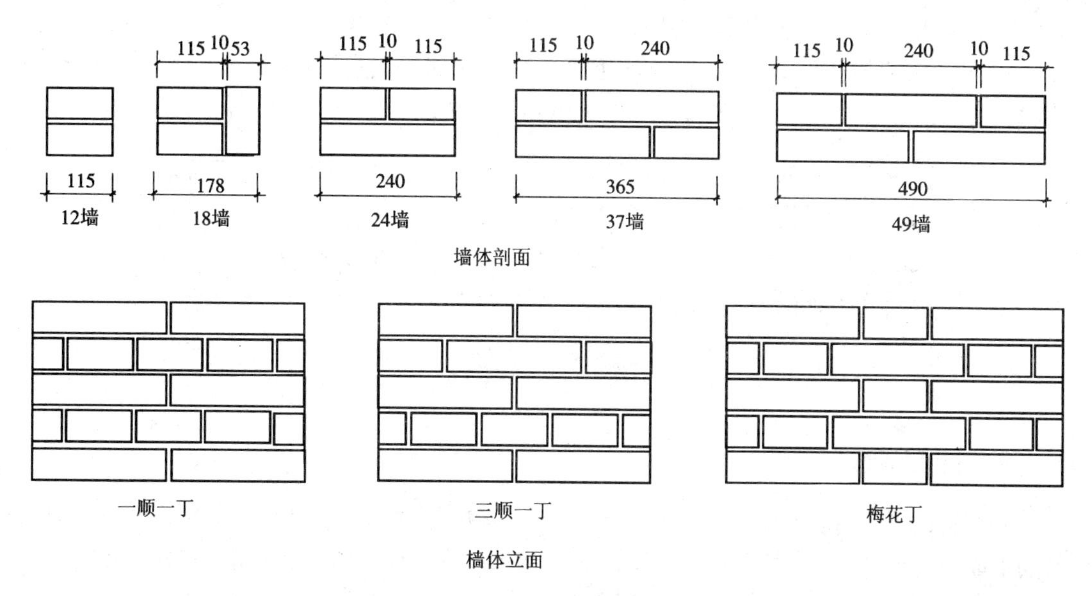

图2-3　砖的组砌方式

2. 砌块砌体

砌块砌体主要用于住宅、办公楼及学校等民用建筑以及一般工业建筑的承重墙或围护墙。目前，我国应用较多的砌块砌体主要是混凝土小型空心砌块砌体。混凝土小型空心砌块由于块小便于手工砌筑，在使用上比较灵活，可以降低劳动强度、提高劳动生产率，并具有较好的经济技术效果。砌块的大小取决于房屋墙体的分块情况及吊装能力，排列砌块是设计工作的一个重要环节，不仅要求排列有规律性、砌块类型最少，而且应排列整齐，尽量减少通缝并砌筑牢固。砌块的组砌方式如图2-4所示。

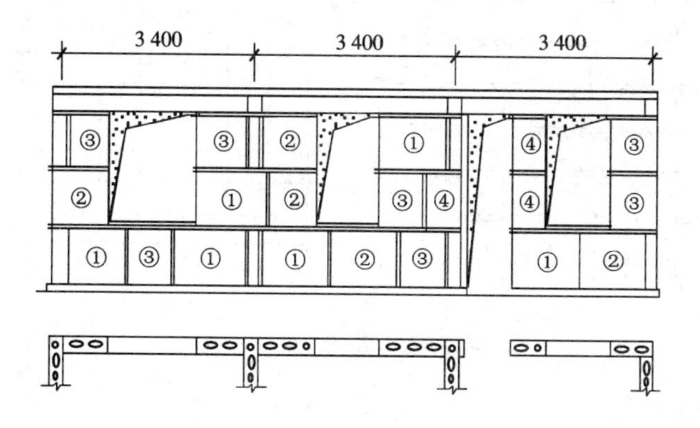

图2-4　砌块的组砌方式

砌块砌体应分皮错缝搭砌，砌筑空心砌块时，一般应孔对孔，使上、下皮砌块的肋对齐以利于传力，而且可以利用其孔洞做成配筋芯柱，以提高砌体的抗震能力。砌筑空心砌块时，如果不得不错孔砌筑，则砌体的抗压强度应按规定给予降低。

3. 石砌体

石砌体是由天然石材和砂浆或由天然石材和混凝土砌筑而成的，它可分为料石砌体（图 2－5(a)）、毛石砌体（图 2－5(b)）和毛石混凝土砌体（图 2－5(c)）。石砌体可用作一般民用房屋的承重墙、柱和基础。料石砌体不仅用于房屋，还用于建造拱桥、坝、涵洞、渡槽和储液池等构筑物。毛石混凝土砌体的砌筑方法比较简单，它是在预先立好的模板内交替地铺设混凝土层和毛石层，通常用于一般房屋和构筑物的基础及挡土墙等。

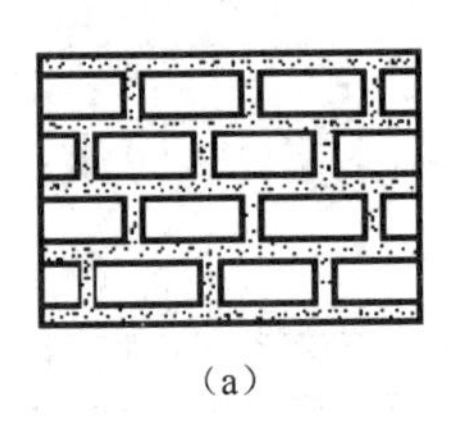

(a)

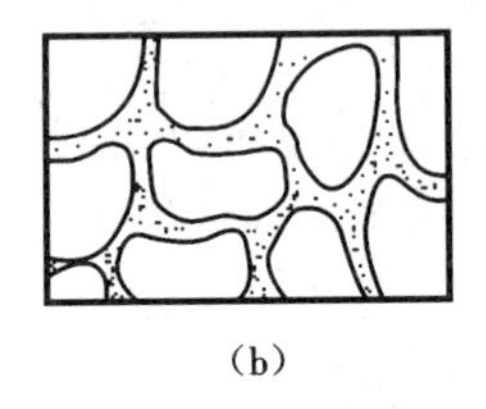

(b)

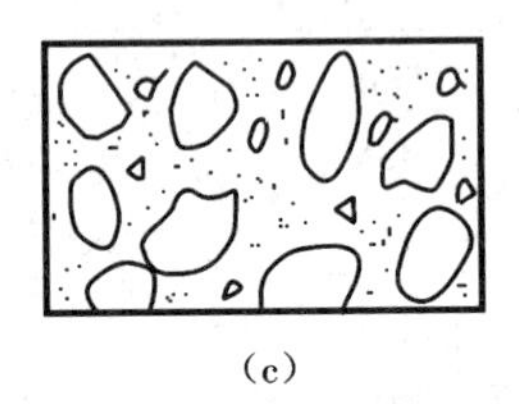

(c)

图 2－5　石砌体

2.2.2　配筋砌体

为了提高砌体的强度，减小砌体截面尺寸，增强砌体结构的整体性，可在砌体内配置适量的钢筋或钢筋混凝土，形成配筋砌体。配筋砌体可分为配筋砖砌体和配筋砌块砌体。

1. 配筋砖砌体

配筋砖砌体又可分为网状配筋砖砌体、组合砖砌体、砖砌体和钢筋混凝土构造柱组合墙。

1）网状配筋砖砌体

网状配筋砖砌体将钢筋网配在砌体水平灰缝内，在砖柱或砖墙中每隔几皮砖在其水平灰缝中设置边长为 3～4 mm 的方格网式钢筋网片，如图 2－6 所示。在砌体受压时，网状配筋可约束砌体横向变形，从而提高砌体的抗压强度。

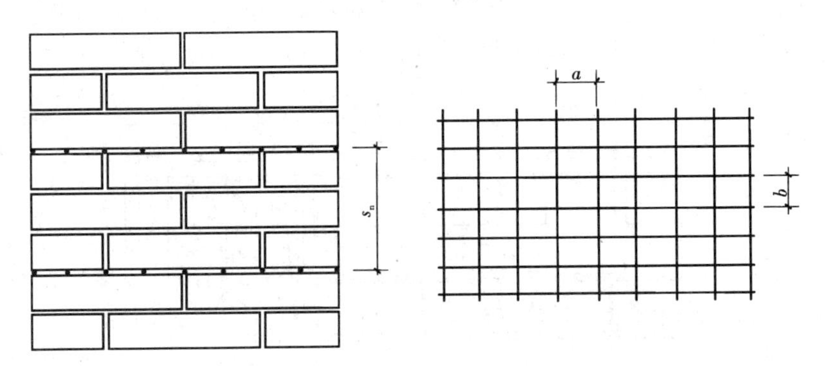

图 2－6　网状配筋砖砌体

2）组合砖砌体

组合砖砌体是由砖砌体和钢筋混凝土面层或钢筋砂浆面层组成的组合构件，如图 2－7 所示。其可以承受较大的偏心轴压力。

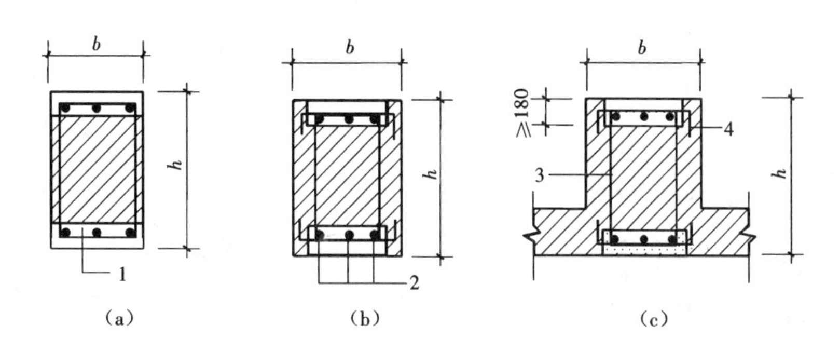

图2-7　组合砖砌体

1—混凝土或砂浆;2—纵向钢筋;3—箍筋;4—拉结钢筋

3)砖砌体和钢筋混凝土构造柱组合墙

砖砌体和钢筋混凝土构造柱组合墙是在砖砌体中每隔一定距离设置钢筋混凝土构造柱,并在各层楼盖处设置钢筋混凝土圈梁(约束梁),使砖砌体墙与钢筋混凝土构造柱及圈梁组成一个整体结构共同受力,如图2-8所示。这种结构对增强房屋的变形能力和抗倒塌能力十分明显。构造柱与圈梁及砖砌体的施工顺序同普通构造柱。

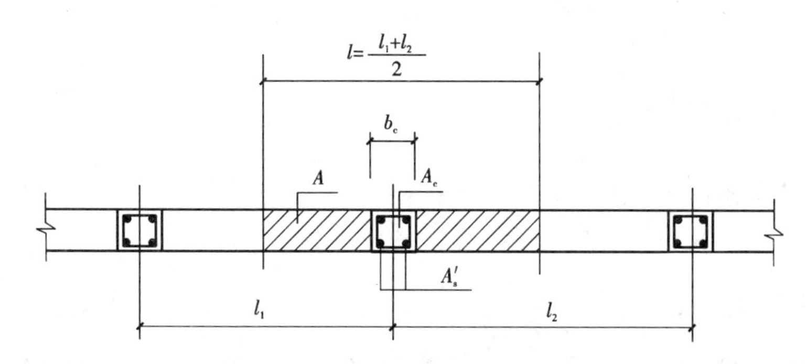

图2-8　砖砌体和钢筋混凝土构造柱组合墙截面

2. 配筋砌块砌体

这种砌体是在砌筑过程中,在分皮错缝搭砌、孔对孔、肋对肋的混凝土空心砌块砌体的孔洞中配置竖向钢筋并浇筑灌孔混凝土,在横向凹槽中配置水平钢筋并浇筑灌孔混凝土,或在水平灰缝中配置水平钢筋并浇筑砌块专用砌筑砂浆或混凝土所形成的配筋砌块砌体结构。其具体做法详见图2-9和图2-10。配筋砌块砌体又可分为约束配筋砌块砌体和均匀配筋砌块砌体。

1)约束配筋砌块砌体

约束配筋砌块砌体是仅在砌块墙体的转角、接头部位及较大洞口的边缘设置竖向钢筋,并在这些部位设置一定数量的钢筋网片,主要用于中、低层建筑。

2)均匀配筋砌块砌体

均匀配筋砌块砌体是在砌块墙体上、下贯通的竖向孔洞中插入竖向钢筋,并用灌孔混凝土灌实,使竖向和水平的钢筋与砌体形成一个共同工作的整体,故又称配筋砌块剪力墙,可用于大开间建筑和中高层建筑。配筋砌块剪力墙的受力性能类似于钢筋混凝土剪力墙,抗震性能好,而且造价低。

配筋砌体不仅加强了砌体的各种强度和抗震性能,还扩大了砌体结构的使用范围,比如

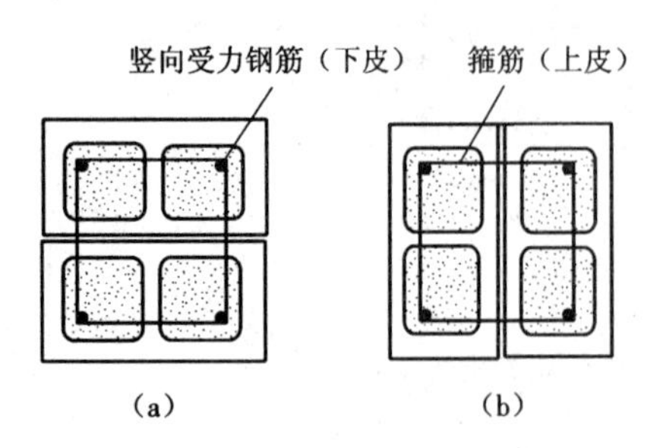

图2-9 配筋砌块砌体柱截面

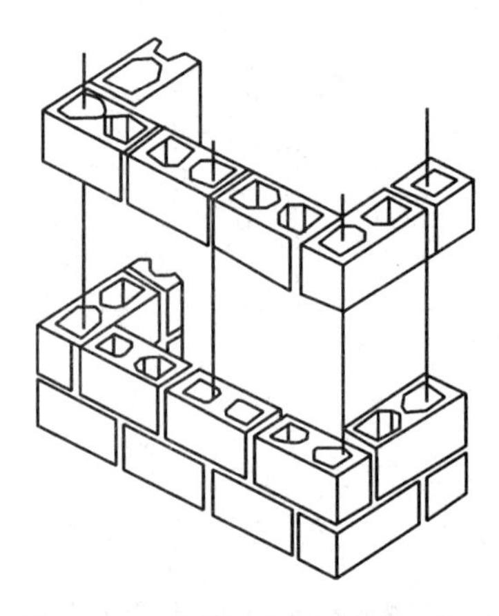

图2-10 配筋砌块砌体墙示意图

高强混凝土砌块通过配筋与浇筑灌孔混凝土,作为承重墙体可砌筑10~20层的建筑物,而且相对于钢筋混凝土结构,配筋砌块砌体具有自重轻、地震反应小的特点。虽然其受力性能不如钢筋混凝土剪力墙结构,但其具有造价较低、不需要支模、不需再作贴面处理及耐火性能好等优点,在我国北方地区有很大的发展空间。

2.3 砌体的受压性能

实际工程中的砌体构件大多是受压构件,砌体的受压性能对砌体结构非常重要。科研工作者在大量试验研究的基础上,取得了丰硕的成果。

2.3.1 砌体的受压破坏过程

通过对砖砌体进行轴心受压试验得出,砌体的轴心受压破坏过程从开始对砖砌体施加荷载到砌体最终破坏,大致经历三个阶段,如图2-11所示。

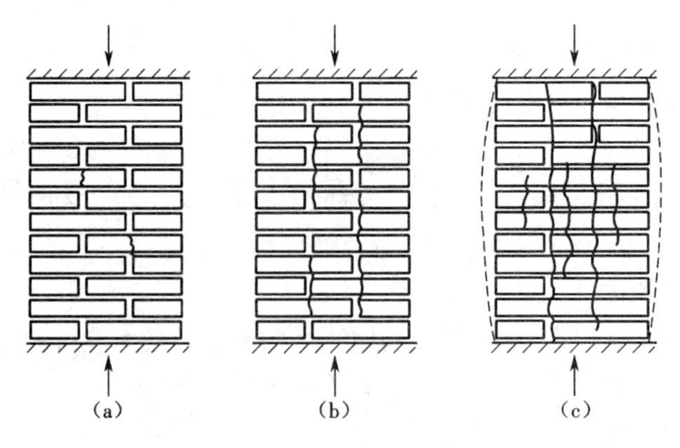

图2-11 砌体轴心受压破坏过程

第一阶段:从砌体开始加载到个别砖块上出现裂缝,如图2-11(a)所示。当砌体内某些单块砖出现第一批裂缝时,荷载为破坏荷载的50%~70%。这个阶段的特点:裂缝细小,未能穿过砂浆层,如果停止加载,则裂缝停止扩展。

第二阶段:继续增加荷载,单块砖上的个别裂缝不断扩展,彼此连接形成上下贯通几皮砖的连续裂缝,新的裂缝不断产生,如图2－11(b)所示。此时,荷载为破坏荷载的80%～90%,相当于长期荷载作用下的破坏荷载。这时荷载即使不增加,裂缝仍继续扩展。

第三阶段:继续增加荷载,裂缝会迅速延伸、加宽,从而形成通缝,连续的竖向贯通裂缝把砌体分割成若干独立小柱,小柱会侧向凸出,最终因被压碎或失稳而破坏,如图2－11(c)所示。

从以上试验中得出如下结论:砌体的破坏总是由单块砖出现裂缝开始,砌体的轴心抗压强度远远低于所用砖的抗压强度,其原因要从单块砖在砌体中的受力特点来分析。

轴心受压的砖砌体,就整体来看属于均匀受压状态,但其受压工作性能与单一匀质材料有明显的差别。试验测得砖砌体中块体不仅受压,而且还处于受拉、受弯、受剪的复杂应力状态之中。

2.3.2　砌体的受压应力状态

1. 砌体中的砖处于复合受力状态

在砖砌体中,由于块体外形不规则、不平整,导致砂浆层厚度不均匀,使得砖块支承在凹凸不平的砂浆层上。此外,水平砂浆层铺设并非完全饱满和均匀,使砖块不能均匀受压。再者砂浆层成分不均,砂子多的地方收缩小,使凝固后的砂浆层出现许多小突点。因此,当轴向压力作用于砖砌体上时,其中的砖块实际处于受弯、受剪、受压的复杂应力状态,砖的抗压能力不能充分发挥,如图2－12所示。由于砖的脆性性质明显,使其抗拉和抗剪强度很低,弯曲产生的拉应力和剪应力使单块砖首先出现裂缝。

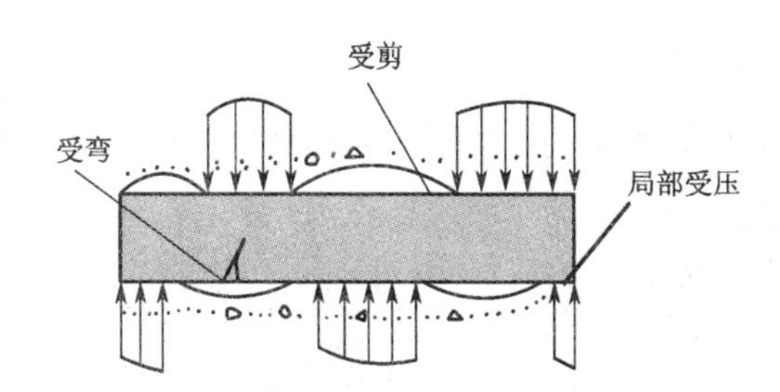

图2－12　砌体中单块砖的实际受力状态

2. 块体与砂浆具有不同的弹性模量和横向变形系数

中等强度等级以下的砂浆,在压力作用下的横向变形大于砖的横向变形。由于砖与砂浆之间存在着黏结力和摩擦力,使得二者的横向变形保持协调。但砂浆有使块体横向变形增加的趋势,因此二者之间产生了交互作用,具体表现:砖对砂浆的横向变形起到约束作用,砂浆对砖形成水平附加拉力,因而单块砖在砌体中处于受压、受弯、受剪及受拉的复合应力状态,其抗压强度降低;相反,砂浆将受到横向压力,砂浆处于三向受压状态,抗压强度提高。由于砖与砂浆的这种交互作用在砖内产生了附加拉应力,从而加快了砖内裂缝的出现,使得砖的抗压强度不能充分发挥,导致了砌体的抗压强度比相应砖的抗压强度低很多。

3. 竖向灰缝不饱满,形成应力集中

由于砖砌体的竖向灰缝不可能完全饱满,同时竖向灰缝内砂浆和砖的黏结力也不能保证砌体的整体性。因此,在竖向灰缝上面的砖内将产生拉应力和剪应力的集中,从而加快砖的开裂,引起砌体强度的降低。

2.3.3 影响砌体抗压强度的主要因素

砌体在受压时砖和砂浆都处于复杂的受力状态，影响砌体抗压强度的因素很多，主要有以下几个。

1. 块体的强度

砌体的抗压强度主要取决于块体的抗压强度。在其他条件相同时，块体抗压强度越高，砌体抗压强度越高。试验研究表明，块体的强度等级提高一倍，砌体抗压强度约提高40%。

2. 砂浆的强度

砂浆强度对砌体强度也有较大影响。砂浆的强度等级越高，砂浆的横向变形越小，块体和砂浆的交互作用越小，砌体的抗压强度越高。而对于用较低强度等级砂浆砌筑的砌体，抗压强度有时较砂浆本身的强度高很多，甚至刚砌筑好的砌体（砂浆强度为0）也能承受一定荷载。

3. 块体的外形和尺寸

块体的形状越规则、表面越平整，则块体的受弯、受剪作用越小，可推迟单块块体内竖向裂缝的出现，因而砌体抗压强度得到提高。

块体的厚度越大，则砌体的强度越高。因为块体的厚度越大，在弯矩和剪力作用下块体产生的拉应力越小，加上砌体中水平灰缝的数量减少，使块体与砂浆产生不利交互作用的概率减小，从而提高砌体的抗压强度。

块体的长度越大，块体在砌体中受到的弯、剪应力越大，会提早第一批裂缝出现的时间，导致砌体抗压强度降低。

4. 砂浆的流动性和保水性

砂浆的流动性和保水性对砌体的抗压强度有重要影响。砂浆的流动性大、保水性好，有助于灰缝的均匀、密实，并使砌体中的单块块体受力均匀，弯、剪应力减小，进而提高砌体的抗压强度。试验表明，纯水泥砂浆会使砌体强度降低10%～20%。

5. 砂浆的变形性能

砂浆的弹性模量对砌体的抗压强度影响很大。当块体强度不变时，砂浆的弹性模量决定其变形率，砂浆的弹性模量越小，在压力作用下其横向变形就越大，导致块体受到的拉、剪应力越大，使砌体的抗压强度降低。反之，砂浆的弹性模量越大，其变形越小，相应的砌体的抗压强度越高。

6. 施工砌筑质量

由于砌体结构的墙体、柱等承重构件以手工砌筑为主，所以施工砌筑质量对砌体结构的抗压强度有很大影响，施工砌筑质量优劣主要体现在以下几个方面。

1）灰缝砂浆的均匀和饱满程度

砌体灰缝砂浆密实、饱满，可以改善块体在砌体中的受力性能，从而提高砌体的抗压强度。四川省建筑科学研究院试验结果表明，当水平灰缝砂浆的饱满度达到73%时，便可达到设计规范所规定的砌体抗压强度值。砖柱为独立受力的重要构件，为保证其安全性，其水平灰缝砂浆的饱满度较墙体要高。国家标准《砌体结构工程施工质量验收规范》（GB 50203—2011）中明确要求：砖墙水平灰缝的砂浆饱满度不得低于80%，竖向灰缝不作要求，但不能出现瞎缝、透明缝、通缝和假缝；砖柱和宽度小于1 m的窗间墙，水平灰缝和竖向灰缝的砂浆饱满度不得低于90%；砌块砌体水平灰缝和竖向灰缝的砂浆饱满度，按净面积计算不得小于90%；石砌体的砂浆饱满度不得低于80%；填充墙砌体的灰缝饱满度不得低于80%。

2）灰缝厚度

灰缝厚度对砌体抗压强度的影响也不能忽视。灰缝过厚或过薄，均会使砌体抗压强度降低。因为灰缝厚一些，砂浆容易铺得均匀，可改善块体在砌体中的复杂受力状态，但砂浆用量大会使块体所受到的横向拉应力增大，导致砌体抗压强度降低。若灰缝过薄，不易铺抹均匀，就会加剧块体在砌体中的复杂受力状态，降低砌体抗压强度。国家标准《砌体结构工程施工质量验收规范》中要求：砖砌体、小砌块砌体水平灰缝及竖向灰缝厚度宜为10 mm，但不应小于8 mm，也不应大于12 mm；毛石砌体外露面的灰缝厚度不宜大于40 mm，毛料石和粗料石的灰缝厚度不宜大于20 mm，细料石的灰缝厚度不宜大于5 mm。

3）块体的含水率

在砌筑砌体时，块体的含水率对砌体强度影响较大。以砖为例，干砖砌筑不仅不利于砂浆强度的正常增长，大大降低砌体强度，还使砌筑困难，影响砌体结构的整体性；但吸水饱和的砖砌筑时，会使砌体尺寸的稳定性差、砂浆易流淌、灰缝厚度不匀，从而使砌体强度降低。国内外相关研究表明，块体含水率过高和过低，都会使砌体的抗剪强度大大降低。

国家标准《砌体结构工程施工质量验收规范》规定，砌筑烧结普通砖、烧结多孔砖、蒸压灰砂普通砖、蒸压粉煤灰普通砖砌体时，砖应提前1～2天适度湿润，严禁采用干砖或处于吸水饱和状态的砖砌筑。块体润湿程度应符合下列规定：

（1）烧结类块体的相对含水率（含水率与吸水率的比值）为60%～70%；

（2）混凝土砖不需浇水湿润，但在气候炎热的情况下，宜在砌筑前对其喷水湿润；

（3）其他非烧结类块体的相对含水率为40%～50%。

4）块材的搭砌方式

砌体砌筑时块材的搭砌方式会影响砌体结构的整体性能和结构承载能力，国家标准《砌体结构工程施工质量验收规范》有以下规定。

砖砌体的组砌方式是内外搭砌、上下错缝。清水墙、窗间墙无通缝；混水墙中不得有大于300 mm的通缝，长度200～300 mm的通缝每间不超过3处，且不得位于同一面墙体上；砖柱不得采用包心砌法。

小砌块墙体应对孔、错缝、搭砌、反砌（小砌块底面朝上砌筑于墙体上，易于铺放砂浆和保持水平灰缝的饱满度）。单排孔小砌块的搭接长度应为块体长度的1/2；多排孔小砌块的搭接长度可适当调整，但不宜小于砌块长度的1/3，且不应小于90 mm。墙体的个别部位不能满足上述要求时，应在灰缝中设置拉结钢筋或钢筋网片，但竖向灰缝仍不得超过两皮小砌块。

2.3.4　砌体的轴心抗压强度平均值

由于影响砌体抗压强度的因素很多，因此建立一个能全面、合理反映影响砌体抗压强度各种因素的相关关系式有很大难度。近年来，我国对各类砌体抗压强度进行了大量的试验研究，通过对大量试验结果的分析并考虑影响砌体抗压强度的主要因素，国家标准《砌体结构设计规范》给出了与国际标准接近、物理概念明确、适用于各类砌体的抗压强度平均值的通用表达式：

$$f_m = k_1 f_1^{\alpha}(1+0.07f_2)k_2 \tag{2-1}$$

式中 f_m——砌体抗压强度平均值(MPa);

f_1——用标准试验方法测得的块体的抗压强度平均值(MPa);

f_2——用标准试验方法测得的砂浆的抗压强度平均值(MPa);

k_1——砌体类型、砌筑方法等因素对砌体强度的影响系数,见表 2-8;

k_2——低强度等级的砂浆对砌体强度影响的修正系数,见表 2-8;

α——与块体高度有关的参数,见表 2-8。

表 2-8 砌体轴心抗压强度平均值系数表

砌体类型	k_1	α	k_2
烧结普通砖、烧结多孔砖、蒸压灰砂普通砖、蒸压粉煤灰普通砖、混凝土普通砖、混凝土多孔砖	0.78	0.5	当 $f_2<1$ 时,$k_2=0.6+0.4f_2$
混凝土砌块、轻集料混凝土砌块	0.46	0.9	当 $f_2=0$ 时,$k_2=0.8$
毛料石	0.79	0.5	当 $f_2<1$ 时,$k_2=0.6+0.4f_2$
毛石	0.22	0.5	当 $f_2<2.5$ 时,$k_2=0.4+0.24f_2$

注:1. k_2 在表列条件以外时均等于 1。

2. 计算混凝土砌块砌体的轴心抗压强度平均值时,当 $f_2>10$ MPa 时,应乘系数 $1.1-0.01f_2$,MU20 的砌体应乘系数 0.95,且满足 $f_1 \geqslant f_2$,$f_1 \leqslant 20$ MPa。

2.4 砌体的轴心受拉、受弯、受剪性能

砌体的轴心抗压强度较高,而轴心抗拉强度、弯曲抗拉强度和抗剪强度都较低,因此实际工程中砌体大多是受压构件,但砌体结构的圆形水池、矩形水池、挡土墙以及拱体则分别承受轴拉、偏拉、弯曲、剪切等作用。

2.4.1 砌体的轴心受拉性能

与砌体抗压强度相比,砌体抗拉强度很低,在实际工程中圆形水池的池壁是砌体结构中常见的轴心受拉构件,在静水压力作用下池壁承受环向轴心拉力。

砌体在轴心拉力作用下,砌体构件可能发生三种破坏形态,如图 2-13 所示。

(1)沿齿缝截面破坏。当块体强度较高而砂浆强度较低时发生该种破坏,如图 2-13(a)所示。此时块体与砂浆的切向黏结强度低于块体的抗拉强度。

(2)沿块体和竖向灰缝截面破坏。当块体抗拉强度较低时,块体与砂浆的切向黏结强度高于块体的抗拉强度,就发生沿块体和竖向灰缝截面的受拉破坏,如图 2-13(b)所示。

(3)沿水平通缝截面破坏。当轴向拉力与水平灰缝垂直时,发生此种破坏,如图 2-13(c)所示。

砌体的抗拉强度应取上述三种破坏中强度的较小值。国家标准《砌体结构设计规范》限制了块体的最低强度等级,可以防止发生沿块体与竖向灰缝截面的破坏。当砌体沿水平灰缝受拉破坏时,对抗拉承载力起决定作用的是块体和砂浆的法向黏结力,由于法向黏结力极不可靠,所以工程中禁止使用垂直于通缝受拉的轴心受拉构件。因此,规范只列出了砌体

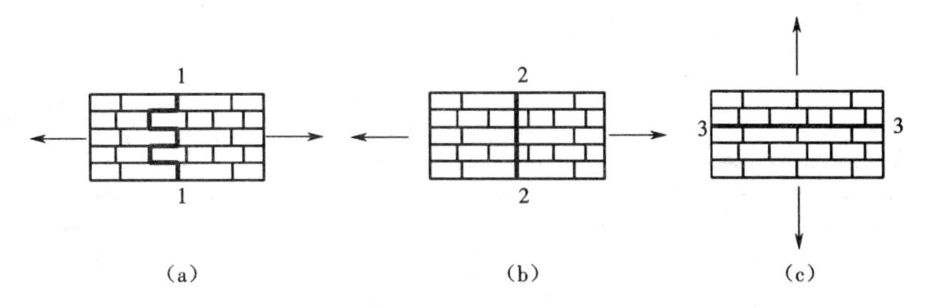

图2－13　砌体轴心受拉破坏形态

沿齿缝截面破坏的轴心抗拉强度平均值计算公式,见表2－9。

2.4.2　砌体的受弯性能

砌体结构中的挡土墙、地下室墙体等属于平面外受弯构件。砌体受弯破坏总是从受拉一侧开始,砌体的抗弯能力由其弯曲抗拉强度决定。试验表明,砌体受弯破坏形态有三种,如图2－14所示。

(1)沿齿缝破坏。与轴心受拉破坏类似,沿齿缝截面受弯破坏在块体本身的抗拉强度高于灰缝黏结强度时发生,如图2－14(a)所示。

(2)沿块体与竖向灰缝截面破坏。此种破坏发生在灰缝黏结强度高于块体本身的抗拉强度时,破坏主要取决于块体的抗拉强度,如图2－14(b)所示。

(3)沿通缝截面破坏。沿通缝截面受弯破坏主要取决于砂浆与块体之间的法向黏结强度,发生这种破坏时弯曲抗拉强度主要与砂浆强度等级有关。如图2－14(c)所示,砌体将在弯矩最大的灰缝处发生弯曲受拉破坏。

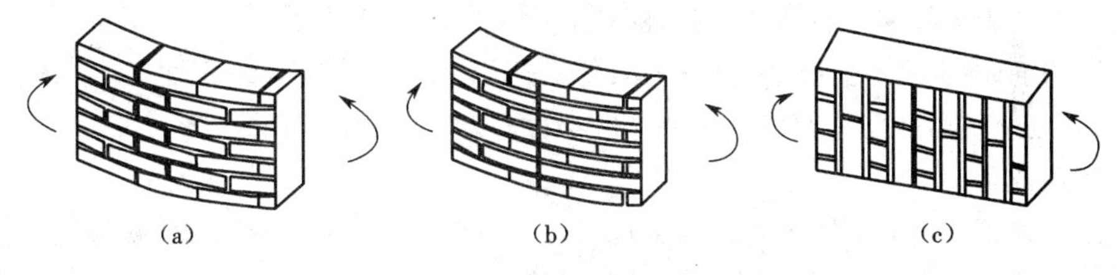

图2－14　砌体弯曲受拉破坏形态

规范为防止发生沿块体与竖向灰缝截面破坏,规定了各类块体的最低强度等级,因此在实际工程中不会发生这种破坏形态。因此,规范只列出了砌体沿齿缝与沿通缝截面受弯破坏时的弯曲抗拉强度平均值计算公式,见表2－9。

2.4.3　砌体的受剪性能

1. 砌体受剪破坏形态

砌体结构中的门窗过梁、拱过梁等可能发生受剪破坏。砌体结构在风荷载和水平地震作用下发生的破坏也以受剪破坏为主。砌体结构承受纯剪状态较少,一般均伴随压力作用。根据砌体截面上垂直压应力 σ 与剪应力 τ 的相互关系的不同,可发生三种不同的受剪破坏形态,如图2－15所示。

(1)当 σ/τ 较小时,发生沿通缝截面的破坏,如图2－15(a)所示。

(2)当 σ/τ 较大时,发生沿阶梯形缝截面的破坏,如图2－15(b)所示。

(3)当 σ/τ 更大时,发生沿齿缝的破坏,如图 2-15(c)所示。

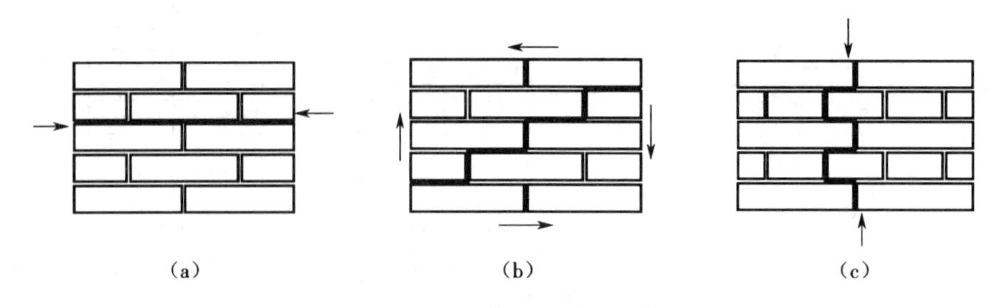

图 2-15 砌体受剪破坏形态

如果忽略竖向灰缝的抗剪作用,则以上三种破坏均属于沿水平灰缝的剪切破坏。规范给出了该种破坏的砌体抗剪强度平均值计算公式,见表 2-9。

2. 影响砌体抗剪强度的主要因素

1)垂直压应力

如前所述,垂直压应力与剪应力的比值大小决定了砌体的破坏形态。也就是说,在剪应力一定的情况下,垂直压应力的数值决定了砌体结构的受剪破坏类型和抗剪强度。当 σ_y/τ 较小时,砌体沿水平通缝方向受剪且在摩擦力作用下产生滑移,称为剪摩破坏,即沿通缝截面的破坏,这时随垂直压应力的增大砌体的抗剪强度提高;当 σ_y/τ 较大时,砌体沿阶梯形灰缝截面受剪破坏,称为剪压破坏,此时砌体抗剪强度随垂直压应力的增大而提高,但提高幅度越来越小;当 σ_y/τ 更大时,砌体发生沿齿缝截面破坏,称为斜压破坏,此时砌体抗剪强度随垂直压应力的增大而逐渐减小。

2)块体与砂浆的强度

对于剪摩破坏和剪压破坏的砌体,破坏截面沿砌体灰缝截面发生,砌体抗剪强度主要取决于砂浆的强度;而对于斜压破坏的砌体,如破坏沿块体与竖向灰缝截面发生,裂缝贯穿块体发展,则砌体抗剪强度主要取决于块体的强度,砂浆的强度影响相对较小。

3)砌筑质量

砌体的砌筑质量对砌体的各种强度都有较大影响。砌体砌筑质量好,灰缝均匀饱满,则砂浆与块体的黏结强度高,相应砌体的抗剪强度也高。

另外,砌体的抗剪强度还与试验方法、试件的尺寸和形状以及加载方式有关。

2.4.4 砌体的轴心抗拉强度、弯曲抗拉强度、抗剪强度平均值

砌体的轴心抗拉强度、弯曲抗拉强度、抗剪强度主要取决于砂浆的强度,各强度平均值计算公式见表 2-9。

表 2-9 轴心抗拉强度平均值 $f_{t,m}$、弯曲抗拉强度平均值 $f_{tm,m}$ 和抗剪强度平均值 $f_{v,m}$

砌体种类	$f_{t,m}=k_3\sqrt{f_2}$	$f_{tm,m}=k_4\sqrt{f_2}$		$f_{v,m}=k_5\sqrt{f_2}$
	k_3	k_4		k_5
		沿齿缝	沿通缝	
烧结普通砖、烧结多孔砖、混凝土普通砖、混凝土多孔砖	0.141	0.250	0.125	0.125
蒸压灰砂普通砖、蒸压粉煤灰普通砖	0.09	0.18	0.09	0.09

续表

砌体种类	$f_{t,m}=k_3\sqrt{f_2}$	$f_{tm,m}=k_4\sqrt{f_2}$		$f_{v,m}=k_5\sqrt{f_2}$
	k_3	k_4		k_5
		沿齿缝	沿通缝	
混凝土砌块	0.069	0.081	0.056	0.069
毛石	0.075	0.113	—	0.188

注:f_2 为用标准试验方法测得的砂浆的抗压强度平均值。

2.5　砌体的变形性能

同混凝土结构一样,不仅要研究砌体的强度性能,还要研究砌体的变形性能。砌体的变形性能主要包括砌体的变形模量、剪切模量、线膨胀系数、收缩率和摩擦系数。

2.5.1　砌体的变形模量

砌体的变形模量是描述砌体在荷载作用下变形能力的物理量,具体表现为砌体应力与应变之间的比值关系。由于砌体结构是弹塑性材料,其应力 - 应变关系呈曲线变化规律。由于曲线上各点应力与应变的关系不断变化,因此变形模量通常有下列三种表示方法。

1. 割线模量

砌体的割线模量是指在砌体应力 - 应变曲线上从原点至曲线上的任意一点(见图 2 - 16 的 A 点)所连直线的斜率,即

$$E=\frac{\sigma_A}{\varepsilon_A}=\tan\alpha_1 \tag{2-2}$$

式中　α_1——砌体应力 - 应变曲线的割线 OA 与横坐标的夹角;

σ_A、ε_A——A 点对应的应力与应变。

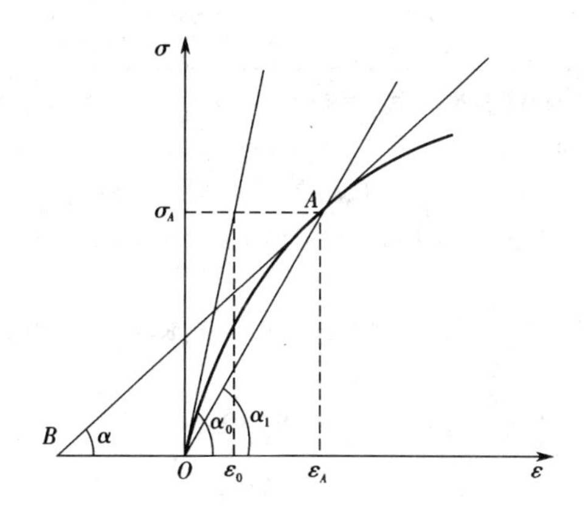

图 2 - 16　砌体受压弹性模量表示方法

2. 初始弹性模量

初始弹性模量是过砌体应力 - 应变曲线的原点作曲线的切线,此切线的斜率即为初始弹性模量 E_0,又称原点弹性模量,如图 2 - 16 所示,计算公式如下:

$$E_0 = \tan \alpha_0 \tag{2-3}$$

式中 α_0——砌体应力－应变曲线上过原点的曲线切线与横坐标轴的夹角。

3. 切线模量

砌体的切线模量是过砌体应力－应变曲线上任意一点 A 作曲线的切线，如图 2－16 所示，该切线的斜率即为切线模量 E'，计算公式如下：

$$E' = \frac{d\sigma_A}{d\varepsilon_A} = \tan \alpha \tag{2-4}$$

式中 α——过砌体应力－应变曲线上任意一点 A 的曲线切线与横坐标轴的夹角。

4. 砌体弹性模量取值

由于塑性变形的存在，割线模量和切线模量是变量，二者随应力的增大而减小。在实际工程中需要的是既能反映砌体的变形性能和取值标准，又能反映明确的弹性模量。工程上一般取 $\sigma = 0.43f_m$ 时的割线模量作为砌体的弹性模量。

为实用上的简便，《砌体结构设计规范》按砂浆不同强度等级，规定弹性模量与砌体的抗压强度设计值(f)成正比关系。考虑到石材的抗压强度设计值与弹性模量均远远高于砂浆的强度，因此石砌体的弹性模量仅由砂浆的强度等级来确定。各类砌体的弹性模量见表 2－10。

表 2－10 砌体的弹性模量 (MPa)

砌体种类	砂浆强度等级			
	≥M10	M7.5	M5	M2.5
烧结普通砖、烧结多孔砖砌体	1 600f	1 600f	1 600f	1 390f
混凝土普通砖、混凝土多孔砖砌体	1 600f	1 600f	1 600f	—
蒸压灰砂普通砖、蒸压粉煤灰普通砖砌体	1 060f	1 060f	1 060f	—
非灌孔混凝土砌块砌体	1 700f	1 600f	1 500f	—
粗料石、毛料石、毛石砌体	—	5 650	4 000	2 250
细料石砌体	—	17 000	12 000	6 750

注：1. 轻集料混凝土砌块砌体的弹性模量，可按表中混凝土砌块砌体的弹性模量采用。

2. 表中砌体抗压强度设计值不进行调整。

3. 表中砂浆为普通砂浆，采用专用砌筑砂浆的砌体的弹性模量也按此表采用。

4. 对混凝土普通砖、混凝土多孔砖、混凝土和轻集料混凝土砌块砌体，表中的砂浆强度等级分别为≥Mb10、Mb7.5、Mb5。

5. 对蒸压灰砂普通砖和蒸压粉煤灰普通砖砌体，当采用专用砂浆砌筑时，其强度设计值按表中数值采用。

单排孔且对孔砌筑的混凝土砌块灌孔砌体的弹性模量，计算公式如下：

$$E = 2\,000 f_g \tag{2-5}$$

式中 f_g——灌孔砌体的抗压强度设计值(MPa)。

2.5.2 砌体的剪切模量

砌体的剪切模量与其弹性模量、泊松比有关。根据材料力学公式，剪切模量 G 计算公式如下：

$$G=\frac{E}{2(1+\nu)} \tag{2-6}$$

式中 ν——砌体的泊松比，一般砖砌体取0.15，砌块砌体取0.30。

将泊松比代入式(2-6)，则得 $G=(0.38\sim0.43)E$，规范取 $G=0.4E$。

2.5.3 砌体的线膨胀系数与砌体的收缩率

砌体的线膨胀系数是计算砌体温度变形的重要参数。温度变化引起砌体热胀和冷缩变形，当变形受到约束时，就会导致砌体产生附加内力和变形，最终导致砌体开裂。

当砌体材料含水量降低时，会产生较大的收缩变形，这种变形受到约束时，砌体会产生干燥收缩裂缝。干燥收缩造成砌体结构墙体的裂缝有时是很严重的，因此在设计、施工及使用过程中均不能忽视砌体干燥收缩造成的危害。《砌体结构设计规范》规定的砌体的线膨胀系数和收缩率见表2-11。

表2-11 砌体的线膨胀系数和收缩率

砌体类别	线膨胀系数/($\times10^{-6}$/℃)	收缩率/(mm/m)
烧结普通砖、烧结多孔砖砌体	5	-0.1
蒸压灰砂普通砖、蒸压粉煤灰普通砖砌体	8	-0.2
混凝土普通砖、混凝土多孔砖、混凝土砌块砌体	10	-0.2
轻集料混凝土砌块砌体	10	-0.3
料石和毛石砌体	8	—

注：表中的收缩率是由达到收缩允许标准的块体砌筑28 d的砌体收缩系数，当地有可靠的砌体收缩试验数据时，亦可采用当地的试验数据。

2.5.4 砌体的摩擦系数

砌体结构沿某种材料产生滑移时，由于法向压力的存在，在滑移面将产生摩擦阻力，摩阻力的大小与摩擦系数有关，而摩擦系数的取值与摩擦面的材料和干湿状态有关。《砌体结构设计规范》规定的砌体与常用材料的摩擦系数见表2-12。

表2-12 砌体与常用材料的摩擦系数

材料类别	摩擦面情况	
	干燥	潮湿
砌体沿砌体或混凝土滑动	0.70	0.60
砌体沿木材滑动	0.60	0.50
砌体沿钢滑动	0.45	0.35
砌体沿砂或卵石滑动	0.60	0.50
砌体沿粉土滑动	0.55	0.40
砌体沿黏性土滑动	0.50	0.30

思考题

2－1　我国常用的块体、砂浆和砌体的种类有哪些？
2－2　砖砌体中砖和砂浆的强度是如何确定的？
2－3　常用无筋砌体有哪几类？各自的适用范围如何？
2－4　轴心受压砌体的破坏特征如何？影响砌体抗压强度的因素有哪些？
2－5　轴心受拉砌体的三种破坏形态及破坏机理如何？在设计中如何避免？
2－6　砌体、块体、砂浆三者的强度有何联系？
2－7　配筋砌体有哪几类？各自的特点和适用范围如何？
2－8　如何确定砌体的弹性模量和剪切模量？
2－9　如何提高砌体结构的施工质量？
2－10　烧结普通砖与烧结多孔砖砌体的抗压强度有何差异？

第3章　砌体结构的设计理论

3.1　砌体结构的设计原则

3.1.1　砌体结构的设计方法

《砌体结构设计规范》采用以概率理论为基础的极限状态设计方法，以可靠指标度量结构的可靠度，采用分项系数的设计表达式进行结构计算。砌体结构应按承载能力极限状态进行设计，并满足正常使用极限状态的要求。

砌体结构和结构构件在设计使用年限内及正常维护条件下，必须保持满足使用要求而不需大修或加固。设计使用年限按现行国家标准《建筑结构可靠度设计统一标准》(GB 50068—2001)规定分类，见表3-1。砌体结构设计应明确建筑结构的用途，在设计使用年限内未经技术鉴定或设计许可，不得改变结构用途、构件布置和使用环境。

表3-1　设计使用年限分类

类别	设计使用年限/年	示 例
1	5	临时性结构
2	25	易于替换的结构构件
3	50	普通房屋和构筑物
4	100	纪念性建筑和特别重要的建筑结构

根据建筑结构破坏可能产生的后果(危及人的生命、造成经济损失、产生社会影响等)的严重性，建筑结构应按表3-2划分为三个安全等级，设计时应根据具体情况适当选用。

表3-2　建筑结构的安全等级划分

安全等级	破坏后果	建筑物类型
一级	很严重	重要的房屋
二级	严重	一般的房屋
三级	不严重	次要的房屋

注:1. 对特殊的建筑物，其安全等级应根据具体情况另行确定。
2. 对抗震设防区的砌体结构设计，应按现行国家标准《建筑工程抗震设防分类标准》(GB 50223—2008)根据建筑物重要性区分建筑物类别。

3.1.2　建筑抗震设防分类

1. 建筑工程应分为四个抗震设防类别

(1)特殊设防类：指使用上有特殊设施，涉及国家公共安全的重大建筑工程和地震时可能发生严重次生灾害等特别重大灾害后果,需要进行特殊设防的建筑,简称甲类。

(2)重点设防类:指地震时使用功能不能中断或需尽快恢复的生命线相关建筑以及地震时可能导致大量人员伤亡等重大灾害后果,需要提高设防标准的建筑,简称乙类。

(3)标准设防类:指大量的除(1)、(2)、(4)款以外按标准要求进行设防的建筑,简称丙类。

(4)适度设防类:指使用上人员稀少且震损不致产生次生灾害,允许在一定条件下适度降低要求的建筑,简称丁类。

2. 各抗震设防类别建筑的抗震设防标准应符合的要求

(1)标准设防类:应按本地区抗震设防烈度确定其抗震措施和地震作用,达到在遭遇高于当地抗震设防烈度的预估罕遇地震影响时,不致倒塌或发生危及生命安全的严重破坏的抗震设防目标。

(2)重点设防类:应按高于本地区抗震设防烈度一度的要求加强其抗震措施;但抗震设防烈度为9度时应按比9度更高的要求采取抗震措施;地基基础的抗震措施应符合有关规定;同时应按本地区抗震设防烈度确定其地震作用。

(3)特殊设防类:应按高于本地区抗震设防烈度一度的要求加强其抗震措施;但抗震设防烈度为9度时应按比9度更高的要求采取抗震措施;同时应按批准的地震安全性评价的结果且高于本地区抗震设防烈度的要求确定其地震作用。

(4)适度设防类:允许比本地区抗震设防烈度的要求适当降低来确定其抗震措施,但抗震设防烈度为6度时不应降低。一般情况下,仍应按本地区抗震设防烈度确定其地震作用。但对于划为重点设防类而规模很小的工业建筑,当改用抗震性能较好的材料且符合抗震设计规范对结构体系的要求时,允许按标准设防类设防。

3.1.3 砌体结构施工质量控制等级

砌体结构施工质量控制等级分为A、B、C三级,应按《砌体结构工程施工质量验收规范》中对应的等级要求进行施工质量控制,即应符合表3-3的规定。

表3-3 砌体结构施工质量控制等级

项目	施工质量控制等级		
	A	B	C
现场质量管理	监督检查制度健全,并严格执行;施工方有在岗专业技术管理人员,人员齐全,并持证上岗	监督检查制度基本健全,并能执行;施工方有在岗专业技术管理人员,人员齐全,并持证上岗	有监督检查制度,施工方有在岗专业技术管理人员
砂浆、混凝土强度	试块按规定制作,强度满足验收规定,离散性小	试块按规定制作,强度满足验收规定,离散性较小	试块按规定制作,强度满足验收规定,离散性大
砂浆拌和	机械拌和,配合比计量控制严格	机械拌和,配合比计量控制一般	机械或人工拌和,配合比计量控制较差
砌筑工人	中级工以上,其中高级工不少于30%	高、中级工不少于70%	初级工以上

由于砌体的施工存在较大量的人工操作过程,所以砌体结构的质量也在很大程度上取决于人的因素。施工过程对砌体结构质量的影响直接表现在砌体的强度上。在采用以概率

理论为基础的极限状态设计方法中,材料的强度设计值是由材料标准值除以材料性能分项系数确定的,而材料性能分项系数与材料质量和施工水平相关。在国际标准中,施工水平按质量监督人员、砂浆强度试验及搅拌、砌体工人技术熟练程度等情况分为A、B、C三级,材料性能分项系数也相应取不同的三个数值。

3.1.4 砌体结构设计公式

1. 承载能力极限状态设计表达式

1)可变荷载多于一个

当可变荷载多于一个时,应按下列公式中最不利组合进行计算。

由可变荷载控制的组合:

$$\gamma_0(\gamma_G S_{Gk}+\gamma_{Q1}\gamma_L S_{Q1k}+\gamma_L\sum_{i=2}^{n}\gamma_{Qi}\psi_{ci}S_{Qik})\leqslant R(f,a_k,\cdots) \tag{3-1}$$

由永久荷载控制的组合:

$$\gamma_0(\gamma_G S_{Gk}+\gamma_L\sum_{i=1}^{n}\psi_{ci}S_{Qik})\leqslant R(f,a_k,\cdots) \tag{3-2}$$

式中 γ_0——结构重要性系数,对安全等级为一级或设计使用年限为50年以上的结构构件,不应小于1.1,对安全等级为二级或设计使用年限为50年的结构构件,不应小于1.0,对安全等级为三级或设计使用年限为1~5年的结构构件,不应小于0.9;

γ_G——永久荷载的分项系数,当永久荷载对结构起不利作用时,可变荷载控制的组合取1.2,永久荷载控制的组合取1.35,当永久荷载对结构起有利作用时,一般取1.0,当砌体结构作为一个刚体需验算倾覆、漂浮、滑移等整体稳定性时,应取0.8;

γ_{Q1}、γ_{Qi}——第1个、第i个可变荷载的分项系数,一般取1.4,当工业建筑活荷载标准值大于4 kN/m^{2}时,取1.3,当活荷载对结构起有利作用时,应取0;

γ_L——结构构件的抗力模型不定性系数,对静力设计,考虑结构设计使用年限的荷载调整系数,设计使用年限为50年,取1.0,设计使用年限为100年,取1.1;

S_{Gk}——永久荷载标准值的效应;

S_{Q1k}——在基本组合中起控制作用的一个可变荷载标准值的效应;

S_{Qik}——第i个可变荷载标准值的效应;

$R(\cdot)$——结构构件的抗力函数;

ψ_{ci}——第i个可变荷载的组合值系数,一般情况下应取0.7,对书库、档案库、贮藏室或通风机房、电梯机房应取0.9;

f——砌体的强度设计值;

a_k——几何参数标准值。

将永久荷载、可变荷载分项系数带入式(3-1)和式(3-2)则有以下两式。

(1)可变荷载效应控制的组合承载能力极限状态设计表达式:

$$\gamma_0(1.2S_{Gk}+1.4\gamma_L S_{Q1k}+\gamma_L\sum_{i=2}^{n}\gamma_{Qi}\psi_{ci}S_{Qik})\leqslant R(f,a_k,\cdots) \tag{3-3}$$

(2)永久荷载效应控制的组合承载能力极限状态设计表达式:

$$\gamma_0(1.35S_{Gk}+1.4\gamma_L\sum_{i=1}^{n}\psi_{ci}S_{Qik})\leqslant R(f,a_k,\cdots) \tag{3-4}$$

2)仅有一个可变荷载

当仅有一个可变荷载时,可按下列公式中最不利组合进行计算。

可变荷载效应控制的组合:

$$\gamma_0(1.2S_{Gk}+1.4\gamma_L S_{Qk})\leqslant R(f,a_k,\cdots) \tag{3-5}$$

永久荷载效应控制的组合:

$$\gamma_0(1.35S_{Gk}+\gamma_L S_{Qk})\leqslant R(f,a_k,\cdots) \tag{3-6}$$

3)两种荷载组合模式的界限(适用于 $\psi_{ci}=0.7$ 的活荷载)

两种荷载组合模式的界限:$\rho=2.8$(ρ 为永久荷载效应标准组合与可变荷载效应标准组合之比)。

当 $\rho\geqslant 2.8$ 时,由永久荷载控制荷载效应组合。

当 $\rho<2.8$ 时,由可变荷载控制荷载效应组合。

2. 正常使用极限状态

对于砌体结构中的砌体类构件,其正常使用极限状态并没有相应的计算公式,但这不是说砌体结构不需要满足正常使用极限状态,原因如下。

(1)砌体是一种脆性材料,主要用作受压构件。其承载力计算公式在很大程度上是为了防止构件产生水平裂缝或避免产生过大的水平裂缝。

(2)该状态在一般情况下能由相应的构造措施予以保证(如规定墙、柱的高厚比,平面外弯矩较大时设置扶壁柱,限制楼面梁在墙厚方向的支承长度等)。

因此,砌体结构仍然需要满足正常使用极限状态要求。

3. 整体稳定验算

当结构作为一个刚体需验算整体稳定性时,如倾覆、滑移、漂浮等,应按下列公式中最不利组合进行验算。

可变荷载效应控制的组合:

$$\gamma_0(1.2S_{G2k}+1.4\gamma_L S_{Q1k}+\gamma_L\sum_{i=2}^{n}S_{Qik})\leqslant 0.8S_{G1k} \tag{3-7}$$

永久荷载效应控制的组合:

$$\gamma_0(1.35S_{G2k}+1.4\gamma_L\sum_{i=1}^{n}\psi_{ci}S_{Qik})\leqslant 0.8S_{G1k} \tag{3-8}$$

式中 S_{G1k}——起有利作用的永久荷载标准值的效应;

S_{G2k}——起不利作用的永久荷载标准值的效应;

0.8——起有利作用的永久荷载的分项系数。

3.2 砌体的强度标准值和设计值

3.2.1 砌体的强度标准值

砌体的强度标准值是保证率不低于95%的材料强度,即强度概率分布函数0.05的分位值。各类砌体的强度标准值 f_k 可通过下式计算:

$$f_k = f_m - 1.645\sigma_f = f_m(1 - 1.645\delta_f) \quad (3-9)$$

式中　f_m——砌体的强度平均值；

σ_f——砌体强度的标准差；

δ_f——砌体强度的变异系数，其值根据大量的试验资料经统计分析得到，具体可按表 3-4 采用。

表 3-4　砌体强度的变异系数

砌体种类	受力性能	δ_f
毛石砌体	抗压	0.24
	抗拉、抗弯、抗剪	0.26
其他砌体	抗压	0.17
	抗拉、抗弯、抗剪	0.20

3.2.2　砌体的强度设计值

砌体的强度设计值 f 是砌体结构构件进行承载力极限状态设计时所采用的砌体强度代表值，其等于砌体强度标准值 f_k 除以材料性能分项系数 γ_f，计算公式如下：

$$f = \frac{f_k}{\gamma_f} \quad (3-10)$$

砌体的材料性能分项系数不仅考虑了可靠度，还考虑了施工质量对砌体强度的影响。根据砌体施工质量的分级，A 级时，取 $\gamma_f = 1.5$；B 级时，取 $\gamma_f = 1.6$；C 级时，取 $\gamma_f = 1.8$。一般情况下，砌体材料性能分项系数宜按 B 级考虑。

单排孔混凝土砌块对孔砌筑时，灌孔砌体的抗压强度设计值 f_g 应按下式计算：

$$f_g = f + 0.6\alpha f_c \quad (3-11)$$

$$\alpha = \delta\rho \quad (3-12)$$

式中　f_g——灌孔混凝土砌块砌体的抗压强度设计值，该值不应大于未灌孔砌体抗压强度设计值的 2 倍；

f——未灌孔混凝土砌块砌体的抗压强度设计值；

f_c——灌孔混凝土的轴心抗压强度设计值，并应满足 2.1.2 节对其强度的规定；

α——混凝土砌块砌体中灌孔混凝土面积和砌体毛面积的比值；

δ——混凝土砌块的孔洞率；

ρ——混凝土砌块砌体的灌孔率，是截面灌孔混凝土面积与截面孔洞面积之比，$\rho \geq 33\%$。

灌孔混凝土强度指标取同强度等级的混凝土强度指标。

单排孔混凝土砌块对孔砌筑时，灌孔砌体的抗剪强度设计值 f_{vg} 应按下式计算：

$$f_{vg} = 0.2 f_g^{0.55} \quad (3-13)$$

3.2.3　砌体的强度设计指标

龄期为 28 d 的以毛截面计算的各类砌体抗压、抗拉及抗剪强度设计值，当施工质量控制等级为 B 级时，应根据块体和砂浆的强度等级分别按表 3-5 至表 3-12 采用。

表3-5　烧结普通砖和烧结多孔砖砌体的抗压强度设计值　(MPa)

砖强度等级	砂浆强度等级					砂浆强度
	M15	M10	M7.5	M5	M2.5	0
MU30	3.94	3.27	2.93	2.59	2.26	1.15
MU25	3.60	2.98	2.68	2.37	2.06	1.05
MU20	3.22	2.67	2.39	2.12	1.84	0.94
MU15	2.79	2.31	2.07	1.83	1.60	0.82
MU10	—	1.89	1.69	1.50	1.30	0.67

注:当烧结多孔砖的孔洞率大于30%时,表中数值应乘以0.9。

表3-6　混凝土普通砖和混凝土多孔砖砌体的抗压强度设计值　(MPa)

砖强度等级	砂浆强度等级					砂浆强度
	Mb20	Mb15	Mb10	Mb7.5	Mb5	0
MU30	4.61	3.94	3.27	2.93	2.59	1.15
MU25	4.21	3.60	2.98	2.68	2.37	1.05
MU20	3.77	3.22	2.67	2.39	2.12	0.94
MU15	—	2.79	2.31	2.07	1.83	0.82

表3-7　蒸压灰砂普通砖和蒸压粉煤灰普通砖砌体的抗压强度设计值　(MPa)

砖强度等级	砂浆强度等级				砂浆强度
	M15	M10	M7.5	M5	0
MU25	3.60	2.98	2.68	2.37	1.05
MU20	3.22	2.67	2.39	2.12	0.94
MU15	2.79	2.31	2.07	1.83	0.82

注:当采用专用砂浆砌筑时,其抗压强度设计值按表中数值采用。

表3-8　单排孔混凝土砌块和轻集料混凝土砌块对孔砌筑砌体的抗压强度设计值　(MPa)

砖强度等级	砂浆强度等级					砂浆强度
	Mb20	Mb15	Mb10	Mb7.5	Mb5	0
MU20	6.30	5.68	4.95	4.44	3.94	2.33
MU15	—	4.61	4.02	3.61	3.20	1.89
MU10	—	—	2.79	2.50	2.22	1.31
MU7.5	—	—	—	1.93	1.71	1.01
MU5	—	—	—	—	1.19	0.70

注:1. 对独立柱或厚度为双排组砌的砌块砌体,表中数值应乘以0.7。
2. 对T形截面墙体、柱,表中数值应乘以0.85。

表 3-9　双排孔或多排孔轻集料混凝土砌块砌体的抗压强度设计值　(MPa)

砌块强度等级	砂浆强度等级			砂浆强度
	Mb10	Mb7.5	Mb5	0
MU10	3.08	2.76	2.45	1.44
MU7.5	—	2.13	1.88	1.12
MU5	—	—	1.31	0.78
MU3.5	—	—	0.95	0.56

注:1. 表中的砌块为火山渣、浮石和陶粒轻集料混凝土砌块。

2. 对厚度方向为双排组砌的轻集料混凝土砌块砌体的抗压强度设计值,表中数值应乘以 0.8。

表 3-10　毛料石砌体的抗压强度设计值(块体高度为 180~350 mm)　(MPa)

毛料石强度等级	砂浆强度等级			砂浆强度
	M7.5	M5	M2.5	0
MU100	5.42	4.80	4.18	2.13
MU80	4.85	4.29	3.73	1.91
MU60	4.20	3.71	3.23	1.65
MU50	3.83	3.39	2.95	1.51
MU40	3.43	3.04	2.64	1.35
MU30	2.97	2.63	2.29	1.17
MU20	2.42	2.15	1.87	0.95

注:对细料石砌体、粗料石砌体和干砌勾缝石砌体,表中数值应分别乘以调整系数 1.4、1.2 和 0.8。

表 3-11　毛石砌体的抗压强度设计值　(MPa)

毛石强度等级	砂浆强度等级			砂浆强度
	M7.5	M5	M2.5	0
MU100	1.27	1.12	0.98	0.34
MU80	1.13	1.00	0.87	0.30
MU60	0.98	0.87	0.76	0.26
MU50	0.90	0.80	0.69	0.23
MU40	0.80	0.71	0.62	0.21
MU30	0.69	0.61	0.53	0.18
MU20	0.56	0.51	0.44	0.15

表 3－12 沿砌体灰缝截面破坏时砌体的轴心抗拉强度设计值、弯曲抗拉强度设计值和抗剪强度设计值

(MPa)

强度类别	破坏特征及砌体种类		砂浆强度等级			
			≥M10	M7.5	M5.0	M2.5
轴心抗拉	沿齿缝	烧结普通砖、烧结多孔砖	0.19	0.16	0.13	0.09
		混凝土普通砖、混凝土多孔砖	0.19	0.16	0.13	—
		蒸压灰砂普通砖、蒸压粉煤灰普通砖	0.12	0.10	0.08	—
		混凝土和轻集料混凝土砌块	0.09	0.08	0.07	
		毛石	—	0.07	0.06	0.04
弯曲抗拉	沿齿缝	烧结普通砖、烧结多孔砖	0.33	0.29	0.23	0.17
		混凝土普通砖、混凝土多孔砖	0.33	0.29	0.23	—
		蒸压灰砂普通砖、蒸压粉煤灰普通砖	0.24	0.20	0.16	—
		混凝土和轻集料混凝土砌块	0.11	0.09	0.08	—
		毛石	—	0.11	0.09	0.07
	沿通缝	烧结普通砖、烧结多孔砖	0.17	0.14	0.11	0.08
		混凝土普通砖、混凝土多孔砖	0.17	0.14	0.11	—
		蒸压灰砂普通砖、蒸压粉煤灰普通砖	0.12	0.10	0.08	—
		混凝土和轻集料混凝土砌块	0.08	0.06	0.05	—
抗剪	烧结普通砖、烧结多孔砖		0.17	0.14	0.11	0.08
	混凝土普通砖、混凝土多孔砖		0.17	0.14	0.11	—
	蒸压灰砂普通砖、蒸压粉煤灰普通砖		0.12	0.10	0.08	—
	混凝土和轻集料混凝土砌块		0.09	0.08	0.06	—
	毛石		—	0.19	0.16	0.11

注:1. 对于用形状规则的块体砌筑的砌体,当搭接长度与块体高度的比值小于 1 时,其轴心抗拉强度设计值 f_t 和弯曲抗拉强度设计值 f_{tm} 应按表中数值乘以搭接长度与块体高度比值后采用。

2. 表中数值是依据普通砂浆砌筑的砌体确定的,采用经研究性试验且通过技术鉴定的专用砂浆砌筑的蒸压灰砂普通砖、蒸压粉煤灰普通砖砌体,其抗剪强度设计值按相应普通砂浆强度等级砌筑的烧结普通砖砌体采用。

3. 对混凝土普通砖、混凝土多孔砖、混凝土和轻集料混凝土砌块砌体,表中的砂浆等级分别为≥Mb10、Mb7.5 及 Mb5。

3.2.4 砌体强度设计值的调整

下列情况的各类砌体,其砌体强度设计值应乘以调整系数 γ_a。

(1)对无筋砌体构件,其截面面积小于 0.3 m^2 时,γ_a 为其截面面积加 0.7;对配筋砌体构件,当其中砌体截面面积小于 0.2 m^2 时,γ_a 为其截面面积加 0.8。构件截面面积以“m^2”计。

(2)当砌体用强度等级小于 M5.0 的水泥砂浆砌筑时,对表 3－5 至表 3－11 中的数值,γ_a 为 0.9;对表 3－12 中的数值,γ_a 为 0.8。

(3)当验算施工中房屋的构件时,γ_a 为 1.1。

3.2.5　其他强度要求

施工阶段砂浆尚未硬化的新砌砌体的强度和稳定性,可按砂浆强度为零进行验算。

对于冬期采用掺盐砂浆法施工的砌体,砂浆强度等级按常温施工的强度等级提高一级时,砌体强度和稳定性可不验算。配筋砌体不得用掺盐砂浆施工。

3.3　砌体结构的耐久性规定

结构的耐久性是在设计确定的环境作用、维修和使用条件下,结构构件在设计使用年限内保持其适用性和安全性的能力。砌体结构的耐久性包括两个方面:一是对配筋砌体结构构件钢筋的保护,二是对砌体材料的保护。砌体结构的耐久性与钢筋混凝土结构既有相同之处又有一些优势。相同之处是指砌体结构中的钢筋保护增加了砌体部分,因而比混凝土结构的耐久性好,无筋砌体尤其是烧结类砖砌体的耐久性更好。

3.3.1　砌体结构的环境类别

砌体结构的耐久性应根据表 3 – 13 的环境类别和设计使用年限进行设计。

表 3 – 13　砌体结构的环境类别

环境类别	条　件
1	正常居住及办公建筑物的内部干燥环境,包括夹心墙的内叶墙
2	潮湿的室内和室外环境,包括与无侵蚀性土和水接触的环境
3	严寒和使用化冰盐的潮湿环境(室内或室外)
4	与海水直接接触的环境,或处于滨海环境的盐饱和的气体环境
5	有化学侵蚀的砌体、液体或固态形式的环境,包括有侵蚀性土壤的环境

3.3.2　钢筋的耐久性要求

(1)当设计使用年限为 50 年时,砌体中钢筋的耐久性选择应符合表 3 – 14 的规定。

表 3 – 14　砌体中钢筋的耐久性选择

环境类别	钢筋种类和最低保护要求	
	位于砂浆中的钢筋	位于灌孔混凝土中的钢筋
1	普通钢筋	普通钢筋
2	重镀锌或有等效保护的钢筋	当采用混凝土灌孔时,可为普通钢筋;当采用砂浆灌孔时,应为重镀锌或有等效保护的钢筋
3	不锈钢或有等效保护的钢筋	重镀锌或有等效保护的钢筋
4,5	不锈钢或等效保护的钢筋	不锈钢或等效保护的钢筋

注:1. 对夹心墙的外叶墙,应采用重镀锌或有等效保护的钢筋。

2. 表中的钢筋即为国家现行标准《混凝土结构设计规范》(GB 50010—2010)和《冷轧带肋钢筋混凝土结构技术规程》(JGJ 95—2011)等标准规定的普通钢筋或非预应力钢筋。

(2)当设计使用年限为50年时,砌体中钢筋的保护层厚度应符合以下规定。

①配筋砌体中钢筋的最小混凝土保护层厚度应符合表3-15要求。

②灰缝中钢筋外露砂浆保护层的厚度不应小于15 mm。

③所有钢筋端部均应有与对应钢筋的环境类别条件相同的保护层厚度。

④对填实的夹心墙或特别的墙体构造,钢筋的最小保护层厚度:用于环境类别1时,应取20 mm厚砂浆或灌孔混凝土与钢筋直径较大者;用于环境类别2时,应取20 mm厚灌孔混凝土与钢筋直径较大者;采用重镀锌钢筋时,应取20 mm厚砂浆或灌孔混凝土与钢筋直径较大者;采用不锈钢筋时,应取钢筋的直径。

表3-15 钢筋的最小混凝土保护层厚度 (mm)

环境类别	混凝土强度等级			
	C20	C25	C30	C35
	最低水泥含量/(kg/m³)			
	260	280	300	320
1	20	20	20	20
2	—	25	25	25
3	—	40	40	30
4	—	—	40	40
5	—	—	—	40

注:1. 材料中最大氯离子含量和最大碱含量应符合现行国家标准《混凝土结构设计规范》的规定。

2. 当采用防渗砌体砌块和防渗砂浆时,可以考虑部分砌体(含抹灰层)的厚度作为保护层,但对环境类别1、2、3,其混凝土保护层的厚度应相应不小于10 mm、15 mm和20 mm。

3. 钢筋砂浆面层的组合砌体构件的钢筋保护层厚度宜比表3-15规定的混凝土保护层厚度数值增加5~10 mm。

4. 对安全等级为一级或设计使用年限为50年以上的砌体结构,钢筋保护层厚度应至少增加10 mm。

(3)当设计使用年限为50年时,夹心墙的钢筋连接件或钢筋网片、连接钢板、锚固螺栓或钢筋,应采用重镀锌或等效的防护涂层,镀锌层的厚度不应小于290 g/m²;当采用环氧涂层时,灰缝钢筋涂层厚度不应小于290 μm,其余部件涂层厚度不应小于450 μm。

3.3.3 砌体材料的耐久性要求

设计使用年限为50年时,砌体材料的耐久性应符合下列规定。

(1)地面以下或防潮层以下的砌体、潮湿房间的墙或环境类别2的砌体,所用材料的最低强度等级应符合表3-16的规定。

表3-16 地面以下或防潮层以下的砌体、潮湿房间的墙所用材料的最低强度等级

潮湿程度	烧结普通砖	混凝土普通砖、蒸压普通砖	混凝土砌块	石材	水泥砂浆
稍潮湿的	MU15	MU20	MU7.5	MU30	M5
很潮湿的	MU20	MU20	MU10	MU30	M7.5
含水饱和的	MU20	MU25	MU15	MU40	M10

注:1. 在冻胀地区,地面以下或防潮层以下的砌体,不宜采用多孔砖,如采用时,其孔洞应用不低于M10的水泥砂浆

预先灌实。当采用混凝土空心砌块时，其孔洞应采用强度等级不低于 Cb20 的混凝土预先灌实。

2. 对安全等级为一级或设计使用年限大于 50 年的房屋，表中材料强度等级应至少提高一级。

3. 表中水泥砂浆强度最低等级还宜结合表 2－7 中对砂浆最低强度的规定确定。

(2)处于环境类别 3～5 且有侵蚀性介质的砌体材料应符合下列规定。

①不应采用蒸压灰砂普通砖、蒸压粉煤灰普通砖。

②应采用实心砖，其强度等级不应低于 MU20，水泥砂浆的强度等级不应低于 M10。

③混凝土砌块的强度等级不应低于 MU15，灌孔混凝土的强度等级不应低于 Cb30，砂浆的强度等级不应低于 Mb10。

④应根据环境条件对砌体材料的抗冻指标、耐酸碱性能提出要求，或符合有关规范的规定。

思考题

3－1　砌体结构的设计方法如何？

3－2　砌体结构的功能要求、极限状态的种类和意义各是什么？

3－3　何为结构的设计使用年限？对砌体结构有何要求？

3－4　为何要判断哪种荷载效应组合起控制作用？如何确定？

3－5　砌体结构是否需要满足正常使用极限状态？

3－6　如何确定砌体施工质量控制等级？如何提高砌体结构的施工质量？

3－7　砌体承载能力极限状态设计公式中各分项系数是按什么原则确定的？

3－8　何谓荷载的标准值、设计值？两者的关系如何？

3－9　何谓砌体材料的标准值、设计值？两者的关系如何？

3－10　砌体强度设计值的调整原因及调整系数是什么？

3－11　砌体结构的耐久性概念及保证结构耐久性的主要规定是什么？

第4章　砌体结构房屋的静力计算

4.1　房屋的结构布置

4.1.1　概述

砌体结构房屋通常由墙、柱及楼(屋)盖组成。楼(屋)盖等水平承重构件采用钢筋混凝土结构或木结构,而墙、柱及基础等竖向承重结构构件采用砌体结构。

砌体结构房屋中的墙体一般具有承重和围护的双重功能,墙、柱的自重约占房屋总重的60%。由于块材与砂浆间的黏结力很弱,使得砌体的抗拉、抗弯、抗剪强度均较低。所以,在砌体结构房屋的结构布置中,使墙柱等承重构件具有足够的承载力是保证房屋结构安全可靠和正常使用的关键,特别是在需要进行抗震设防及地基条件较差的地区,要进行合理的结构布置。

房屋的设计,首先是根据房屋的使用要求以及地质、材料供应和施工等条件,按照安全可靠、技术先进、经济合理的原则,选择较合理的结构方案。同时,再根据建筑布置、结构受力等方面的要求进行主要承重构件的布置。在砌体建筑的结构布置中,承重墙体的布置不仅影响到房屋平面的划分和房间的大小,而且对房屋的荷载传递路线、承载的合理性、墙体的稳定以及整体的刚度等受力性能有着直接的联系。

4.1.2　承重墙体的布置

在承重墙的布置中,一般有三种方案可供选择:纵墙承重体系、横墙承重体系、纵横墙承重体系。

1. 纵墙承重体系

纵墙承重体系是指纵墙直接承受屋面、楼面荷载的结构方案。图4－1所示为两种纵墙承重的结构布置图。图4－1(a)中,屋面荷载主要由屋面板传给屋面梁,再由屋面梁传给纵墙。图4－1(b)中,楼面荷载由屋面板直接传给纵墙。有些跨度较小的房屋,楼板直接搁置在外纵墙上,也属于纵墙承重体系。

在纵墙承重体系中,竖向荷载的主要传递路线如下:

$$\text{板} \rightarrow \left[\begin{array}{c}\text{梁(或屋架)} \rightarrow \text{纵墙} \\ \text{纵墙}\end{array}\right] \rightarrow \text{基础} \rightarrow \text{地基}$$

纵墙承重体系房屋的纵墙是主要承重墙,设在纵墙上的门窗洞口的大小及位置受到一定程度的限制。横墙的设置主要是为了满足房屋的使用要求及空间刚度和整体性的要求,因而数量较少,房屋的室内空间较大。由于横墙数量较少,相对于横墙承重体系而言,房屋的横向刚度较小,整体性较差,在地震区的应用受到一定限制。纵墙承重体系适用于使用上要求有较大空间的房屋,如食堂、仓库或中小型工业厂房等。

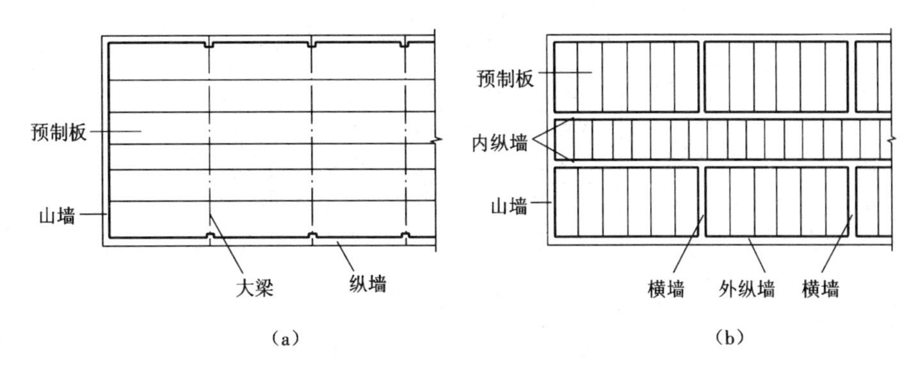

图4－1　纵墙承重体系

2. 横墙承重体系

当房屋的开间不大(一般为3～4.5 m),横墙间距较小时,将楼面(屋面)板直接搁置在横墙上的结构布置方案称为横墙承重体系,其荷载主要由横墙承担,外纵墙仅承受墙体本身的重量,如图4－2所示。

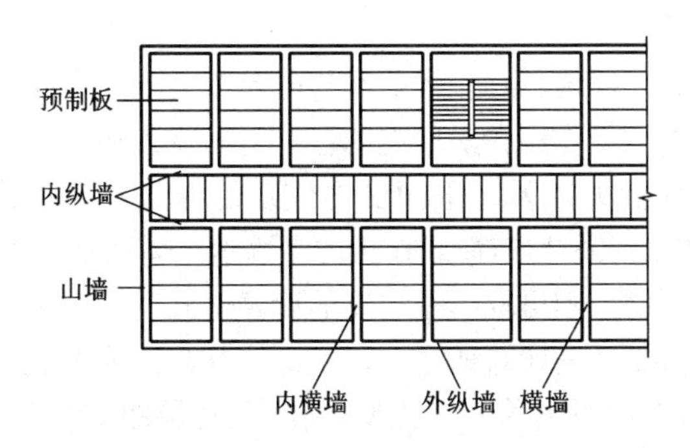

图4－2　横墙承重体系

横墙承重方案中,房屋荷载的主要传递路线如下:

楼面(或屋面)板 → 承重横墙 → 基础 → 地基

横墙承重体系房屋的横墙是主要承重墙,由于横墙数量较多,间距较小,又有纵墙拉结,房屋的横向刚度大,整体性好,对抵抗风力、地震作用和调整地基的不均匀沉降比纵墙承重体系有利。纵墙主要起围护、隔断和将横墙连成整体的作用,一般情况下其承载力未得到充分发挥,故对纵墙上门窗洞口的大小和位置的限制较少。

横墙承重方案体系结构简单,施工方便,但墙体材料比纵墙承重体系的用量多。由于其抗震性能较好,因此在地震区应优先采用横墙承重体系。

3. 纵横墙承重体系

楼(屋)面荷载分别由纵墙和横墙共同承受的房屋,称为纵横墙承重体系,如图4－3所示。当建筑物的功能要求房间的大小变化较多时,考虑到结构布置的合理性,采用此种结构体系。其荷载传递路线如下:

$$\text{楼面(屋面)板} \rightarrow \left[\begin{array}{c}\text{梁}\rightarrow\text{纵墙}\\ \text{横墙或纵墙}\end{array}\right] \rightarrow \text{基础} \rightarrow \text{地基}$$

纵横墙承重体系的特点介于前述的两种方案之间,既具有房间布置的灵活性,又具有较大的空间刚度和整体性,适用于教学楼、办公楼、医院及图书馆等建筑。

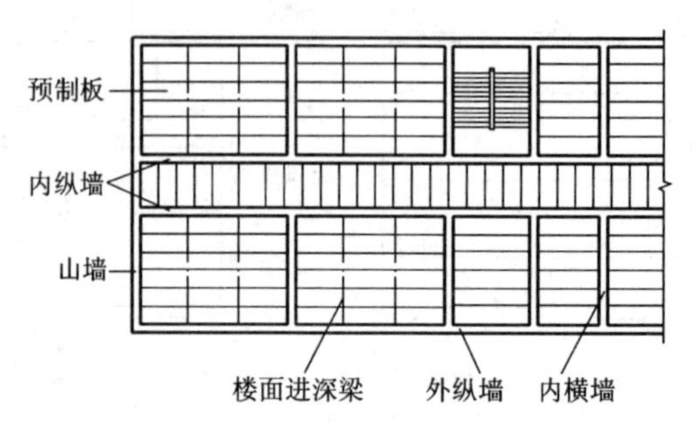

图4-3 纵横墙承重体系

4.2 房屋的静力计算方案

4.2.1 房屋的空间工作性能

砌体结构房屋的纵墙、横墙、屋盖、楼盖和基础等主要承重构件组成了空间受力体系，各承重构件协同工作，共同承受作用在房屋上的各种竖向荷载和水平荷载。

在荷载作用下，空间受力体系与平面受力体系的变形及荷载传递途径是不同的。图4-4所示为单层承受横向水平均布荷载作用的纵墙承重体系。若不考虑两端山墙的作用，而按平面受力体系进行分析，则可取出一独立的计算单元进行排架的平面受力分析，排架柱顶的侧移为 u_p，其变形如图4-4(a)所示。而实际上房屋在水平荷载作用下，其山墙（或横墙）对抵抗水平荷载、减少房屋侧移起了重要的作用，房屋纵墙顶的最大侧移仅为 u_s，如图4-4(b)所示。沿房屋的纵向，纵墙的侧移以中部的 u_1 最大，靠近山墙的两端纵墙侧移最小，山墙顶的最大侧移为 u，这是纵墙、屋盖和山墙在空间受力体系中协同工作的结果。

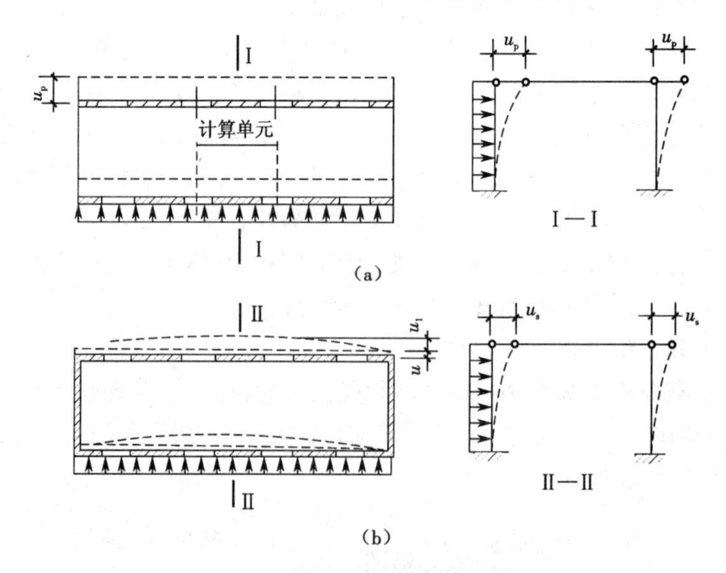

图4-4 单层纵墙承重体系简图

由于受力体系不同，荷载的传递路线也不同。在平面受力体系中，水平荷载的传递路线

为水平荷载 → 纵墙 → 纵墙基础；而在空间受力体系中，水平荷载的传递路线为水平荷载 → 纵墙 → 屋盖 → $\begin{cases}\text{山墙→山墙基础}\\\text{纵墙基础}\end{cases}$。

在空间受力体系中，屋盖作为纵墙顶端的支承，受到纵墙传来的水平荷载后，在其自身平面内产生弯曲变形，整个屋盖的变形犹如置于水平面上的“屋盖梁”，两端的山墙则相当于该“屋盖梁”的弹性支座。在水平荷载作用下，纵墙顶传递部分水平荷载到屋盖，屋盖在其平面内产生水平向的挠曲变形，且以纵向中点变形 u_1 为最大。作为“屋盖梁”弹性支座的两端山墙，墙顶承受到“屋盖梁”传来的荷载，在墙身平面内产生剪弯变形，墙顶水平侧移量为 u。显然，纵向中点的墙顶位移 u_s 应为屋盖的最大弯曲变形 u_1 与山墙顶的侧移量 u 之和，即 $u_s = u_1 + u$。

由于在空间受力体系中横墙（山墙）协同工作，对抗侧移起了重要的作用。因此，纵墙顶的最大侧移值 u_s 较平面受力体系中排架的柱顶侧移值 u_p 小，即 $u_s < u_p$。一般情况下，u_p 的大小取决于纵墙和柱沿横向的水平刚度。u_s 的大小主要与两端山墙（横墙）间的水平距离、山墙在自身平面内的刚度和屋盖的水平刚度有关。若横墙间距大，则“屋盖梁”的水平方向跨度大，受弯时中间的挠度大；若屋盖在自身平面内的刚度较小，也会增大自身的弯曲变形，使中部的水平位移增大；若横墙刚度较差，墙顶侧移较大，中部纵墙顶的水平位移也随之增大。反之，房屋中部纵墙顶的水平侧移较小，即空间性能较好。

房屋空间作用的性能，可用空间性能影响系数 η 表示。η 按下式计算：

$$\eta = \frac{u_s}{u_p} \tag{4-1}$$

式中　u_s——考虑空间作用的房屋最大侧移；

　　　u_p——平面排架的侧移。

η 值较大，表明房屋的位移与平面排架的位移较接近，即房屋空间刚度较差。反之，η 值越小，表明房屋空间工作后的侧移越小，即房屋空间刚度越好。因此，η 又称为考虑空间工作后的侧移折减系数。

对于不同类别的屋盖或楼盖，在不同的横墙间距下，房屋各层的空间性能影响系数 η_i 可按表4-1取用。其中，η_i 值最大为0.82，当 $\eta_i > 0.82$ 时，则近似取 $\eta_i \approx 1$；η_i 值最小为0.33，当 $\eta_i < 0.33$ 时，近似取 $\eta_i \approx 0$。

表4-1　房屋各层的空间性能影响系数 η_i

屋盖或楼盖类别	横墙间距 s/m														
	16	20	24	28	32	36	40	44	48	52	56	60	64	68	72
1	—	—	—	—	0.33	0.39	0.45	0.50	0.55	0.60	0.64	0.68	0.71	0.74	0.77
2	—	0.35	0.45	0.54	0.61	0.68	0.73	0.78	0.82	—	—	—	—	—	—
3	0.37	0.49	0.60	0.68	0.75	0.81	—	—	—	—	—	—	—	—	—

注：1. 屋盖或楼盖类别如下：1 为整体式、装配整体和装配式无檩体系钢筋混凝土屋盖或钢筋混凝土楼盖；2 为装配式有檩体系钢筋混凝土屋盖、轻钢屋盖和有密铺望板的木屋盖或木楼盖；3 为瓦材屋面的木屋盖和轻钢屋盖。

2. i 取 $1 \sim n$，n 为房屋的层数。

4.2.2 房屋静力计算方案的分类

砌体结构房屋是一空间受力体系,各承载构件不同程度地参与工作,共同承受作用在房屋上的各种荷载作用。在进行房屋的静力分析时,首先应根据房屋不同的空间性能,分别确定其静力计算方案,然后再进行静力计算。《砌体结构设计规范》根据房屋空间刚度的大小把房屋的静力计算方案分为刚性方案、弹性方案和刚弹性方案三种。

1. 刚性方案

当房屋的横墙间距较小,屋盖和楼盖的刚度较大时,房屋的空间刚度也较大。若在水平荷载作用下,房屋的水平位移很小,房屋空间性能影响系数 η 小于表4-1中的下限值时,可假定墙、柱顶端的水平位移为零。因此,在确定墙、柱的计算简图时,可以忽略房屋的水平位移,把楼盖和屋盖视为墙、柱的不动铰支承,墙、柱的内力按侧向有不动铰支承的竖向构件计算。图4-5(a)所示为单层刚性方案房屋墙体计算简图。按这种方法进行静力计算的房屋属刚性方案房屋。

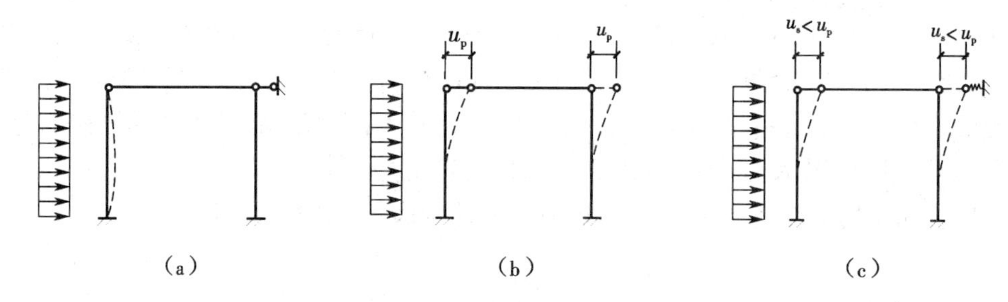

图4-5 单层单跨房屋墙体的计算简图

2. 弹性方案

当横墙间距较大,或无横墙(山墙),屋盖和楼盖的水平刚度较小时,房屋的空间刚度较小。若在水平荷载作用下,房屋的水平位移较大,房屋空间性能影响系数 η 大于表4-1中的上限值时,空间作用的影响可以忽略。其静力计算可按屋架(大梁)与墙柱为铰接,墙柱下端固定于基础,不考虑房屋空间工作的平面排架来计算。图4-5(b)所示为单层弹性方案房屋墙体计算简图。按这种方法进行静力计算的房屋属弹性方案房屋。

弹性方案房屋在水平荷载作用下,墙顶水平位移较大,而且墙内会产生较大的弯矩。因此,如果增加房屋的高度,房屋的刚度将难以保证;如增加纵墙的截面面积,势必耗费材料。所以,对于多层砌体结构房屋,不宜采用弹性方案。

3. 刚弹性方案

房屋的空间刚度介于刚性方案与弹性方案之间,房屋空间性能影响系数 η 位于表4-1中所列数值时,在水平荷载的作用下,水平位移比弹性方案房屋要小,但不能忽略不计。其静力计算可根据房屋空间刚度的大小,按考虑房屋空间工作的排架来计算。图4-5(c)所示为单层刚弹性方案房屋墙体的计算简图。按这种方法进行静力计算的房屋属刚弹性方案房屋。

4.2.3 静力计算方案的确定

《砌体结构设计规范》根据屋(楼)盖水平刚度的大小和横墙间距两个主要因素来划分

静力计算方案。根据相邻横墙间距及屋盖或楼盖的类别，由表4－2确定房屋的静力计算方案。

表4－2　房屋的静力计算方案

屋盖或楼盖类别	刚性方案	刚弹性方案	弹性方案
1	$s<32$	$32\leqslant s\leqslant 72$	$s>72$
2	$s<20$	$20\leqslant s\leqslant 48$	$s>48$
3	$s<16$	$16\leqslant s\leqslant 36$	$s>36$

注：1. 表中 s 为房屋横墙间距，其单位为 m。

2. 当屋盖、楼盖类别不同或横墙间距不同时，可按本章4.4.3节的规定确定房屋的静力计算方案。

3. 对无山墙或伸缩缝处无横墙的房屋，应按弹性方案考虑。

4. 屋盖或楼盖类别同表4－1。

表4－2是根据屋（楼）盖刚度和横墙间距来确定房屋的静力计算方案。此外，横墙的刚度也是影响房屋空间性能的一个重要因素，作为刚性和刚弹性方案房屋的横墙，还应符合下列要求：

（1）横墙中开有洞口时，洞口的水平截面面积不应超过横墙截面面积的50%；

（2）横墙的厚度不宜小于180 mm；

（3）单层房屋的横墙长度不宜小于其高度，多层房屋的横墙长度不宜小于 $H/2$（H 为横墙总高度）。

当横墙不能同时符合上述要求时，应对横墙的刚度进行验算。如横墙的最大水平位移值 $\mu_{max}\leqslant H/4\,000$ 时，仍可视作刚性或刚弹性方案房屋的横墙。符合此刚度要求的一段横墙或其他结构构件（如框架等）也可视作刚性或刚弹性方案房屋的横墙。

单层房屋的横墙在水平集中力 F_1 作用下的最大水平位移由弯曲和剪切产生的水平位移相叠加而得，当门窗洞口的水平截面面积不超过横墙全截面面积的75%时，横墙顶点的最大水平位移可按下式计算：

$$\mu_{max}=\frac{F_1H^3}{3EI}+\frac{\zeta F_1}{GA}H=\frac{nFH^3}{6EI}+\frac{2.5nFH}{EA} \tag{4-2}$$

$$F=F_w+R \tag{4-3}$$

式中　μ_{max}——横墙顶点的最大水平位移；

F_1——作用于横墙顶端的水平集中荷载，$F_1=\frac{n}{2}F$；

n——与该横墙相邻的两横墙间的开间数（图4－6）；

H——横墙的高度；

E——砌体的弹性模量；

I——横墙的惯性矩，可近似取横墙毛截面惯性矩，当横墙与纵墙连接时，可按I或L形截面计算，与横墙共同工作的纵墙，从横墙中心线算起的翼缘宽度每边取 $s=0.3H$；

ζ——剪应力分布不均匀系数，可近似取 $\zeta=2.0$；

A——横墙水平截面面积，可近似取毛截面面积；

G——砌体的剪变模量，$G=0.4E$；

F_w——屋面风荷载折算为作用在每个开间柱顶处的水平集中风荷载；

R——假定排架无侧移时，由作用在每个开间纵墙上的均布荷载所求出的柱顶反力。

多层房屋横墙的最大水平侧移，也可仿照上述方法进行计算：

$$\mu_{max}=\frac{n}{6EI}\sum_{i=1}^{m}F_iH_i^3+\frac{2.5n}{EA}\sum_{i=1}^{m}F_iH_i \tag{4-4}$$

式中 m——房屋总层数；

F_i——假定每开间均为不动铰支座时，第 i 层的支座反力；

H_i——第 i 层楼面到基础面的高度。

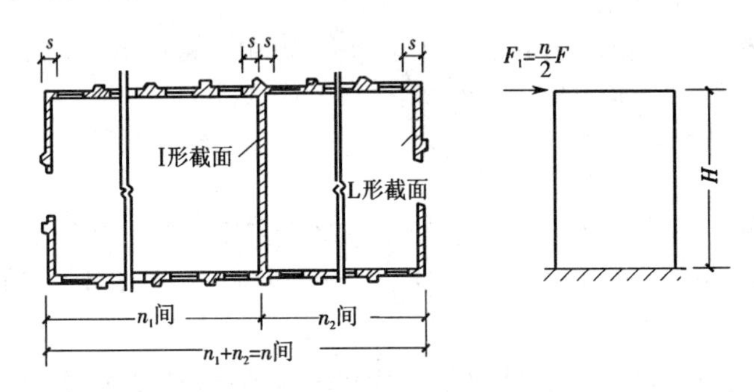

图4-6 水平位移计算示意图

4.3 单层房屋的墙体计算

4.3.1 单层刚性方案房屋墙体的计算

1. 计算单元

计算单层房屋承重墙时，一般选择有代表性的一段墙体作为计算单元。有门窗洞口的纵墙，取窗间墙截面作为计算单元。无门窗洞口墙，若墙体承受均布荷载，则取 1 m 长的墙体作为计算单元；当墙体承受大梁传来的集中荷载时，可取开间中线到中线的墙段作为计算单元，并取一个开间的墙体截面面积为计算截面，但计算截面宽度不宜超过层高的 2/3，也就是当开间大于 2/3 层高时，计算截面的宽度宜取 2/3 层高，有壁柱时，可取 2/3 层高加壁柱宽度。当墙体单独承受集中荷载作用时，计算单元宽度和计算截面宽度均近似取层高的 2/3，如图 4-7 所示。对不规则的情况，应选择荷载较大、计算截面较小的墙段作为计算单元，如图 4-8 所示。

2. 计算假定

单层刚性方案房屋墙体的水平变位很小，静力分析时可认为水平变位为零，故采用以下假定进行计算：

(1)纵墙(柱)下端嵌固于基础，上端与屋面大梁或屋架铰接；

(2)屋面结构可作为纵墙(柱)上端的不动铰支座。

3. 计算简图

在上述假定下，该承重墙体可简化为上端铰支、下端固定的竖向构件，如图 4-9 所示。

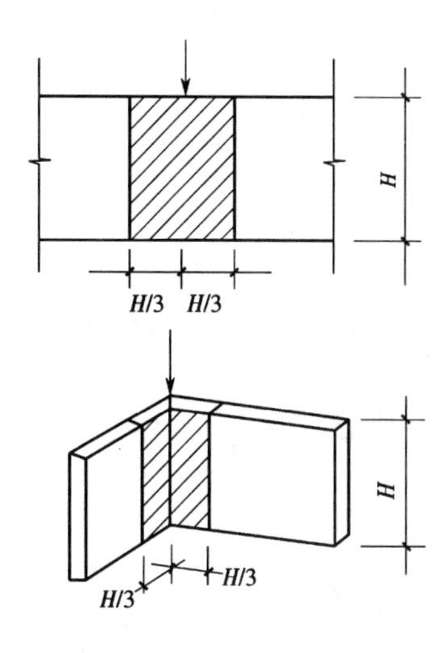

图4-7　承受集中荷载的计算单元

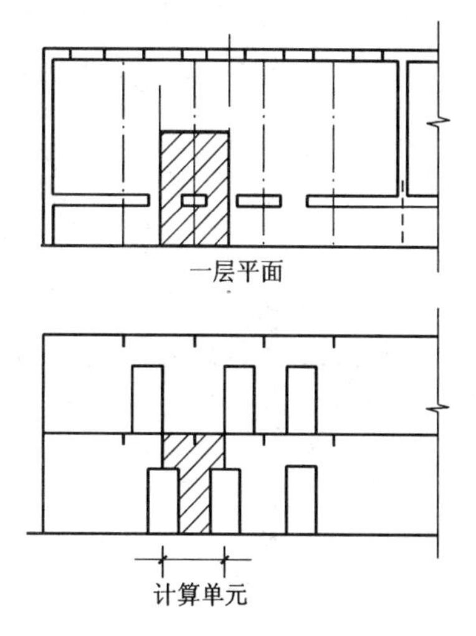

图4-8　较薄弱的墙体单元

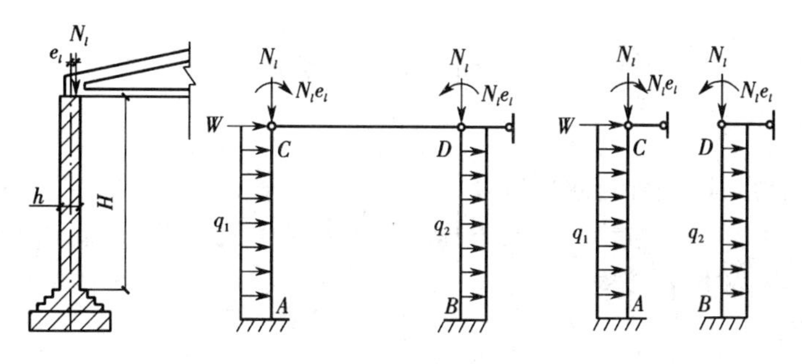

图4-9　单层刚性方案房屋纵墙计算简图

4. 荷载及内力计算

1)屋面荷载

屋面荷载包括恒荷载、活荷载、雪荷载等。荷载组合时,屋面活荷载与雪荷载不同时考虑,只考虑其中较大者。荷载通过屋架或屋面大梁向下传递,其作用位置如图4-9所示。

屋架和屋面大梁处墙体顶端集中力N_l的作用点,对墙体中心线有一偏心距e_l,因此作用于墙体顶端的屋面荷载可视为由轴心压力N_l和弯矩$M=N_le_l$组成。在屋面荷载作用下的墙柱内力如图4-10所示,其内力计算公式如下:

$$\left.\begin{aligned}&R_C=-R_A=-\frac{3M}{2H}\\&M_C=M\quad M_A=-M/2\\&M_x=-\frac{M}{2}\left(2-3\frac{x}{H}\right)\end{aligned}\right\}\tag{4-5}$$

2)风荷载

风荷载包括作用在墙面和屋面上的风荷载。屋面上(包括作用于女儿墙上)的风荷载,一般简化为作用在墙柱顶端的集中荷载,对于刚性方案房屋,该集中力通过屋盖直接传至横墙,再由横墙传至基础后再传至地基,所以集中力不在纵墙上产生内力。墙面上的风荷载为均布荷载,迎风面为压力q_1,背风面为吸力q_2,如图4-9所示。在均布风荷载作用下的墙体

内力如图 4 - 11 所示,其内力计算公式如下:

$$\left.\begin{aligned} R_C &= \frac{3qH}{8} \quad R_A = \frac{5qH}{8} \\ M_A &= -\frac{qH^2}{8} \quad M_x = -\frac{qH}{8}x\left(3-4\frac{x}{H}\right) \end{aligned}\right\} \tag{4-6}$$

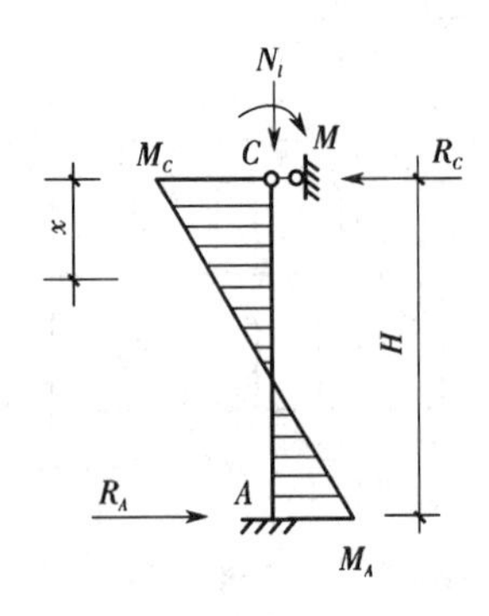

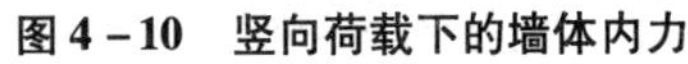
图 4 - 10 竖向荷载下的墙体内力

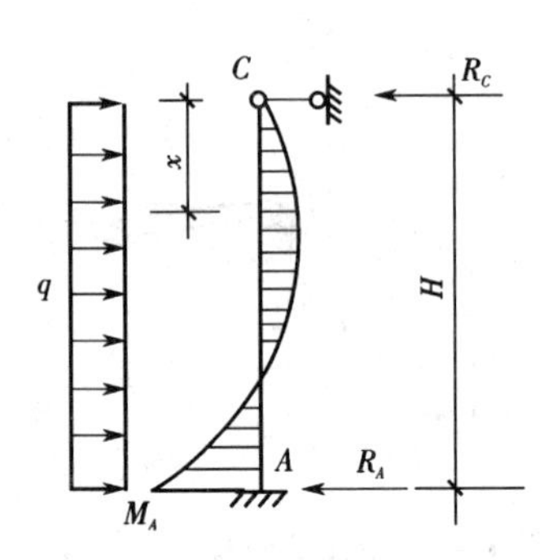

图 4 - 11 风荷载下的纵墙内力

当 $x=\frac{3}{8}H$ 时,$M_{\max}=\frac{9qH^2}{128}$。对迎风面,$q=q_1$;对背风面,$q=q_2$。

3)墙体自重

墙体自重包括砌体、内外建筑面层及门窗重量。当墙、柱为等截面时,自重不引起弯矩;当墙、柱为变截面时,上柱自重 G_1 会对下柱截面中心产生偏心弯矩,即 $M_1=G_1e_1$。因 M_1 在施工阶段已经存在,故按悬臂构件计算。

4)控制截面

在进行内力计算时,首先需要确定计算截面的位置,也就是控制截面的位置,如图 4 - 12 所示。墙截面宽度一般取窗间墙宽度。其控制截面位置如下:

(1)墙柱顶端 Ⅰ—Ⅰ 截面,即本层楼盖底面处,此处弯矩最大,轴力较小;

(2)基础顶面处或室外地坪以下 500 mm 处,即 Ⅱ—Ⅱ 截面(此处轴力、弯矩均较大);

(3)风荷载作用下最大弯矩 $M_{\max}$ 对应的 Ⅲ—Ⅲ 截面。

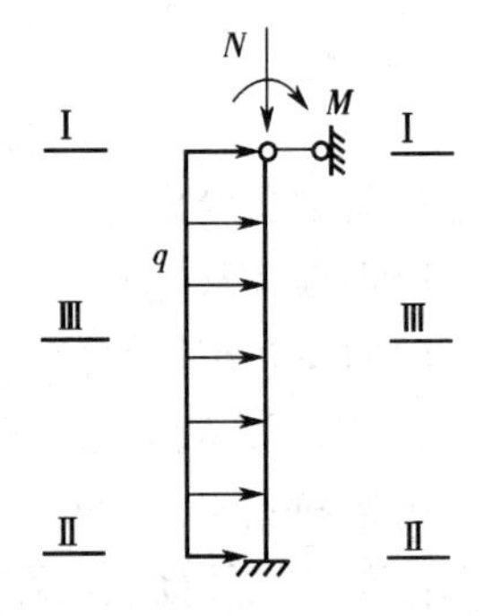

图 4 - 12 墙、柱控制截面位置

5)内力组合

在进行承重墙、柱内力设计时,应先求出多种荷载作用下控制截面的内力,然后根据《建筑结构荷载规范》(GB 50009—2012)考虑多种荷载组合,并取最不利值进行设计。

(1)四种组合:

①$M_{\max}$ 与相应的 N、V;

②$M_{\min}$ 与相应的 N、V;

③$N_{\max}$ 与相应的 M、V;

④ $N_{\min}$ 与相应的 M、V。

(2)内力组合步骤如下:

①求出控制截面在恒载作用下的 M、N，在活载作用下的 M、N，在风载作用下的 $\dot{M}$、N（注意：风荷载要分别考虑左风、右风两种情况）；

②求出（1.2 恒 +1.4 活 +1.4 ×0.6 风）组合、（1.2 恒 +1.4 风 +1.4 ×0.7 活）组合及（1.35 恒 +1.4 ×0.7 活 +1.4 ×0.6 风）组合下的 M_{max}、M_{min}、N_{max}、N_{min}；

③求出 M_{max}、M_{min}、N_{max}、N_{min}所对应的 N 或 M；

④用第 5 章所述内容进行截面验算。

4.3.2　单层弹性方案房屋墙体的计算

某些砌体结构的房屋，如仓库、食堂等，为了满足使用功能的要求，采用通长、大开间的建筑平面。由于横墙设置较少，间距较大，房屋空间刚度较小，根据表 4 –2 的规定，属于弹性方案的房屋。

1. 计算单元

以单层单跨的房屋为例，一般取有代表性的一个开间为计算单元，算出计算单元内的各种荷载值。该计算单元的结构可简化为一个有侧移的平面排架，即按不考虑空间作用的平面排架进行墙、柱的分析。

2. 计算假定

在结构简化为计算简图的过程中，考虑了下列两条假定：

①墙（柱）下端嵌固于基础顶面，屋架或屋面大梁与墙（柱）顶部的连接为铰接；

②屋架或屋面梁可视作刚度无限大的系杆，即轴向变形可忽略。

3. 计算简图

根据上述假定，其计算简图为有侧移的平面排架（图 4 –5（b）），由排架内力分析求得墙体的内力。

4. 竖向荷载作用下的内力计算

单层房屋墙体所承受的竖向荷载主要为屋盖传来的荷载。屋面荷载包括屋面永久荷载和可变荷载，它们通过屋架或屋面梁以集中力 N_0作用于墙顶。对于屋架，N_0的作用点常位于屋架下弦端部的上下弦中心线交点处（图 4 –13（a））；当梁支承于墙上时，N_0的作用点距墙体内边缘 $0.4a_0$（图 4 –13（b）），a_0为梁端有效支承长度。N_0的作用点对墙体的中心线通常有一偏心距 e_0，对两柱均为等截面，同时柱高、截面尺寸、材料均相同的单层单跨弹性方案房屋在竖向荷载作用下的荷载作用简图和内力如图 4 –14 所示。

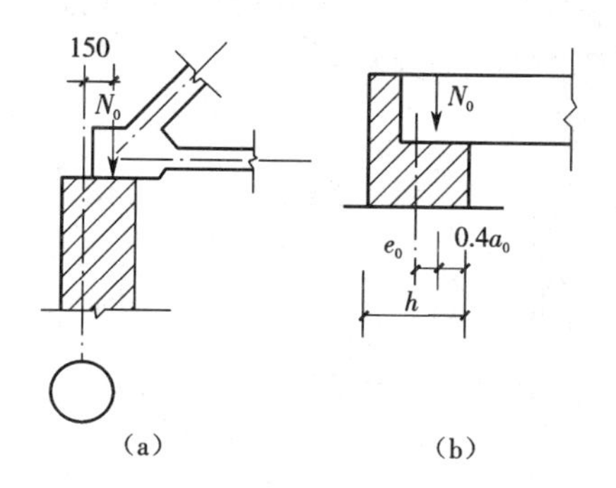

图 4 –13　屋面荷载作用位置

排架的内力可按结构力学的方法进行计算。由于房屋对称，两边墙（柱）的刚度相同，

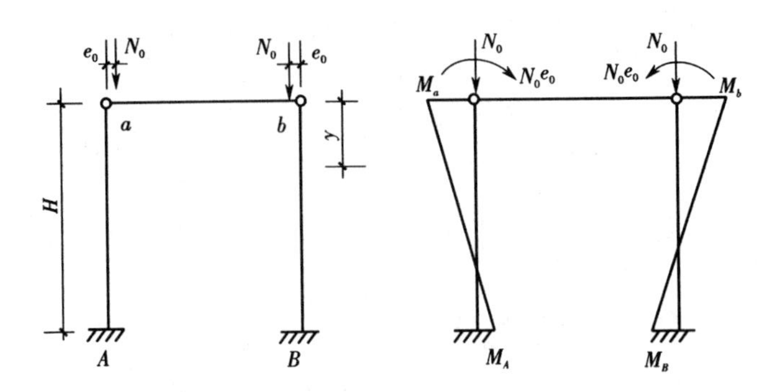

图 4-14　竖向荷载作用下弹性方案房屋计算简图及内力

屋盖传来的竖向荷载亦为对称，则排架柱顶不发生侧移，相应的弯矩计算公式如下：

$$\left.\begin{aligned} M_a &= M_b = M = N_0 e_0 \\ M_A &= M_B = \frac{1}{2}M \\ M_x &= \frac{M}{2}\left(2-3\frac{x}{H}\right) \end{aligned}\right\} \tag{4-7}$$

5. 风荷载作用下的内力计算

风荷载作用于屋面和墙面。作用于屋面的风荷载可简化为作用于墙(柱)顶的集中力 F_w，作用于迎(背)风墙面的风荷载简化为沿高度均匀分布的线荷载 $q_1(q_2)$。对于单跨的弹性方案房屋，其计算简图如图 4-15(a)所示，其中 H 为单层单跨排架柱的高度，等于基础顶面至墙(柱)顶面的高度，当基础埋深较大时，可取层高加 0.5 m。

在风荷载作用下，单层弹性方案房屋按平面排架进行计算的步骤如下。

(1)先在排架上端加一个假设的不动铰支座，成为无侧移的平面排架，如图 4-15(b)所示。用力学计算方法可求出不动铰支座的反力 R 和相应弯矩，计算公式如下：

$$\left.\begin{aligned} R &= R_a + R_b \\ R_a &= F_w + \frac{3}{8}q_1 H \\ R_b &= \frac{3}{8}q_2 H \\ V_{A1} &= -R_a + F_w \\ V_{B1} &= -R_b \end{aligned}\right\} \Rightarrow \left.\begin{aligned} R &= F_w + \frac{3}{8}(q_1+q_2)H \\ M_{A1} &= \frac{1}{8}q_1 H^2 \\ M_{B1} &= -\frac{1}{8}q_2 H^2 \end{aligned}\right\} \tag{4-8}$$

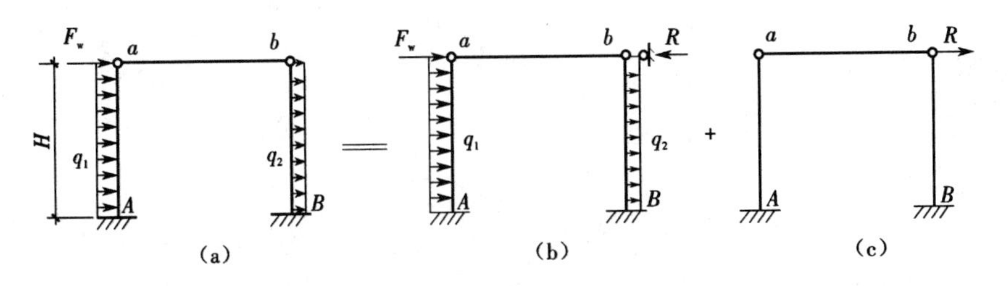

图 4-15　弹性方案房屋在风荷载作用下的计算

(2)将已求出的反力 R 反方向作用于排架顶端(图4－15(c)),可得

$$\left.\begin{aligned} M_{A2} &= \frac{1}{2}RH = \frac{H}{2}\left[F_w + \frac{3}{8}(q_1+q_2)H\right] = \frac{F_w}{2}H + \frac{3}{16}(q_1+q_2)H^2 \\ M_{B2} &= -\frac{1}{2}RH = -\left[\frac{F_w}{2}H + \frac{3}{16}(q_1+q_2)H^2\right] \end{aligned}\right\} \quad (4-9)$$

(3)将上两步叠加得墙(柱)的实际内力值:

$$\left.\begin{aligned} M_A &= M_{A1} + M_{A2} = \frac{F_w}{2}H + \frac{5}{16}q_1H^2 + \frac{3}{16}q_2H^2 \\ M_B &= M_{B1} + M_{B2} = -\left(\frac{F_w}{2}H + \frac{3}{16}q_1H^2 + \frac{5}{16}q_2H^2\right) \end{aligned}\right\} \quad (4-10)$$

对于单层单跨弹性方案的房屋,墙(柱)的控制截面可取柱顶和柱底截面,并按偏心受压构件计算承载力。墙(柱)顶尚需验算支承处的局部受压承载力。变截面柱尚应验算变截面处的承载力。等高的单层多跨弹性方案房屋的内力分析与上述的单层单跨房屋相似,可用相似的方法进行计算。

4.3.3 单层刚弹性方案房屋墙体的计算

1. 计算简图

刚弹性方案单层房屋的空间刚度介于弹性方案与刚性方案之间。由于房屋的空间作用,墙(柱)顶在水平方向的侧移受到一定的约束作用。其计算简图与弹性方案的计算简图相类似,所不同的是在排架柱顶加上一个弹性支座,以考虑房屋的空间工作。

2. 内力计算

刚弹性方案房屋在水平及竖向荷载共同作用下的计算简图如图4－16(a)所示。其可分解为竖向荷载作用和风荷载作用两部分,如图4－16(b)和(c)所示。在竖向荷载作用下,由于房屋及荷载对称,则排架无侧移,其内力计算结果与刚性方案相同。

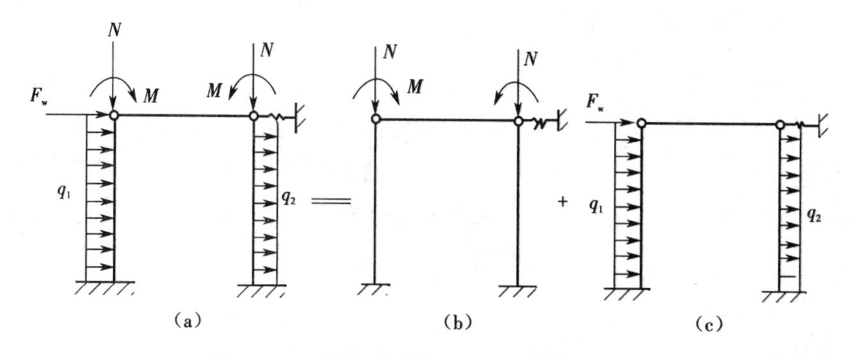

图4－16 单层刚弹性方案房屋的计算简图

在风荷载作用下,刚弹性方案房屋墙顶也产生水平位移,该位移值的大小介于刚性方案与弹性方案之间,由于要考虑刚弹性方案房屋的空间作用,因此其计算简图只是在弹性方案排架的柱顶加一水平向的弹性支座,如图4－17(a)所示。

内力计算步骤如下:

(1)先在排架柱顶端附加一水平不动铰支座,得到无侧移排架(图4－17(b)),用与刚性方案同样的方法求出在已知荷载作用下不动铰支座反力 R 及柱顶剪力;

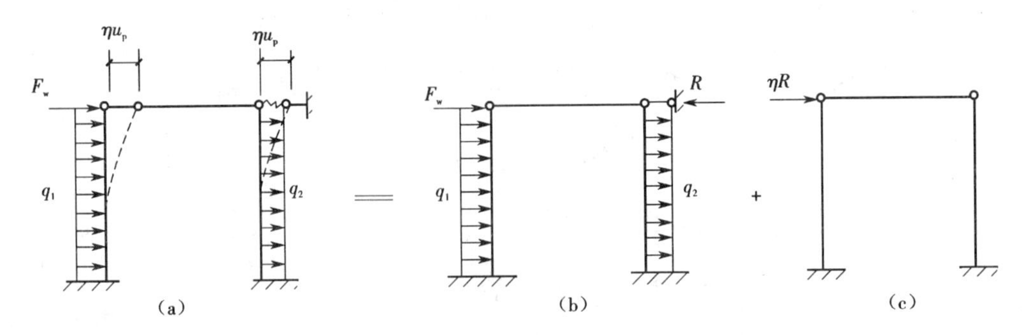

图 4-17 刚弹性方案单层房屋在风荷载作用下内力分析简图

(2)将已求出的不动铰支座反力 R 乘以空间性能影响系数,变成 ηR,反向作用于排架柱顶(图 4-17(c)),用剪力分配法进行剪力分配,求得各柱顶的剪力值;

(3)叠加上述两步的计算结果,可求得各柱的内力,画出内力图。

4.4 多层房屋的墙体计算

多层砌体结构房屋应避免设计成弹性方案的房屋。这是因为此类房屋的楼面梁与墙、柱的连接处只能假定为铰接,在水平荷载作用下,墙、柱水平位移较大,不能满足使用要求。这类房屋空间刚度较差,极易引起连续倒塌。在难以避免而采用弹性方案时,为使设计偏于安全,宜按梁与墙铰接分析横梁内力,按梁与墙刚接验算墙体承载力。对于铰接点的构造与计算,均可按梁与墙铰接设计,并在构造上尽量减少墙体对梁端的嵌固作用。计算简图确定后,内力分析方法与单层结构类似,即在每个楼层处加水平约束链杆,求出约束反力后,再反向施加在结构上。另外,多层砌体结构房屋,横墙相对较多,一般多为刚性方案房屋。

4.4.1 多层刚性方案房屋墙体的计算

1. 计算单元的选取

多层房屋计算单元选取的方法与单层房屋相同。如图 4-18 所示,对于纵墙,在平面图上选取有代表性的一段(通常为一个开间),对有门窗洞口的纵墙,其计算单元取窗间墙截面,即取最小截面处,并按等截面杆件计算。对于横墙,通常取 1 m 宽的墙段作为计算单元。

2. 墙体在竖向荷载作用下的内力计算

1)纵墙的内力计算

在竖向荷载作用下,计算单元内的墙体如图 4-19(a)所示,如同一竖向连续梁,屋盖、各层楼盖与基础顶面作为该竖向连续梁的支承点,如图 4-19(b)所示。由于楼盖的梁(板)搁置于墙体内,削弱了墙体的截面,并使其连续性受到影响。因此,可以认为在墙体被削弱的截面上,所能传递的弯矩是较小的。为了简化计算,可近似地假定墙体在楼盖处与基础顶面处均为铰接,即墙体在每层高度范围内可近似地视为两端铰支的竖向构件(图 4-19(c)),每层墙体可按竖向放置的简支构件独立进行内力分析,这样的近似处理是偏于安全的。

由上层楼面传来的竖向荷载 N_u,可视为作用于上一楼层的墙、柱的截面重心处;对本层

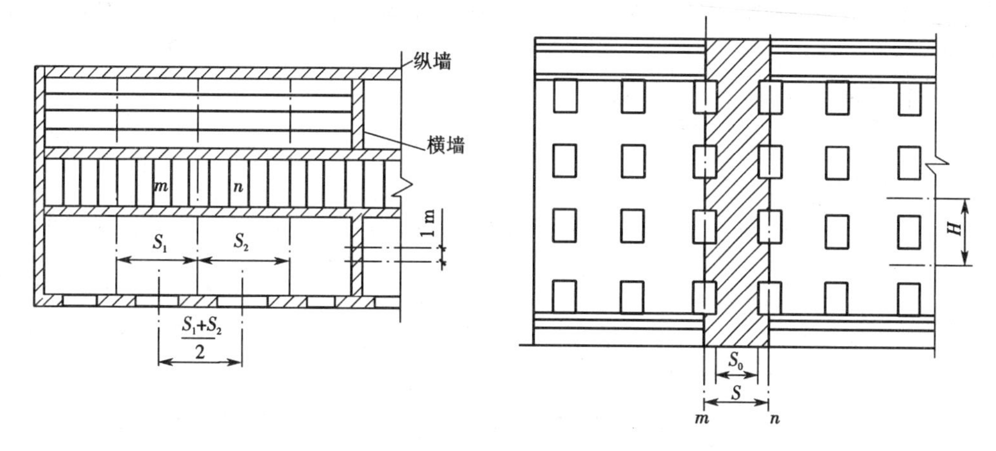

图4-18　多层刚性方案房屋承重纵墙的计算单元

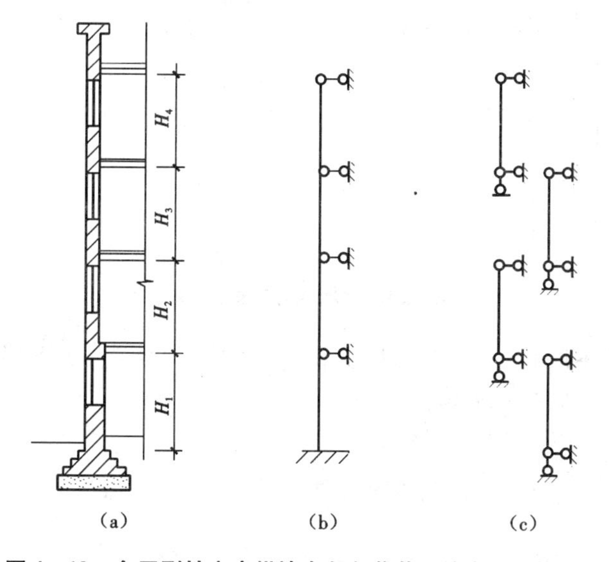

图4-19　多层刚性方案纵墙在竖向荷载下的内力计算简图

的竖向荷载，应考虑对墙、柱的实际偏心影响，当梁支承于墙上时，考虑梁端支承压应力的不均匀分布，梁端支承压力N_l到墙边的距离，应取梁端有效支承长度a_0的2/5，a_0按式(5-23)计算。当板支承于墙上时，板端支承压力N_l到墙内边的距离，可取板的实际支承长度a的2/5。

对于梁跨度大于9 m的墙承重的多层房屋，按上述方法计算时，应考虑梁端约束弯矩的影响。可按梁两端固结计算固端弯矩，再将其乘以修正系数γ后，按墙体线刚度分到上层墙底部和下层墙顶部。修正系数γ可按下式计算：

$$\gamma=0.2\sqrt{\frac{a}{h}} \qquad (4-11)$$

式中　a——梁端实际支承长度；

h——支承墙体的墙厚，当上、下层墙厚不同时取下部墙厚，当有壁柱时取h_t。

每层墙体的计算长度取梁(板)底至下层梁(板)底的距离，底层墙体下端可取至基础大放脚上皮处。取 G 为本层墙体自重，则当上、下层墙厚相同时，层间墙体的内力按下列公式计算(图 4－20(a))。

Ⅰ—Ⅰ截面：

$$N_{\text{I}} = N_u + N_l \quad M_{\text{I}} = N_l \cdot e_l \tag{4-12}$$

Ⅱ—Ⅱ截面：

$$N_{\text{II}} = N_u + N_l + G \quad M_{\text{II}} = 0 \tag{4-13}$$

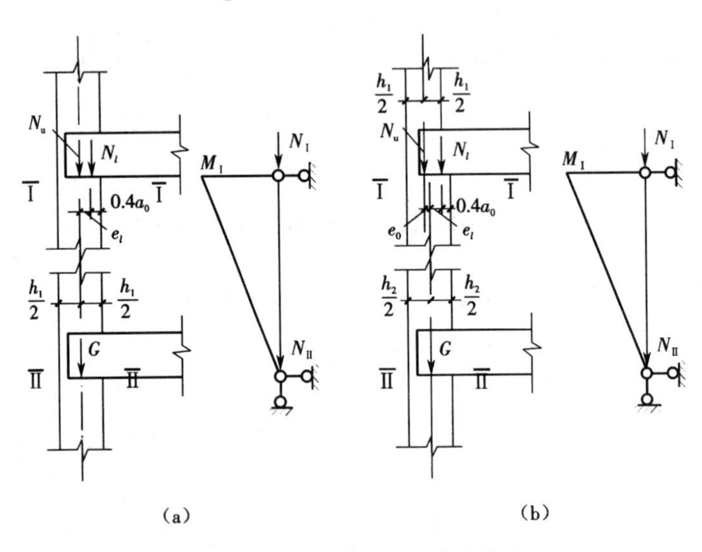

图 4－20 纵墙的竖向荷载和内力

当上、下层墙厚不同时，沿上层墙体轴线传来的轴向力 N_u，对下层墙体将产生偏心距(图 4－20(b))，内力按下列公式计算。

Ⅰ—Ⅰ截面：

$$N_{\text{I}} = N_u + N_l \quad M_{\text{I}} = N_l \cdot e_l - N_u \cdot e_0 \tag{4-14}$$

Ⅱ—Ⅱ截面：

$$N_{\text{II}} = N_u + N_l + G \quad M_{\text{II}} = 0 \tag{4-15}$$

式中 e_l——N_l 对墙体截面重心线的偏心距；

e_0——上、下墙体截面重心线的偏心距。

为简化计算，偏于安全地取墙体的计算截面为窗间墙截面。

2)横墙的内力计算

横墙的内力计算与纵墙类似。墙体一般承受屋盖和楼盖直接传来的均布线荷载。通常可取宽度为 1 m 的横墙作为计算单元，每层横墙视作两端铰支的竖向构件。每层构件的高度取值与纵墙相同。但当屋顶为坡屋顶时，该计算层高取层高加山墙尖高度的一半，如图 4－21 所示。当墙两侧楼盖传来的轴向力相同(图 4－22)，墙体承受轴心压力，可只以各层墙体底部截面Ⅱ—Ⅱ作为控制截面计算截面的承载力，因该截面轴力最大。如横墙两边楼盖传来的荷载不同，则作用于该层墙体顶部Ⅰ—Ⅰ截面的偏心荷载将产生弯矩，Ⅰ—Ⅰ截面应按偏心受压验算截面承载力。

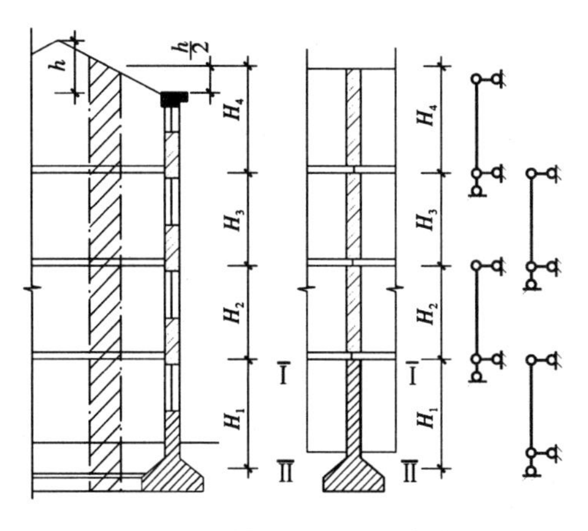

图4－21　横墙的内力计算简图

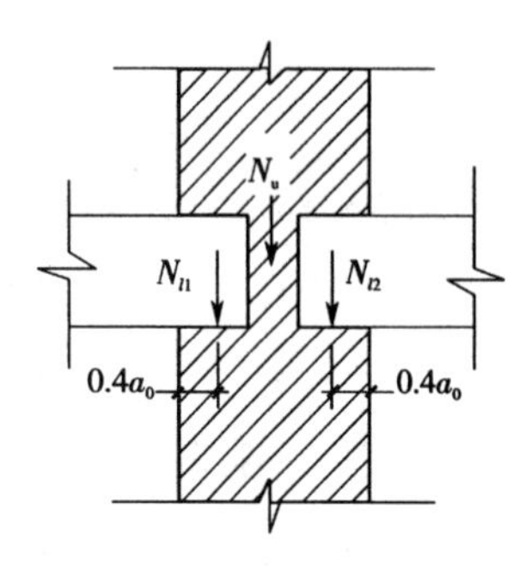

图4－22　横墙承受的荷载

3. 墙体在水平荷载(风荷载)作用下的内力计算

对于刚性方案多层房屋的外墙,计算风荷载时应符合下列要求(图4－23)。

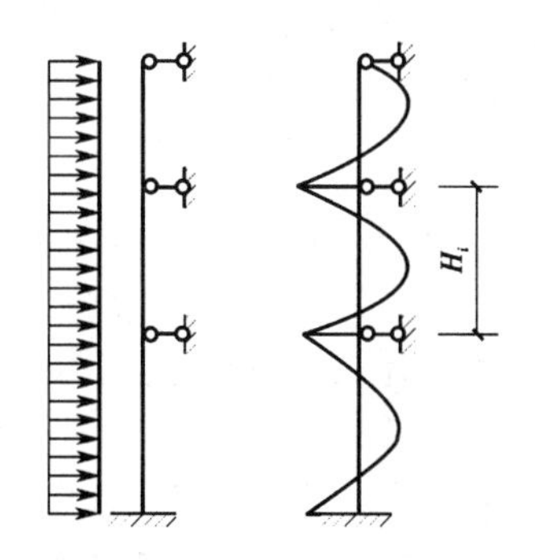

图4－23　水平荷载作用下墙体的内力计算简图

(1)由风荷载所引起的弯矩,可按下式计算:

$$M=\frac{qH_i^2}{12} \tag{4-16}$$

式中　q——沿楼层高均布风荷载设计值(kN/m);

H_i——第i层层高(m)。

(2)当刚性方案多层房屋的外墙符合下列要求时,在静力计算中可不考虑风荷载的影响:

①洞口水平截面面积不超过全截面面积的2/3;

②层高和总高不超过表4－3的规定;

③屋面自重不小于0.8 kN/m^2。

这是因为对刚性方案的房屋,风荷载所引起的内力,往往不足全部内力的5%,而且风荷载参与组合时会乘上小于1的组合系数,故在特定情况下可不考虑风荷载的影响。

表4－3　外墙不考虑风荷载时的最大高度

基本风压值/(kN/m^2)	层高/m	总高/m
0.4	4.0	28

续表

基本风压值/(kN/m^2)	层高/m	总高/m
0.5	4.0	24
0.6	4.0	18
0.7	3.5	18

注:对于多层砌块房屋,当外墙厚度不小于 190 mm、层高不大于 2.8 m、总高不大于 19.6 m、基本风压不大于 0.7 kN/m^2 时,可不考虑风荷载的影响。

4.4.2 多层刚弹性方案房屋墙体的计算

1. 竖向荷载作用下的内力计算

对于一般形状较规则的多层多跨房屋,在竖向荷载作用下产生的水平位移比较小,为简化计算,可忽略水平位移对内力的影响,近似地按多层刚性方案房屋计算其内力。

2. 水平荷载作用下的内力计算

多层房屋与单层房屋不同,它不仅在房屋纵向各开间之间存在着空间作用,而且沿房屋竖向各楼层也存在着空间作用,这种层间的空间作用还是相当强的。因此,多层房屋的空间作用比单层房屋的空间作用要大。

为了简化计算,《砌体结构设计规范》规定,多层房屋每层的空间性能影响系数 η_i,可根据屋盖的类别按表 4-1 采用。

现以最简单的两层单跨对称的刚弹性方案房屋为例(图 4-24(a)),说明其在水平荷载作用下的计算方法与步骤。

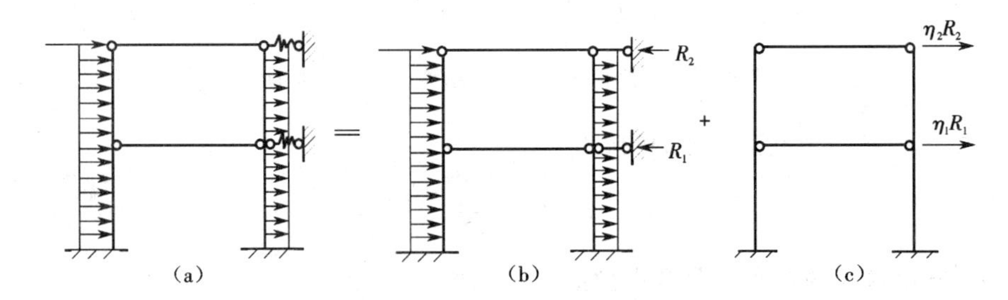

图 4-24 刚弹性方案多层房屋的计算简图

(1)在两个楼层处附加水平连杆约束,按刚性方案计算出在水平荷载 q 作用下两柱的内力和约束反力 R_1、R_2,如图 4-24(b)所示。

(2)将 R_1、R_2分别乘以空间性能影响系数 η_i,并反向作用于结点上(图 4-24(c)),求出构件内力值。

(3)将上述两步的计算结果叠加,即可求得最后的构件内力值。

4.4.3 上柔下刚多层房屋墙体的计算

由于建筑使用功能要求,房屋下部各层横墙间距较小,符合刚性方案房屋要求,而顶层空间较大、横墙较少,不符合刚性方案要求。在结构计算中,将顶层不符合刚性方案要求而下面各层符合刚性方案要求的多层房屋,称为上柔下刚多层房屋。这类房屋的顶层常为会议室、俱乐部、食堂等,下部各层为办公室、宿舍等。

多层房屋除纵向各开间存在空间受力性能外，楼层与楼层之间也存在着相互影响的空间作用。分析表明，不考虑上、下楼层之间的空间作用是偏于安全的。因此，在设计上柔下刚多层房屋时，顶层可按单层房屋考虑，其空间性能影响系数可由表4－1得到；底部各楼层墙、柱则按刚性方案分析。设计时，应使下面各层墙、柱的截面尺寸至少不小于顶层相应部位的墙、柱截面尺寸。

竖向荷载作用下，由于各楼层侧移较小，为简化计算，可按多层刚性方案房屋的方法进行分析；水平荷载作用下，上柔下刚多层房屋顶层墙、柱的内力分析方法与单层刚弹性方案房屋类似，计算简图如图4－25所示。

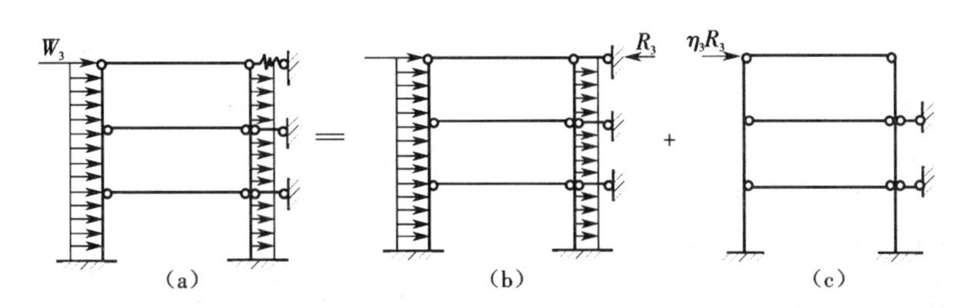

图4－25　上柔下刚多层房屋的计算简图

当房屋底层横墙间距较大，属于刚弹性方案；而上面各层横墙间距较小，属刚性方案，则此类房屋属于下柔上刚多层房屋，该类房屋抗震、抗倒塌性能差，设计中宜予以避免。

4.5　房屋墙、柱的构造要求

在进行砌体结构房屋设计时，不仅要求砌体结构和构件满足承载力要求，还要求其具有良好的工作性能和足够的耐久性。因此，要对承载力计算中未考虑的一些因素，通过采取必要、合理的构造措施来加以保证。在静力作用下，砌体结构房屋墙柱构造要求主要包括以下内容：墙、柱高厚比的要求；墙、柱的一般构造要求；防止或减轻墙体开裂的主要措施。墙、柱高厚比要求及验算将在第5章中进行详细介绍，本节主要介绍后两项内容。

4.5.1　墙、柱的一般构造要求

1. 预制板的支承、连接构造要求

这是《砌体结构设计规范》中的强制性条文，汶川地震灾害的经验表明，预制钢筋混凝土板之间有可靠连接，才能保证楼面板的整体作用，增加墙体约束，减小墙体竖向变形，避免楼板在较大位移时坍塌，是保证结构安全与房屋整体性的主要措施之一，应严格执行。

（1）预制钢筋混凝土板在混凝土圈梁上的支承长度不应小于80 mm，板端伸出的钢筋应与圈梁可靠连接，且同时浇筑。

（2）预制钢筋混凝土板在墙上的支承长度不应小于100 mm，并应按下列方法进行连接：

①板支承于内墙时，板端钢筋伸出长度不应小于70 mm，且与支座处沿墙配置的纵筋绑扎，用强度等级不低于C25的混凝土浇筑成板带；

②板支承于外墙时，板端钢筋伸出长度不应小于100 mm，且与支座处沿墙配置的纵筋绑扎，用强度等级不低于C25的混凝土浇筑成板带。

(3)预制钢筋混凝土板与现浇板对接时，预制板端钢筋应伸入现浇板中进行连接后，再浇筑现浇板。

2. 墙体转角处与纵横墙交接处的构造要求

工程实践表明，墙体转角处与纵横墙交接处设拉结钢筋是提高墙体稳定性和房屋整体性的重要措施之一，是保证砌体结构安全性的强制性条文。

墙体转角处与纵横墙交接处应沿竖向每隔 400～500 mm 设拉结钢筋，其数量为每 120 mm 墙厚不少于 1 根直径 6 mm 的钢筋；或采用焊接钢筋网片，埋入长度从墙的转角或交接处算起，对实心砖墙每边不小于 500 mm，对多孔砖墙和砌块墙不小于 700 mm。

3. 墙、柱截面最小尺寸

同混凝土构件相似，墙、柱截面尺寸越小，其稳定性越差，且截面的碰损和削弱对墙、柱的承载力影响显著。因此，《砌体结构设计规范》规定，承重的独立砖柱截面尺寸不应小于 240 mm×370 mm，毛石墙的厚度不宜小于 350 mm，毛料石柱较小边长不宜小于 400 mm。当有振动荷载时，墙、柱不宜采用毛石砌体。

4. 墙、柱上垫块设置

当屋架及大梁搁置于墙、柱上时，会使支承处的砌体处于局部受压状态(第 5 章)，容易发生局部受压破坏。因此，《砌体结构设计规范》规定，跨度大于 6 m 的屋架和跨度大于 4.8 m(对砖砌体)、4.2 m(对砌块和料石砌体)、3.9 m(对毛石砌体)的梁，应在支承处砌体上设置混凝土或钢筋混凝土垫块；当墙中设有圈梁时，垫块与圈梁宜浇成整体。

5. 壁柱设置

(1)当梁支承于 240 mm 厚砖墙且跨度不小于 6 m，或支承于 180 mm 厚砖墙且跨度不小于 4.8 m 以及支承于砌体墙或料石墙且跨度不小于 4.8 m 的梁端支承处，宜加设壁柱或采取其他加强措施。设置壁柱是为了加强墙体平面外的刚度和稳定性。

(2)山墙处的壁柱或构造柱宜砌至山墙顶部，且屋面构件应与山墙可靠连接。

6. 混凝土砌块墙体的构造要求

为增强混凝土砌块砌体结构房屋的整体性和抗裂能力，对砌块砌体提出以下要求。

(1)砌块砌体应分皮错缝搭砌，上、下皮搭砌长度不得小于 90 mm。当搭砌长度不满足上述要求时，应在水平灰缝内设置不少于 2 根、直径不小于 4 mm 的焊接钢筋网片(横向钢筋的间距不宜大于 200 mm，网片每端应伸出该垂直缝不小于 300 mm)。

(2)砌块墙与后砌隔墙交接处，应沿墙高每 400 mm 在水平灰缝内设置不少于 2 根、直径不小于 4 mm、横筋间距不大于 200 mm 的焊接钢筋网片，如图 4－26 所示。

(3)混凝土砌块房屋，宜将纵横墙交接处、距墙中心线每边不小于 300 mm 范围内的孔洞，采用不低于 Cb20 灌孔混凝土沿全墙高灌实。

(4)混凝土砌块墙体的下列部位，如未设圈梁或混凝土垫块，应采用不低于 Cb20 灌孔混凝土将孔洞灌实：

①搁栅、檩条和钢筋混凝土楼板的支承面下，高度不应小于 200 mm 的砌体；

②屋架、梁等构件的支承面下，长度不应小于 600 mm、高度不应小于 600 mm 的砌体；

③挑梁支承面下，距墙中心线每边不应小于 300 mm、高度不应小于 600 mm 的砌体。

7. 在砌体中留槽洞及埋设管道时应遵守的规定

(1)不应在截面长边小于 500 mm 的承重墙体、独立柱内埋设管线。

(2)不宜在墙体中穿行暗线或预留、开凿沟槽，当无法避免时，应采取必要的措施或按

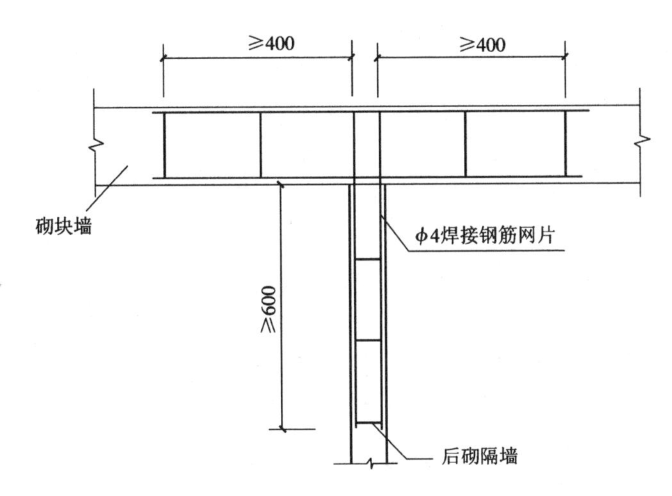

图4-26 砌块墙与后砌隔墙交接处钢筋网片

削弱后的截面验算墙体的承载力。

(3)对受力较小或未灌孔的砌块砌体,允许在墙体的竖向孔洞中设置管线。

8. 填充墙与隔墙的构造要求

填充墙、隔墙应分别采取措施与周边主体结构构件可靠连接,连接构造和嵌缝材料应能满足传力、变形、耐久和防护要求。

9. 预制梁的锚固

支承在墙、柱上的吊车梁、屋架及跨度大于或等于9 m(对砖砌体)、7.2 m(对砌块和料石砌体)的预制梁的端部,应采用锚固件与墙、柱上的垫块锚固。

4.5.2 防止或减轻墙体开裂的主要措施

1. 裂缝产生的原因

1)温度变化和材料干缩引起裂缝

砌体结构房屋所用材料——砖、砌块、石块、砂浆等属于脆性材料,较易产生裂缝。裂缝的存在降低了墙体的质量,影响建筑物的正常使用和外观,给使用者在心理上造成不良影响。混合结构房屋墙体裂缝的形成是内因和外因共同作用的结果。内因主要指房屋楼盖采用钢筋混凝土构件,墙体则采用砌体材料,两者的物理力学特性差异明显;外因则是地基不均匀沉降、温湿度变化及构件之间相互约束等因素。

钢筋混凝土与砌体材料的线膨胀系数不同,楼盖和墙体的刚度也不同,当温度升高时,前者的变形大于后者的变形,当屋盖的变形受到砌体的阻碍时,屋盖处于受压状态,而墙体则处于受拉和受剪状态。由于屋顶温差较大,因此顶层墙体开裂最为严重,导致屋盖和墙体之间产生水平裂缝(图4-27(a)),纵横墙交接处呈现包角裂缝(图4-27(a)),而外墙上端呈现八字形裂缝(图4-27(b))。钢筋混凝土的收缩率比砌体材料大很多,当温度降低时,楼盖处于受拉或受剪状态,砌体则处于受压和受剪状态,则外墙上端出现倒八字裂缝(图4-27(c));在负温差和砌体收缩共同作用下,可能在墙体中出现上下贯通的裂缝(图4-27(d))。

2)基础不均匀沉降导致裂缝

当混合结构房屋的基础处于不均匀地基、软土地基或承受不均匀荷载时,地基会产生不

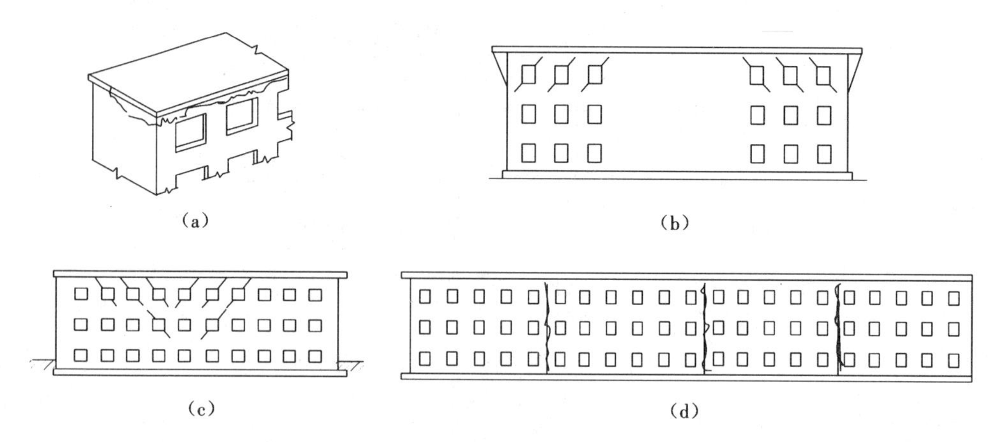

图 4－27 温度变化与材料干缩引起的裂缝

均匀沉降，导致建筑物发生相应的整体变形，墙体中附加产生弯曲应力和剪应力。当墙体内的主拉应力超过砌体的抗拉强度时，在墙体较薄弱的截面出现斜裂缝。地基不均匀沉降引起的斜裂缝大多发生在房屋纵墙的两端，多数裂缝通过窗口的两个对角向沉降较大的方向倾斜。裂缝多发生在墙体的下部，裂缝的宽度向上逐渐减小。当地基沉降曲线为凹形时，墙体裂缝呈正八字形；当地基沉降曲线为凸形时，墙体裂缝呈倒八字形；当建筑物高差很大时，也会导致沉降不同而造成底层结构产生斜裂缝，如图 4－28 所示。

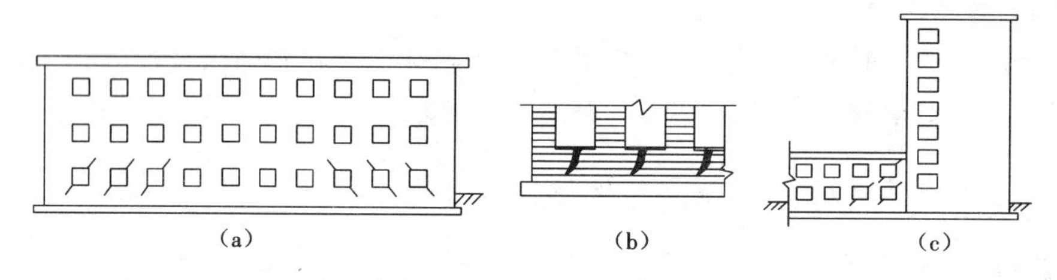

图 4－28 由地基不均匀沉降引起的裂缝

根据工程实践和统计资料，温度变化裂缝和材料干缩裂缝几乎占全部可遇裂缝的 80% 以上。一般墙体裂缝兼具两种因素，其裂缝的发展较单一因素影响更加复杂。

设计不合理、无针对性防裂措施、施工质量差、材料质量不合格、砌体强度达不到设计要求，也会引起砌体结构出现裂缝。砌体建筑物出现裂缝是难以避免的，因此应采取必要措施防止或减轻墙体开裂。

2. 防止或减轻墙体开裂的主要措施

1）设置伸缩缝

将建筑物分割成两个或若干个独立单元，彼此能自由伸缩的竖向缝，称为伸缩缝。通常有双墙伸缩缝、双柱伸缩缝等。为防止或减轻混合结构房屋在正常使用条件下，因房屋长度过大，由温差和砌体干缩引起墙体产生竖向整体裂缝，应在墙体中设置伸缩缝。伸缩缝应设在因温度和收缩变形可能引起应力集中、砌体产生裂缝可能性最大的地方。伸缩缝的最大间距可按表 4－4 采用。

表4-4　砌体房屋伸缩缝的最大间距

屋盖或楼盖类别		间距/m
整体式或装配整体式钢筋混凝土结构	有保温层或隔热层的屋盖、楼盖	50
	无保温层或隔热层的屋盖	40
装配式无檩体系钢筋混凝土结构	有保温层或隔热层的屋盖、楼盖	60
	无保温层或隔热层的屋盖	50
装配式有檩体系钢筋混凝土结构	有保温层或隔热层的屋盖	75
	无保温层或隔热层的屋盖	60
瓦材屋盖、木屋盖或楼盖、轻钢屋盖		100

注:1. 表中数值只适用于烧结普通砖、烧结多孔砖、配筋砌块砌体房屋。对石砌体、蒸压灰砂普通砖、蒸压粉煤灰普通砖、混凝土砌块、混凝土普通砖和混凝土多孔砖房屋取表中数值乘以0.8。当墙体有可靠外保温措施时,其间距可取表中数值。

2. 在钢筋混凝土屋面上挂瓦的屋盖应按钢筋混凝土屋盖采用。

3. 层高大于5 m的烧结普通砖、烧结多孔砖、配筋砌块砌体结构单层房屋的伸缩缝间距可取表中数值乘以1.3。

4. 温差较大且变化频繁的地区和严寒地区内不采暖的房屋及构筑物伸缩缝的最大间距,应按表中数值予以适当减小。

5. 墙体的伸缩缝应与结构的其他变形缝相重合,缝宽应满足各种变形缝的变形要求;在进行立面处理时,必须保证缝隙的变形作用。

按表4-4设置的墙体伸缩缝,一般不能同时防止由于钢筋混凝土屋盖的温度变形和砌体干缩变形引起的墙体局部裂缝;考虑到石砌体、灰砂砖和混凝土砌块与普通砖砌体的材料性能差异,根据国内外有关资料和工程实践经验对上述砌体伸缩缝的最大间距予以折减。

2)防止或减轻房屋顶层墙体开裂的措施

(1)屋面应设置保温、隔热层。

(2)屋面保温(隔热)层或屋面刚性面层及砂浆找平层应设置分隔缝,分隔缝间距不宜大于6 m,其缝宽不小于30 mm,并与女儿墙隔开。

(3)采用装配式有檩体系钢筋混凝土屋盖和瓦材屋盖。

(4)顶层屋面板下设置现浇钢筋混凝土圈梁,并沿内外墙拉通,房屋两端圈梁下的墙体内宜适当设置水平钢筋。

(5)顶层墙体有门窗等洞口时,在过梁上的水平灰缝内设置2~3道焊接钢筋网片或2根直径6 mm钢筋,焊接钢筋网片或钢筋应伸入洞口两端墙内不小于600 mm。

(6)顶层及女儿墙砂浆强度等级不低于M7.5(Mb7.5、Ms7.5)。

(7)女儿墙应设置构造柱,构造柱间距不宜大于4 m,构造柱应伸至女儿墙顶并与现浇钢筋混凝土压顶整浇在一起。

(8)对顶层墙体施加竖向预应力。因顶层受温度影响较大,施加预应力能改善砌体的抗拉、抗剪能力,有效防止裂缝。

3)防止或减轻房屋底层墙体开裂的措施

(1)增大基础圈梁的刚度。

(2)在底层的窗台下墙体灰缝内设置3道焊接钢筋网片或2根直径6 mm钢筋,并应伸入两边窗间墙内不小于600 mm。

4）防止或减轻墙体竖向收缩裂缝的措施

在每层门、窗过梁上方的水平灰缝内及窗台下第一和第二道水平灰缝内，宜设置焊接钢筋网片或2根直径6 mm钢筋，焊接钢筋网片或钢筋应伸入两边窗间墙内不小于600 mm。当墙长大于5 m时，宜在每层墙高度中部设置2～3道焊接钢筋网片或3根直径6 mm的通长水平钢筋，竖向间距为500 mm。

5）防止或减轻房屋两端和底层第一、第二开间门窗洞口处裂缝的措施

（1）在门窗洞口两边的墙体的水平灰缝中，设置长度不小于900 mm、竖向间距为400 mm的2根直径4 mm的钢筋。

（2）在顶层和底层设置通长钢筋混凝土窗台梁，窗台梁高度宜为块材高度的模数，梁内纵筋不少于4根，直径不小于10 mm，箍筋直径不小于6 mm，间距不大于200 mm，混凝土强度等级不低于C20。

（3）在混凝土砌块房屋门窗洞口两侧不少于一个孔洞中设置直径不小于12 mm的竖向钢筋，竖向钢筋应在楼层圈梁或基础内锚固，孔洞用不低于Cb20灌孔混凝土灌实。

6）设置竖向控制缝

所谓控制缝，是指将墙体分割成若干个独立墙肢的缝，允许墙肢在其平面内自由变形，并对外力有足够的抵抗能力。当房屋刚度较大时，可在窗台下或窗台角处墙体内、在墙体高度或厚度突然变化处设置竖向控制缝。竖向控制缝宽度不宜小于25 mm，缝内填以压缩性能好的填充材料，且外部用密封材料密封，并采用不吸水的、闭孔发泡聚乙烯实心圆棒（背衬）作为密封膏的隔离物，如图4－29所示。

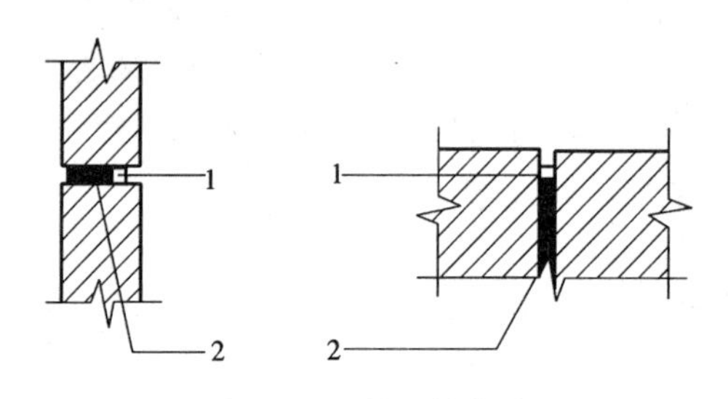

图4－29 控制缝构造

1—不吸水的、闭孔发泡聚乙烯实心圆棒；2—柔软、可压缩的填充物

7）填充墙与梁、柱或混凝土墙的连接

填充墙与梁、柱或混凝土墙体结合的界面处（包括内、外墙），宜在粉刷前设置钢筋网片，网片宽度可取400 mm，并沿界面缝两侧各延伸200 mm，或采取其他有效的防裂、盖缝措施。

8）防止或减轻由地基不均匀沉降引起墙体裂缝的措施

由于地基不均匀沉降对墙体内力影响极为复杂，故很难精确计算其影响。工程实践表明，减轻地基不均匀沉降的措施主要包括以下方面。

Ⅰ.合理的结构布置

建筑物平面形状力求简单，体型较复杂时，宜用沉降缝将其划分为若干平面形状规则且刚度较好的单元；房屋各部分高差不宜过大，对于空间刚度较好的房屋，连接处的高差不宜超过一层，否则宜用沉降缝分开；相邻两幢房屋高差较大时，应根据工程经验保证基础之间的距离；控制房屋的长高比 L/H_f（L 为建筑物长度或沉降缝分割的单元长度，H_f 为自基础底面标高算起的建筑物高度），对于三层及以上房屋，其长高比不宜大于 2.5，当房屋的长高比为 2.5 ~3.0 时，宜做到纵墙不转折或少转折，当房屋最大预估沉降值不超过 120 mm 时，其长高比可不受限制。

Ⅱ. 设置沉降缝

沉降缝与伸缩缝的不同之处是，沉降缝将建筑物两侧房屋自结构基础到顶端完全分开，而伸缩缝只将地上结构分开。结构房屋的下列部位宜设置沉降缝：建筑物高度或荷载差异较大处；地基土的压缩性有显著差异处；基础类型不同处；分期建造房屋的交界处；建筑平面的转折部位；长高比过大房屋的适当部位。

沉降缝的最小宽度与房屋的高度有关，为避免相邻房屋因地基不均匀沉降而倾斜碰撞，沉降缝的最小宽度一般为：二至三层房屋取 50 ~80 mm；四至五层房屋取 80 ~120 mm；五层以上房屋不小于 120 mm。

Ⅲ. 加强房屋的整体刚度

合理布置承重墙体，尽量将纵墙拉通，并隔一定距离（不大于房屋宽度的 1.5 倍）设置一道横墙，并与纵墙可靠连接；设置钢筋混凝土圈梁，以增强纵、横墙连接，提高墙体稳定性，调整房屋不均匀沉降，增强房屋的整体性和空间刚度；在墙体上开洞时，宜在开洞部位配筋或采用构造柱、圈梁加强。

思考题

4 -1　混合结构房屋各承重体系特点如何？

4 -2　静力计算方案的种类及其计算简图如何？

4 -3　房屋空间性能影响系数的物理意义是什么？

4 -4　单层弹性、刚弹性方案在风荷载作用下的内力计算步骤是什么？

4 -5　砌体结构不考虑风荷载影响的条件如何？

4 -6　多层与单层刚性及刚弹性方案房屋计算有何异同？

4 -7　如何选取墙、柱的承载力验算控制截面？

4 -8　上柔下刚砌体房屋的计算特点是什么？

4 -9　砌体结构房屋的一般构造措施包括哪些内容？

4 -10　砌体结构产生裂缝的原因是什么？

4 -11　防止或减轻墙体开裂的主要措施有哪些？

第5章　砌体构件的承载力计算

5.1　受压构件的承载力计算

在实际工程中，承受压力是砌体构件最常见的受力形式，结构中的承重墙、柱都属于受压构件。当压力作用点与构件截面重心重合时，称为轴心受压构件；当压力作用点与构件截面重心不重合时，称为偏心受压构件。试验和研究表明，受压砌体构件的承载力主要与构件的截面面积、砌体的抗压强度、轴向压力的偏心距及构件的高厚比有关。受压构件按其高厚比的不同又分为受压短构件和受压长构件。

5.1.1　墙、柱的高厚比验算

墙、柱的高厚比是指墙、柱的计算高度与墙厚或矩形柱较小边长的比值，用符号 β 表示。墙、柱的高厚比越大，其稳定性越差，从而影响墙、柱的正常使用。因此，《砌体结构设计规范》明确规定，在设计中，墙、柱的高厚比不应超过允许高厚比限值 $[\beta]$，验算墙、柱的高厚比是保证墙、柱在施工阶段和使用期间的稳定性，使砌体结构能满足正常使用极限状态的一项重要构造措施。

进行高厚比验算的构件主要包括承重的柱、无壁柱墙、带壁柱墙、带构造柱墙及非承重墙。由于高厚比与构件的计算高度有关，因此需要先确定构件的计算高度。

1. 墙、柱计算高度 H_0 的确定

砌体结构中的细长构件在受到轴心压力时，常由于侧向变形的增大而发生失稳破坏，破坏时的临界荷载不仅与构件端部的约束情况有关，还与砌体的结构构造有关。墙、柱的计算高度 H_0 应根据房屋的类别和构件两端的支承条件等确定，可按表5－1采用。

表5－1　受压构件的计算高度 H_0

<table>
<tr><th colspan="3" rowspan="2">房屋类别</th><th colspan="2">柱</th><th colspan="3">带壁柱墙或周边拉结的墙</th></tr>
<tr><th>排架方向</th><th>垂直排架方向</th><th>$s>2H$</th><th>$H<s\leq 2H$</th><th>$s\leq H$</th></tr>
<tr><td rowspan="3">有吊车的单层房屋</td><td rowspan="2">变截面柱上段</td><td>弹性方案</td><td>$2.5H_u$</td><td>$1.25H_u$</td><td colspan="3">$2.5H_u$</td></tr>
<tr><td>刚性、刚弹性方案</td><td>$2.0H_u$</td><td>$1.25H_u$</td><td colspan="3">$2.0H_u$</td></tr>
<tr><td colspan="2">变截面柱下段</td><td>$1.0H_l$</td><td>$0.8H_l$</td><td colspan="3">$1.0H_l$</td></tr>
<tr><td rowspan="5">无吊车的单层、多层房屋</td><td rowspan="2">单跨</td><td>弹性方案</td><td>$1.5H$</td><td>$1.0H$</td><td colspan="3">$1.5H$</td></tr>
<tr><td>刚弹性方案</td><td>$1.2H$</td><td>$1.0H$</td><td colspan="3">$1.2H$</td></tr>
<tr><td rowspan="2">多跨</td><td>弹性方案</td><td>$1.25H$</td><td>$1.0H$</td><td colspan="3">$1.25H$</td></tr>
<tr><td>刚弹性方案</td><td>$1.1H$</td><td>$1.0H$</td><td colspan="3">$1.1H$</td></tr>
<tr><td colspan="2">刚性方案</td><td>$1.0H$</td><td>$1.0H$</td><td>$1.0H$</td><td>$0.4s+0.2H$</td><td>$0.6s$</td></tr>
</table>

注：1. 表中 H_u 为变截面柱的上段高度，H_l 为变截面柱的下段高度。

2. 对于上端为自由端的构件，$H_0=2H$。

3. 独立砖柱，当无柱间支承时，柱在垂直排架方向的 H_0 应按表中数值乘以1.25后采用。

4. s 为房屋横墙间距，当验算对象为横墙时，则指纵墙间距。

5. 自承重墙的计算高度应根据周边支承或拉结条件确定。

表5－1中的构件高度 H 应按下列规定采用。

(1)在房屋底层，为楼板顶面到构件下端支点的距离。下端支点的位置，可取在基础顶面。当埋置较深且有刚性地坪时，可取室外地面以下500 mm处。

(2)在房屋其他层，为楼板或其他水平支点间的距离。

(3)对于无壁柱的山墙，可取层高加山墙尖高度的1/2；对于带壁柱的山墙，可取壁柱处的山墙高度。

(4)对有吊车的房屋，当荷载组合不考虑吊车作用时，变截面柱上段的计算高度可按表5－1规定采用；变截面柱下段的计算高度，可按下列规定采用。

①当$\frac{H_u}{H}\leqslant\frac{1}{3}$时，取无吊车房屋的 H_0。

②当$\frac{1}{3}<\frac{H_u}{H}<\frac{1}{2}$时，取无吊车房屋的 H_0 乘以修正系数 μ，μ 可按下式计算：

$$\mu=1.3-0.3\frac{I_u}{I_l} \tag{5-1}$$

式中　I_u、I_l——变截面柱上段、下段截面的惯性矩。

③当$\frac{H_u}{H}\geqslant\frac{1}{2}$时，取无吊车房屋的 H_0。但在确定 β 值时，应采用上柱截面。本条规定也适用于无吊车房屋的变截面柱。

2. 墙、柱高厚比的验算

1)矩形墙、柱的高厚比验算

矩形墙、柱的高厚比验算公式：

$$\beta=\frac{H_0}{h}\leqslant\mu_1\mu_2[\beta] \tag{5-2}$$

式中　H_0——墙、柱的计算高度，按表5－1采用；

h——墙厚或矩形柱与 H_0 相对应的边长；

μ_1——自承重墙允许高厚比的修正系数；

μ_2——有门窗洞口墙允许高厚比的修正系数；

$[\beta]$——墙、柱的允许高厚比，按表5－2采用。

Ⅰ. 允许高厚比$[\beta]$取值

《砌体结构设计规范》规定的墙、柱允许高厚比$[\beta]$主要是根据房屋中墙、柱的稳定性及刚度条件等因素来确定，取值见表5－2。

砌筑砂浆的强度等级直接影响砌体的弹性模量，从而影响砌体的刚度。所以，当砌筑砂浆的强度等级较高时，砌体的弹性模量较大，故对墙、柱的允许高厚比$[\beta]$可适当放宽；柱子因无横墙联系，稳定性较差，故其允许高厚比较墙小。由于配筋砌体的整体性比无筋砌体好，刚度较无筋砌体大，因此允许其高厚比大于无筋砌体。

表 5－2 墙、柱的允许高厚比[β]值

砌体类型	砂浆强度等级	墙	柱
无筋砌体	M2.5	22	15
	M5.0 或 Mb5.0、Ms5.0	24	16
	≥M7.5 或 Mb7.5、Ms7.5	26	17
配筋砌块砌体	—	30	21

注：1. 毛石墙、柱的允许高厚比应按表中数值降低 20%。

2. 带有混凝土和砂浆面层的组合砖砌体构件的允许高厚比，可按表中数值提高 20%，但不得大于 28。

3. 验算施工阶段砂浆尚未硬化的新砌砌体构件高厚比时，允许高厚比对墙取 14，对柱取 11。

Ⅱ. μ_1 取值

自承重墙是房屋中的次要构件，仅承受自重作用。根据弹性稳定理论，在材料、截面及支承条件相同的情况下，自承重墙失稳时的临界荷载比承重墙要大。因此，自承重墙的允许高厚比可适当放宽，可将表 5－2 中的[β]值乘以大于 1 的系数 μ_1 予以提高。《砌体结构设计规范》规定，厚度不大于 240 mm 的自承重墙，允许高厚比修正系数 μ_1 应按下列规定采用。

(1) 当墙厚为 240 mm 时，$\mu_1=1.2$；当墙厚为 90 mm 时，$\mu_1=1.5$；当墙厚小于 240 mm 且大于 90 mm 时，μ_1 可按插入法取值。

(2) 上端为自由端墙的允许高厚比，除按上述规定提高外，尚可提高 30%。

(3) 对厚度小于 90 mm 的墙，当双面采用不低于 M10 的水泥砂浆抹面，包括抹面层的墙厚不小于 90 mm 时，可按墙厚等于 90 mm 验算高厚比。

Ⅲ. μ_2 取值

对开有门窗洞口的墙，其刚度因开洞而降低，其允许高厚比应予降低，故有门窗洞口的墙(图 5－1)的允许高厚比修正系数 μ_2 应按下式计算：

$$\mu_2=1-0.4\frac{b_s}{s} \tag{5-3}$$

式中 b_s——在宽度 s 范围内的门窗洞口总宽度；

s——相邻横墙或壁柱之间的距离。

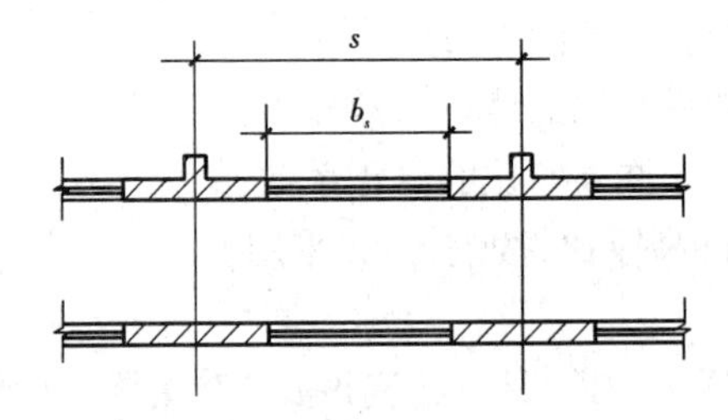

图 5－1 有门窗洞口墙的截面

当按式(5－3)算得的 μ_2 值小于 0.7 时，取 $\mu_2=0.7$。当洞口高度等于或小于墙高的 1/5 时，可取 $\mu_2=1.0$。当洞口高度大于或等于墙高的 4/5 时，可按独立墙段验算高厚比。

《砌体结构设计规范》还规定，当与墙连接的相邻两墙间的距离 $s\leqslant\mu_1\mu_2[\beta]h$ 时，墙的高度可不受式(5－2)的限制。

变截面柱的高厚比可按上、下截面分别验算，当验算上柱高厚比时，墙、柱的允许高厚比

$[\beta]$可按表 5-2 的数值乘以 1.3 后采用。

2)带壁柱墙的高厚比验算

带壁柱墙是指沿墙长度方向隔一定距离将墙体局部加厚形成的墙体。带壁柱墙的高厚比验算,除了要验算整片墙的高厚比之外,还要对壁柱间的墙体进行验算。

Ⅰ.整片墙的高厚比验算

带有壁柱的整片墙,其计算截面应考虑为 T 形截面,可按下式进行验算:

$$\beta=\frac{H_0}{h_T}\leqslant\mu_1\mu_2[\beta] \tag{5-4}$$

式中　H_0——带壁柱墙的计算高度,按表 5-1 采用,表中 s 为带壁柱墙的相邻横墙间的距离;

h_T——带壁柱墙截面的折算厚度。

$$h_T=3.5i\quad i=\sqrt{I/A}$$

式中　i——带壁柱墙截面的回转半径;

I、A——带壁柱墙截面的惯性矩和面积。

在确定截面回转半径 i 时,带壁柱墙计算截面的翼缘宽度 b_f应按下列规定采用。

(1)对于多层房屋,当有门窗洞口时,可取窗间墙宽度;当无门窗洞口时,每侧翼缘墙的宽度可取壁柱高度的 1/3。

(2)对于单层房屋,可取壁柱宽度加 2/3 墙高,但不大于窗间墙宽度或相邻壁柱间的距离。

Ⅱ.壁柱间墙的高厚比验算

验算壁柱间墙的高厚比时,可按式(5-2)即矩形截面墙的公式进行验算。值得注意的是,计算 H_0 时,表 5-1 中的 s 应为相邻壁柱间的距离。由于壁柱对墙体的支承,使壁柱间墙体的稳定性提高,因此无论房屋结构属于何种静力计算方案,壁柱间墙的计算高度 H_0 一律按刚性方案取值。

3)带构造柱墙的高厚比验算

Ⅰ.整片墙的高厚比验算

在墙中设置钢筋混凝土构造柱可提高墙体使用阶段的稳定性和刚度,故验算带构造柱墙在使用阶段的允许高厚比时,其允许高厚比应乘以提高系数 μ_c。当构造柱截面宽度不小于墙厚时,其高厚比的验算公式如下:

$$\beta=\frac{H_0}{h}\leqslant\mu_1\mu_2\mu_c[\beta] \tag{5-5}$$

式中的 h 取墙厚。当确定带构造柱墙的计算高度 H_0 时,s 应取相邻横墙间的距离。

墙的允许高厚比的提高系数 μ_c 按下式计算:

$$\mu_c=1+\gamma\frac{b_c}{l} \tag{5-6}$$

式中　γ——系数,对细料石砌体,$\gamma=0$,对混凝土砌块、混凝土多孔砖、粗料石、毛料石及毛石砌体,$\gamma=1.0$,其他砌体,$\gamma=1.5$;

b_c——构造柱沿墙长方向的宽度;

l——构造柱的间距。

当$\frac{b_c}{l}>0.25$时,取$\frac{b_c}{l}=0.25$;当$\frac{b_c}{l}<0.05$时,取$\frac{b_c}{l}=0$。

由于在施工过程中大多是先砌筑墙体后浇筑构造柱，因此考虑构造柱有利作用的高厚比验算不适用于施工阶段，同时应注意采取措施保证带构造柱墙在施工阶段的稳定性。

Ⅱ. 构造柱间墙的高厚比验算

构造柱间墙的高厚比验算与壁柱间墙的高厚比验算公式相同，即取矩形截面墙的验算公式(5－2)。同样，计算 H_0 时，s 应取相邻构造柱间的距离，并一律按刚性方案取值。

对壁柱间墙或构造柱间墙的高厚比进行验算，是为了保证壁柱间墙和构造柱间墙的局部稳定。当壁柱间墙或构造柱间墙的高厚比不能满足相应公式要求时，可在墙中设置钢筋混凝土圈梁。当相邻壁柱间或相邻构造柱间的距离 s 不大于 30 倍圈梁宽度 b，即 $s \leqslant 30b$ 时，圈梁可作为壁柱间墙或构造柱间墙的不动铰支点，如图 5－2 所示。当相邻壁柱间或相邻构造柱间的距离 s 较大，大于 30 倍圈梁宽度 b，即 $s > 30b$，且具体条件不允许增加圈梁的宽度时，可按等刚度原则(墙体平面外刚度相等)增加圈梁高度，以使圈梁满足作为壁柱间或构造柱间墙不动铰支点的要求。此时，墙的计算高度 H_0 可取圈梁之间的距离。

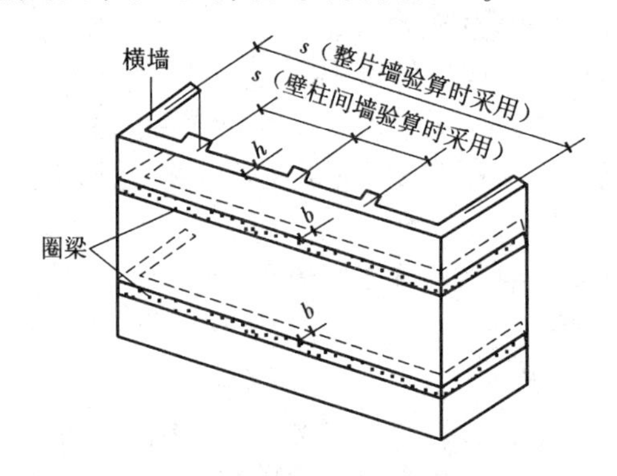

图 5－2　带壁柱墙的墙体布置图

例 5－1　某办公楼平面布置如图 5－3 所示，采用钢筋混凝土预制空心板楼面，纵、横墙厚均为 240 mm，砂浆强度等级为 M5.0，底层墙高 4.5 m，自承重墙厚为 120 mm，用 M2.5 砂浆砌筑，高 3.3 m，试验算各种墙的高厚比。

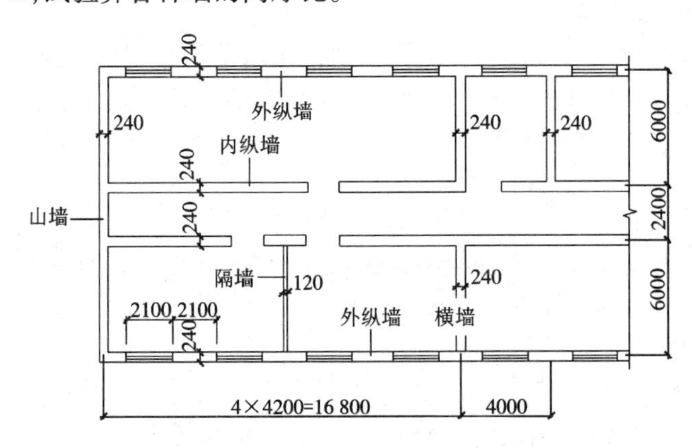

图 5－3　例 5－1 图

解

横墙间距：$s = 16.8$ m，查表 4－2 为刚性方案。

承重墙：$H = 4.5$m，$h = 240$ mm，查表 5－2 得$[\beta] = 24$。

自承重墙：$H = 3.3$ m，$h = 120$ mm，查表 5－2 得$[\beta] = 22$。

(1)纵墙高厚比验算。因横墙 $s>2H$,查表 5-1 得, $H_0=1.0H=4.5(\text{m})=4\ 500\ \text{mm}$。相邻横墙间的距离 $s=16.8$ m 及在宽度 s 范围内的门窗洞口总宽度 $b_s=8.4$ m, 则 $\mu_2=1-0.4\dfrac{b_s}{s}=0.8$。

纵墙高厚比 $\beta=\dfrac{H_0}{h}=\dfrac{4\ 500}{240}=18.75<\mu_1\mu_2[\beta]=1.0\times0.8\times24=19.2$,满足要求。

(2)横墙高厚比验算:

$$s=6\ \text{m}\quad H<s<2H$$

$$H_0=0.4s+0.2H=0.4\times6+0.2\times4.5=3.3(\text{m})=3\ 300\ \text{mm}$$

横墙高厚比 $\dfrac{H_0}{h}=\dfrac{3\ 300}{240}=13.75<\mu_1\mu_2[\beta]=1.0\times1.0\times24=24$,满足要求。

(3)自承重墙高厚比验算:因隔断墙上端砌筑时一般会斜放立砖顶住楼板,可按顶端为不动铰支座考虑;两侧与纵墙拉结不充分时,可按两侧无拉结考虑。则

$$H_0=1.0H=3.3(\text{m})=3\ 300\ \text{mm}$$

$$\mu_1=1.2+\frac{1.5-1.2}{240-90}\times(240-120)=1.44\quad \mu_2=1.0$$

自承重墙高厚比 $\beta=\dfrac{H_0}{h}=\dfrac{3\ 300}{120}=27.5<\mu_1\mu_2[\beta]=1.44\times1.0\times22=31.68$,满足要求。

例 5-2　某单层单跨无吊车厂房,壁柱间距为 6 m,中间开有 3 m 宽的窗洞,车间长 48 m,壁柱柱顶至基础顶面距离为 5.7 m,墙厚及壁柱尺寸如图 5-4 所示。该车间为刚弹性方案,试验算带壁柱墙的高厚比(砂浆强度等级为 M5.0)。

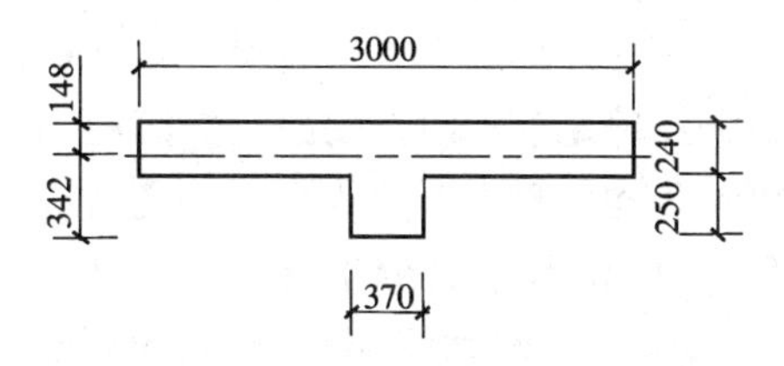

图 5-4　例 5-2 图

解

(1)T 形截面的折算厚度及计算高度:

$$A=3\ 000\times240+370\times250=812\ 500(\text{mm}^2)$$

$$y_1=\frac{240\times3\ 000\times120+370\times250\times(240+250/2)}{812\ 500}=148(\text{mm})$$

$$y_2=490-148=342(\text{mm})$$

$$I=\frac{1}{12}\times3\ 000\times240^3+3\ 000\times240\times(148-120)^2+\frac{1}{12}\times370\times250^3+370\times250\times(490-125-148)^2=8\ 858\times10^6(\text{mm}^4)$$

$$i=\sqrt{\frac{I}{A}}=104(\text{mm})$$

$$h_T=3.5i=3.5\times104=364(\text{mm})$$

$$H_0=1.2H=1.2\times5.7=6.84(\text{m})=6\ 840\ \text{mm}$$

(2)整片墙高厚比验算。查表 5-2 得,M5 砂浆,$[\beta]=24$,承重墙 $\mu_1=1.0$。

开有门窗洞的墙$[\beta]$的修正系数

$$\mu_2=1-0.4\frac{b_s}{s}=1-0.4\times\frac{3\ 000}{6\ 000}=0.8$$

则有 $\beta=\dfrac{H_0}{h_T}=\dfrac{6\ 840}{364}=18.8<\mu_1\mu_2[\beta]=1.0\times0.8\times24=19.2$,满足要求。

(3)壁柱间墙高厚比验算(墙的计算高度按刚性方案考虑):

$$s=6.0\ \text{m}=6\ 000\ \text{mm}>H=5.7\text{m}=5\ 700\ \text{mm}\quad s<2H=11.4(\text{m})=11\ 400\ \text{mm}$$

$$H_0=0.4s+0.2H=0.4\times6\ 000+0.2\times5\ 700=3\ 540(\text{mm})$$

则有 $\beta=\dfrac{H_0}{h}=\dfrac{3\ 540}{240}=14.75<\mu_1\mu_2[\beta]=19.2$,满足要求。

5.1.2 受压短构件的受力分析

1. 受压短柱的受力分析

短柱是指其承载能力仅与构件的截面尺寸和材料强度有关的柱。在设计中可认为 $\beta\leqslant3$ 的砌体墙、柱为短构件。受压砌体短柱的受力状态有如下特点。

(1)砌体构件轴向压力的偏心距 $e=0$(图 5-5(a))时,截面压应力分布均匀;构件达到承载能力极限状态时,正截面所能承受的压应力为砌体轴心抗压强度。

(2)当砌体构件承受偏心压力即轴向压力的偏心距 $e\neq0$ 时,截面压应力分布呈曲线。

当 e 较小时,如图 5-5(b)所示,仍然是全截面受压,但压应力不再均匀分布,极限状态时正截面所能承受的最大压应力大于砌体轴心抗压强度。

当 e 较大时,如图 5-5(c)所示,截面上不仅有受压区,在远离轴向压力的截面边缘还存在受拉区。如果在受压部分压碎之前,受拉区拉应力未达到砌体沿通缝截面的弯曲抗拉强度,受拉区就不会开裂,可认为构件破坏时仍为全截面受力。

当 e 更大时,如图 5-5(d)所示,压应力分布更加不均匀。当受拉区拉应力达到砌体沿通缝截面的弯曲抗拉强度时,受拉区出现水平裂缝,开裂的截面退出工作。水平裂缝不断发展,有效受压面逐渐减少,边缘压应力、压应变迅速增大。当边缘应变达到极限压应变时,砌体受压边出现竖向裂缝,砌体宣告破坏。

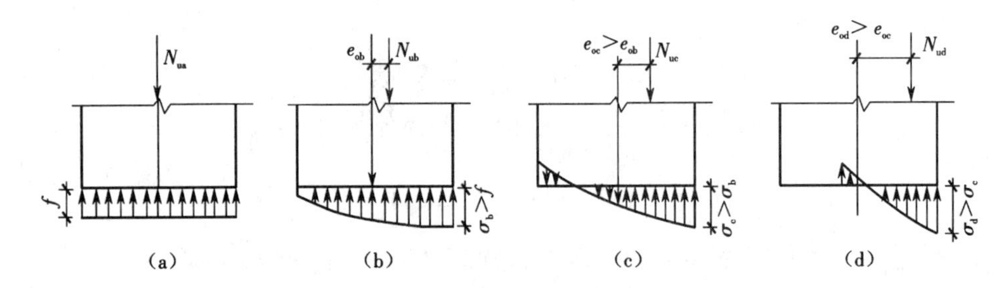

图 5-5 砌体短柱受压时的应力图

从以上分析可以看到,随轴向力偏心距的增大,压应力分布更加不均,水平裂缝不断向荷载偏心一侧延伸发展,有效受压面积不断减少,构件的承载力下降。

2. 砌体短柱单向偏心受压影响系数 α_1

可用偏心距影响系数来考虑偏心距对受压短构件承载力的影响。试验资料表明,偏心距影响系数α_1与偏心距e和截面回转半径i之比有关。偏心距影响系数α_1计算公式如下：

$$\alpha_1=\frac{1}{1+\left(\frac{e}{i}\right)^2} \tag{5-7}$$

对于矩形截面：

$$\alpha_1=\frac{1}{1+12\left(\frac{e}{h}\right)^2} \tag{5-8}$$

对于十字形、T形截面，折算厚度$h_T\approx3.5i$，偏心距影响系数可按下式计算：

$$\alpha_1=\frac{1}{1+12\left(\frac{e}{h_T}\right)^2} \tag{5-9}$$

所以，单向偏心受压短柱承载力可在轴心受压（$N=fA$）的基础上表达如下：

$$N\leqslant\alpha_1 fA \tag{5-10}$$

式中　e——轴向力偏心距，$e=\frac{M}{N}$；

M、N——截面弯矩和轴向力设计值；

α_1——砌体短柱单向偏心受压影响系数；

f——砌体抗压强度设计值。

5.1.3　受压长构件的受力分析

1. 轴心受压长构件的受力分析

在设计中可认为$\beta>3$的砌体墙、柱为受压长构件。当细长的砌体柱或高而薄的砌体墙承受轴心压力时，往往由于偶然偏心的影响产生侧向变形，引起纵向弯曲，导致构件受压承载力降低。偶然偏心主要是由于砌体材料的非匀质性、构件尺寸偏差及轴心压力实际作用位置的偏差等因素引起的。由于砌体中块体和砂浆的匀质性较差，大量的灰缝又导致构件的整体性较差，故砌体结构中的偶然偏心较钢筋混凝土构件概率更大，对结构更为不利。这种纵向弯曲的不利影响可通过考虑轴心受压构件的稳定系数φ_0来反映。《砌体结构设计规范》规定稳定系数φ_0按下式计算：

$$\varphi_0=\frac{1}{1+\alpha\beta^2} \tag{5-11}$$

式中　β——构件的高厚比；

α——与砂浆强度等级有关的系数，取值见表5-3。

表5-3　α的取值

砂浆强度等级	≥M5	M2.5	0
α	0.001 5	0.002	0.009

2. 偏心受压长构件的受力分析

砌体长柱在偏心压力作用下将产生纵向弯曲，纵向弯曲引起附加偏心距，导致轴向力的偏心距增大，因此要考虑附加偏心距对构件承载力的不利影响。

如图5-6所示的偏心受压长柱，设轴向力的偏心距为e，柱中部截面产生的纵向弯曲最大，引起的附加偏心距最大为 e_i，则柱中部截面轴向力的实际偏心距为 $e+e_i$。因此，单向偏心受压长柱承载力的影响系数 φ 应在短柱受力的基础上再考虑附加偏心距 e_i 的影响。《砌体结构设计规范》规定如下：

$$\varphi=\frac{1}{1+\left(\frac{e+e_i}{i}\right)^2} \tag{5-12}$$

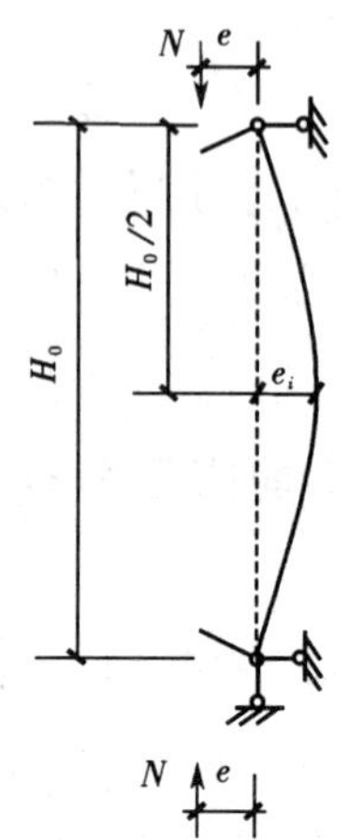

图 5-6 偏心受压长构件的附加偏心距

轴心受压时，即 $e=0$，则有 $\varphi=\varphi_0$，即

$$\varphi=\varphi_0=\frac{1}{1+\left(\frac{e_i}{i}\right)^2}$$

则附加偏心距

$$e_i=i\sqrt{\frac{1}{\varphi_0}-1} \tag{5-13}$$

将式(5－13)代入式(5－12)，则有

$$\varphi=\frac{1}{1+\left(\frac{e}{i}+\sqrt{\frac{1}{\varphi_0}-1}\right)^2} \tag{5-14}$$

式(5－14)可用于计算任意截面的单向偏心受压承载力影响系数。

对于矩形截面，$i=h/\sqrt{12}$，将其代入式(5－13)中得

$$e_i=\frac{h}{\sqrt{12}}\sqrt{\frac{1}{\varphi_0}-1} \tag{5-15}$$

将式(5－15)和 $i=h/\sqrt{12}$ 代入式(5－12)中，即可得到《砌体结构设计规范》规定的承载力影响系数 φ 的计算公式：

$$\varphi=\frac{1}{1+12\left[\frac{e}{h}+\sqrt{\frac{1}{12}\left(\frac{1}{\varphi_0}-1\right)}\right]^2} \tag{5-16}$$

对于T形截面，应以折算厚度 h_T 取代式(5－16)中的 h。其中，稳定系数 φ_0 按式(5－11)计算。比较式(5－8)和式(5－16)可知，对于短柱，稳定系数 $\varphi_0=1.0$，则短柱($\beta\leqslant3$)的承载力影响系数

$$\varphi=\frac{1}{1+12(e/h)^2} \tag{5-17}$$

可知，短柱($\beta\leqslant3$)的承载力影响系数 φ 即为短柱单向偏心受压影响系数 α_1。

由式(5－11)、式(5－16)及式(5－17)可以看出承载力影响系数 φ 仅与 β、e/h(e/h_T)和砂浆强度等级有关。为计算方便，《砌体结构设计规范》给出了 φ 的计算表格，详见表5－4至表5－6。

表 5-4　影响系数 φ（砂浆强度等级≥M5）

β	e/h 或 e/h_T												
	0	0.025	0.05	0.075	0.1	0.125	0.15	0.175	0.2	0.225	0.25	0.275	0.3
≤3	1	0.99	0.97	0.94	0.89	0.84	0.79	0.73	0.68	0.62	0.57	0.52	0.48
4	0.98	0.95	0.90	0.85	0.80	0.74	0.69	0.64	0.58	0.53	0.49	0.45	0.41
6	0.95	0.91	0.86	0.81	0.75	0.69	0.64	0.59	0.54	0.49	0.45	0.42	0.38
8	0.91	0.86	0.81	0.76	0.70	0.64	0.59	0.54	0.50	0.46	0.42	0.39	0.36
10	0.87	0.82	0.76	0.71	0.65	0.60	0.55	0.50	0.46	0.42	0.39	0.36	0.33
12	0.82	0.77	0.71	0.66	0.60	0.55	0.51	0.47	0.43	0.39	0.36	0.33	0.31
14	0.77	0.72	0.66	0.61	0.56	0.51	0.47	0.43	0.40	0.36	0.34	0.31	0.29
16	0.72	0.67	0.61	0.56	0.52	0.47	0.44	0.40	0.37	0.34	0.31	0.29	0.27
18	0.67	0.62	0.57	0.52	0.48	0.44	0.40	0.37	0.34	0.31	0.29	0.27	0.25
20	0.62	0.57	0.53	0.48	0.44	0.40	0.37	0.34	0.32	0.29	0.27	0.25	0.23
22	0.58	0.53	0.49	0.45	0.41	0.38	0.35	0.32	0.30	0.27	0.25	0.24	0.22
24	0.54	0.49	0.45	0.41	0.38	0.35	0.32	0.30	0.28	0.26	0.24	0.22	0.21
26	0.50	0.46	0.42	0.38	0.35	0.33	0.30	0.28	0.26	0.24	0.22	0.21	0.19
28	0.46	0.42	0.39	0.36	0.33	0.30	0.28	0.26	0.24	0.22	0.21	0.19	0.18
30	0.42	0.39	0.36	0.33	0.31	0.28	0.26	0.24	0.22	0.21	0.20	0.18	0.17

表 5-5　影响系数 φ（砂浆强度等级≥M2.5）

β	e/h 或 e/h_T												
	0	0.025	0.05	0.075	0.1	0.125	0.15	0.175	0.2	0.225	0.25	0.275	0.3
≤3	1	0.99	0.97	0.94	0.89	0.84	0.79	0.73	0.68	0.62	0.57	0.52	0.48
4	0.97	0.94	0.89	0.84	0.78	0.73	0.67	0.62	0.57	0.52	0.48	0.44	0.40
6	0.93	0.89	0.84	0.78	0.73	0.67	0.62	0.57	0.52	0.48	0.44	0.40	0.37
8	0.89	0.84	0.78	0.72	0.67	0.62	0.57	0.52	0.48	0.44	0.40	0.37	0.34
10	0.83	0.78	0.72	0.67	0.61	0.56	0.52	0.47	0.43	0.40	0.37	0.34	0.31
12	0.78	0.72	0.67	0.61	0.56	0.52	0.47	0.43	0.40	0.37	0.34	0.31	0.29
14	0.72	0.66	0.61	0.56	0.51	0.47	0.43	0.40	0.36	0.34	0.31	0.29	0.27
16	0.66	0.61	0.56	0.51	0.47	0.43	0.40	0.36	0.34	0.31	0.29	0.26	0.25
18	0.61	0.56	0.51	0.47	0.43	0.40	0.36	0.33	0.31	0.29	0.26	0.24	0.23
20	0.56	0.51	0.47	0.43	0.39	0.36	0.33	0.31	0.28	0.26	0.24	0.23	0.21
22	0.51	0.47	0.43	0.39	0.36	0.33	0.31	0.28	0.26	0.24	0.23	0.21	0.20
24	0.46	0.43	0.39	0.36	0.33	0.31	0.28	0.26	0.24	0.23	0.21	0.20	0.18
26	0.42	0.39	0.36	0.33	0.31	0.28	0.26	0.24	0.22	0.21	0.20	0.18	0.17
28	0.39	0.36	0.33	0.30	0.28	0.26	0.24	0.22	0.21	0.20	0.18	0.17	0.16
30	0.36	0.33	0.30	0.28	0.26	0.24	0.22	0.21	0.20	0.18	0.17	0.16	0.15

表 5-6 影响系数 φ（砂浆强度 0）

β	e/h 或 e/h_T												
	0	0.025	0.05	0.075	0.1	0.125	0.15	0.175	0.2	0.225	0.25	0.275	0.3
≤3	1	0.99	0.97	0.94	0.89	0.84	0.79	0.73	0.68	0.62	0.57	0.52	0.48
4	0.87	0.82	0.77	0.71	0.66	0.60	0.55	0.51	0.46	0.43	0.39	0.36	0.33
6	0.76	0.70	0.65	0.59	0.54	0.50	0.46	0.42	0.39	0.36	0.33	0.30	0.28
8	0.63	0.58	0.54	0.49	0.45	0.41	0.38	0.35	0.32	0.30	0.28	0.25	0.24
10	0.53	0.48	0.44	0.41	0.37	0.34	0.32	0.29	0.27	0.25	0.23	0.22	0.20
12	0.44	0.40	0.37	0.34	0.31	0.29	0.27	0.25	0.23	0.21	0.20	0.19	0.17
14	0.36	0.33	0.31	0.28	0.26	0.24	0.23	0.21	0.20	0.18	0.17	0.16	0.15
16	0.30	0.28	0.26	0.24	0.22	0.21	0.19	0.18	0.17	0.16	0.15	0.14	0.13
18	0.26	0.24	0.22	0.21	0.19	0.18	0.17	0.16	0.15	0.14	0.13	0.12	0.12
20	0.22	0.20	0.19	0.18	0.17	0.16	0.15	0.14	0.13	0.12	0.12	0.11	0.10
22	0.19	0.18	0.16	0.15	0.14	0.14	0.13	0.12	0.12	0.11	0.10	0.10	0.09
24	0.16	0.15	0.14	0.13	0.13	0.12	0.11	0.11	0.10	0.10	0.09	0.09	0.08
26	0.14	0.13	0.13	0.12	0.11	0.11	0.10	0.10	0.09	0.09	0.08	0.08	0.07
28	0.12	0.12	0.11	0.11	0.10	0.10	0.09	0.09	0.08	0.08	0.08	0.07	0.07
30	0.11	0.10	0.10	0.09	0.09	0.09	0.08	0.08	0.07	0.07	0.07	0.07	0.06

注：砂浆强度为 0，用于施工阶段砂浆尚未硬化的新砌砌体的计算。

5.1.4 受压构件承载力计算公式

通过以上对受压短柱、受压长柱的受力分析，可得出受压构件的承载力计算公式如下：

$$N \leqslant \varphi f A \tag{5-18}$$

式中 N——轴向力设计值；

φ——高厚比 β 和轴向力的偏心距 e 对受压构件承载力的影响系数，按式(5-16)计算；

f——砌体的抗压强度设计值；

A——截面面积，对各类砌体均应按毛截面计算。

在应用式(5-18)时，要注意以下几点。

(1)要考虑砌体强度设计值 f 的调整系数 γ_a，详见第 3 章相关内容。

(2)对于矩形截面构件，若轴向力偏心方向的截面边长大于另一边长，除按单向偏心受压计算外，还应对较小边长方向按轴心受压进行验算。

(3)试验表明，当偏心距过大时，砌体受压承载力值离散且较低，可靠度难以保证。因此，《砌体结构设计规范》规定 $e \leqslant 0.6y$，其中 y 为截面中心到轴向力所在偏心方向截面边缘的距离。轴向力的偏心距 e 按内力设计值(M/N)计算，当偏心距 e 超过上述规定时应采取适当措施减小偏心距，如加大截面尺寸或者改变结构方案等。

(4)在计算影响系数 φ 时，由于砌体材料种类不同，构件的承载能力会有很大差异，计算无筋砌体受压承载力时，无论用公式计算影响系数 φ 或查用 φ 表，都要对高厚比 β 乘以修正系数 γ_β。高厚比 β 按下列公式计算：

对于矩形截面

$$\beta = \gamma_\beta \frac{H_0}{h} \tag{5-19}$$

对于 T 形截面

$$\beta = \gamma_\beta \frac{H_0}{h_T} \tag{5-20}$$

式中　γ_β——不同材料砌体构件的高厚比修正系数，按表 5－7 采用；

H_0——受压构件的计算高度，按表 5－1 采用；

h——矩形截面轴向力偏心方向的边长，当轴心受压时为截面较小边长；

h_T——T 形截面的折算厚度，可近似按 $3.5i$ 计算，计算方法同前。

表 5－7　高厚比修正系数 γ_β

砌体材料类别	修正系数
烧结普通砖、烧结多孔砖	1.0
混凝土普通砖、混凝土多孔砖、混凝土及轻骨料混凝土砌块	1.1
蒸压灰砂普通砖、蒸压粉煤灰普通砖、细料石	1.2
粗料石、毛石	1.5

注：对灌孔混凝土砌块砌体，γ_β 取 1.0。

例 5－3　承受轴心压力、截面尺寸为 370 mm × 490 mm 的砖柱，计算高度为 4.5 m，采用强度等级为 MU10 的烧结普通砖、M5 的混合砂浆砌筑，柱底承受轴向压力设计值 $N = 120$ kN，结构安全等级为二级，施工质量控制等级为 B 级。试验算该柱底截面是否安全。

解

查表得 $f = 1.5$ MPa，因 $A = 0.37 \times 0.49 = 0.18(\mathrm{m}^2) < 0.3\ \mathrm{m}^2$，所以

$$\gamma_a = 0.7 + A = 0.7 + 0.18 = 0.88$$

高厚比

$$\beta = \gamma_\beta \frac{H_0}{h} = 1.0 \times \frac{4\,500}{370} = 12.16 < [\beta] = 16$$

查表并计算得影响系数

$$\varphi = 0.82 - \frac{0.82 - 0.77}{2} \times (12.16 - 12) = 0.816$$

所以，柱底截面安全。（本题也可用公式 $\varphi = \varphi_0 = \frac{1}{1 + \alpha\beta^2}$ 计算求解）

例 5－4　已知一矩形截面偏心受压柱，截面尺寸为 490 mm × 620 mm，采用强度等级为 MU10 烧结普通砖及 M5 混合砌筑砂浆，柱的计算高度 $H_0 = 4.8$ m，沿长边方向作用的弯矩设计值 $M = 24.2$ kN · m，该柱承受轴向力设计值 $N = 220$ kN（已考虑柱自重）。试验算其承载力。

解

（1）验算长边方向的承载力。

偏心距

$$e = \frac{M}{N} = \frac{24.2 \times 10^6}{220 \times 10^3} = 110(\mathrm{mm})$$

$$y = h/2 = 620/2 = 310(\mathrm{mm})$$

$$0.6y=0.6\times310=186(\text{mm})>e=110\ \text{mm}$$

相对偏心距 $e/h=110/620=0.177\ 4$

高厚比验算,有 $\beta'=\frac{H_0}{h}=\frac{4\ 800}{620}=7.74<[\beta]=16$,故满足要求。

由表 5-7 查得 $\gamma_\beta=1.0$,故修正高厚比

$$\beta=\gamma_\beta\frac{H_0}{h}=1.0\times\frac{4\ 800}{620}=7.74$$

$$\varphi_0=\frac{1}{1+\alpha\beta^2}=\frac{1}{1+0.001\ 5\times7.74^2}=0.917\ 5$$

$$\varphi=\frac{1}{1+12\left[\frac{e}{h}+\sqrt{\frac{1}{12}\left(\frac{1}{\varphi_0}-1\right)}\right]^2}=\frac{1}{1+12\left[0.177\ 4+\sqrt{\frac{1}{12}\left(\frac{1}{0.917\ 5}-1\right)}\right]^2}=0.545$$

由 $A=0.49\times0.62=0.303\ 8(\text{m}^2)>0.3\ \text{m}^2$,则 $\gamma_a=1.0$。

查表得 $f=1.5$ MPa,则

$$\begin{aligned}\varphi\gamma_a fA&=0.545\times1.0\times1.5\times0.303\ 8\times10^6\\&=248.4\times10^3\ \text{N}=248.4\ \text{kN}>N=220\ \text{kN}\end{aligned}$$

所以,柱长边方向承载力满足要求。

(2)验算柱短边方向的承载力。

由于弯矩作用方向的截面边长 620 mm 大于另一方向的边长 490 mm,故还应对短边进行轴心受压承载力验算。

高厚比验算,$\beta'=\frac{H_0}{h}=\frac{4\ 800}{490}=9.80<[\beta]=16$,故高厚比满足要求。

修正高厚比 $\beta=\gamma_\beta\frac{H_0}{h}=1.0\times\frac{4\ 800}{490}=9.80$

$$\varphi_0=\frac{1}{1+\alpha\beta^2}=\frac{1}{1+0.001\ 5\times9.8^2}=0.874$$

$$\varphi_0\gamma_a fA=0.874\times1.0\times1.5\times0.303\ 8\times10^6=398.3\times10^3\ \text{N}=398.3\ \text{kN}>N=220\ \text{kN}$$

所以,柱短边方向承载力也满足要求。

例 5-5 一单层房屋的窗间墙截面尺寸如图 5-7 所示,计算高度 $H_0=6$ m,采用 MU10 烧结普通砖和 M5 混合砂浆砌筑。壁柱间距 3.9 m,窗宽 1.9 m。弯矩设计值 $M=36$ kN·m,轴向力设计值 $N=360$ kN。以上内力均已计入墙体自重,轴向力作用点偏向翼缘一侧。试验算其承载力是否满足要求。

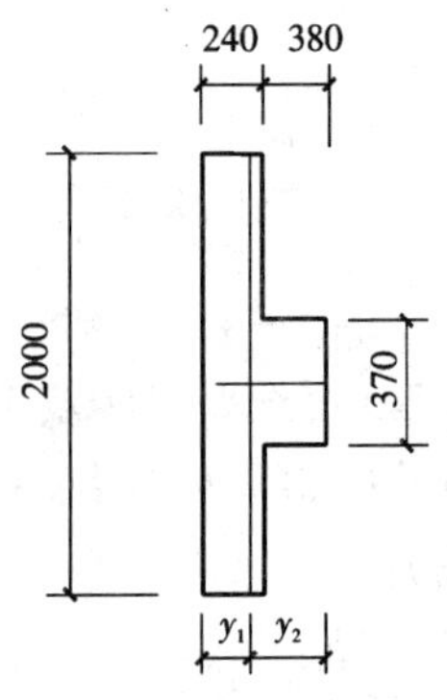

图 5-7 例 5-5 图

解

(1)计算折算厚度:

$A=0.24\times2+0.38\times0.37=0.620\ 6(\text{m}^2)>0.3\ \text{m}^2\quad\gamma_a=1.0$

$$y_1=\frac{0.24\times2\times0.12+0.38\times0.37\times(0.24+0.19)}{0.620\ 6}\times10^3$$

$=190.2$ mm

$$y_2=620-190.2=429.8\ \text{mm}$$

$$I = \frac{1}{12} \times 2\ 000 \times 240^3 + 2\ 000 \times 240 \times (190.2 - 120)^2 + \frac{1}{12} \times 370 \times 380^3 + 370 \times 380 \times (429.8 - 190)^2$$
$$= 144.46 \times 10^8 \text{mm}^4$$

$$i = \sqrt{\frac{I}{A}} = \sqrt{\frac{144.46 \times 10^8}{620\ 600}} = 152.57 \text{ mm}$$

$$h_T = 3.5i = 534 \text{ mm}$$

(2)计算受压承载力：

$$e = \frac{M}{N} = \frac{36 \times 10^6}{360 \times 10^3} = 100 \text{ mm} < 0.6y_1 = 0.6 \times 190.2 = 114.12 \text{ mm}$$

$$[\beta] = 24, \mu_1 = 1.0, \mu_2 = 1 - 0.4b_s/s = 1 - 0.4 \times 1.9/3.9 = 0.805$$

$$\mu_1\mu_2[\beta] = 1.0 \times 0.805 \times 24 = 19.3$$

$$\beta = \gamma_\beta H_0/h_T = 1.0 \times 6\ 000/534 = 11.2 < 19.3$$

$$e/h_T = 100/534 = 0.187$$

$$\varphi_0 = \frac{1}{1 + \alpha\beta^2} = \frac{1}{1 + 0.001\ 5 \times 11.2^2} = 0.842$$

$$\varphi = \frac{1}{1 + 12\left[\frac{e}{h_T} + \sqrt{\frac{1}{12}(\frac{1}{\varphi_0} - 1)}\right]^2} = \frac{1}{1 + 12\left[0.187 + \sqrt{\frac{1}{12}\left(\frac{1}{0.842} - 1\right)}\right]^2} = 0.461$$

$$\varphi\gamma_a fA = 0.461 \times 1.0 \times 1.5 \times 620\ 600 = 429.1 \times 10^3 \text{ N} = 429.1 \text{ kN} > N = 360 \text{ kN}$$

所以承载力满足要求。

5.2　砌体局部受压承载力计算

在实际工程中砌体按全截面受压验算时强度满足要求，但有时在局部承压面下几皮砖处出现砌体局部压碎的现象，这是由于砌体局部受压强度不足而造成的。局部受压是砌体结构常见的受力形式，表现为轴向压力仅仅作用于砌体截面的部分面积上。局部受压面积上压应力均匀分布时，为局部均匀受压，如钢筋混凝土柱支承在砖基础上，如图 5 - 8(a)所示；局部受压面积上压应力不均匀时，称为局部不均匀受压，如钢筋混凝土梁支承在砖墙上，如图 5 - 8 (b)所示。因此，对砌体进行受压计算时，还要进行局部受压承载力验算。

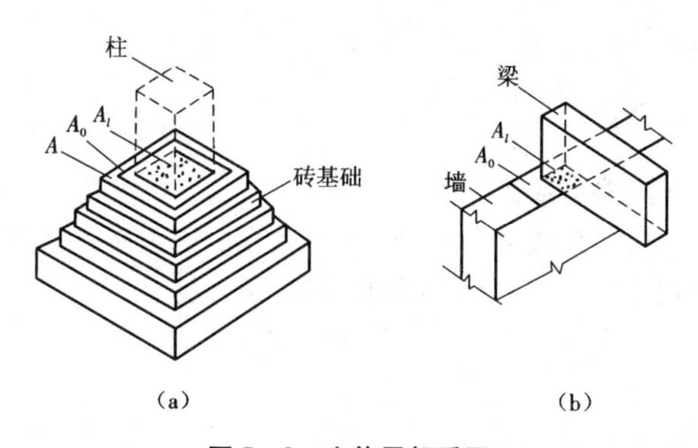

图 5 - 8　砌体局部受压

5.2.1 砌体局部受压破坏形态

大量试验研究表明，砌体局部受压大致有以下三种破坏形态。

1. 纵向裂缝发展而引起的破坏

首先在垫块下方一段长度上出现竖向裂缝，随着荷载的增加，裂缝向上、下方向发展，临近破坏时，块体被压碎。这种破坏裂缝数量多，裂缝呈竖向或斜向分布，并且形成一条主要裂缝竖向贯穿整个试件，如图5-9(a)所示。其破坏发生在试件内部，而不是在局部受压面积处发生。这种破坏是局部受压砌体基本的破坏形态。

2. 劈裂破坏

当局部受压面积与试件面积的比值相当小时，试件会发生劈裂破坏。这种破坏的特点是纵向裂缝少而集中，开裂荷载与破坏荷载非常接近，如图5-9(b)所示。

3. 砌体局部压碎破坏

当墙梁的梁高与跨度之比较大，砌体强度较低，会产生梁支承附近砌体压碎的现象，如图5-9(c)所示。

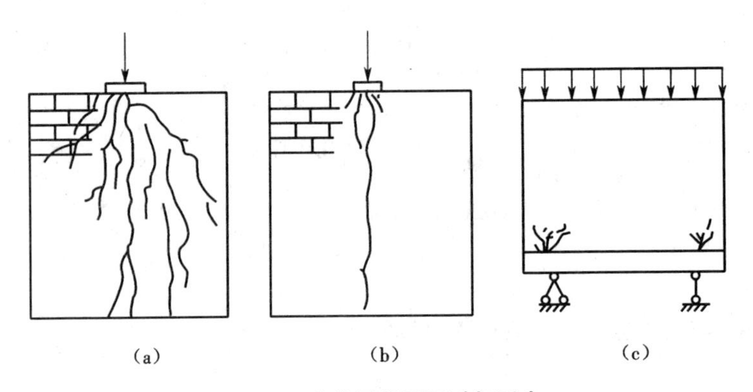

图5-9 砌体局部受压破坏形态

局部受压范围内的砌体由于“套箍强化”作用和“应力扩散”作用，抗压强度有很大程度的提高。在局部压应力的作用下，局部受压的砌体产生纵向变形的同时还产生横向变形，当局部受压部分的砌体四周或对边有砌体包围时，周边砌体像套箍一样约束直接承受压力的部分，限制其横向变形，使局部受压的砌体处于三向或双向受压的应力状态，抗压能力大大提高。另外，只要砌体内存在未直接承受压力的面积，就有应力扩散现象，就可以在一定程度上提高砌体的抗压强度。

5.2.2 砌体局部均匀受压

1. 砌体局部抗压强度提高系数

砌体局部抗压强度提高系数γ是考虑非局部受压面积砌体的“套箍强化”作用和“应力扩散”作用对砌体局部抗压强度的提高而提出的，按下式计算：

$$\gamma = 1 + 0.35\sqrt{\frac{A_0}{A_l} - 1} \tag{5-21}$$

式中 A_0——影响砌体局部抗压强度的计算面积；

A_l——局部受压面积。

式(5－21)中的A_0可按图5－10确定,图中:a,b为矩形局部受压面积的边长;h为墙厚或柱的较小边长,h_1为另一面墙墙厚;c为局部受压面积的外边缘至构件边缘的较小距离,当$c>h$时,应取$c=h$。

由式(5－21)可以看出,γ与A_0/A_l有关,A_0/A_l越大,γ越大。但A_0/A_l大于某一限值时会发生危险的劈裂破坏,因此由式(5－21)计算出的γ值应符合下列规定。

(1)在图5－10(a)的情况下,$\gamma\leqslant1.25$。

(2)在图5－10(b)的情况下,$\gamma\leqslant1.5$。

(3)在图5－10(c)的情况下,$\gamma\leqslant2.0$。

(4)在图5－10(d)的情况下,$\gamma\leqslant2.5$。

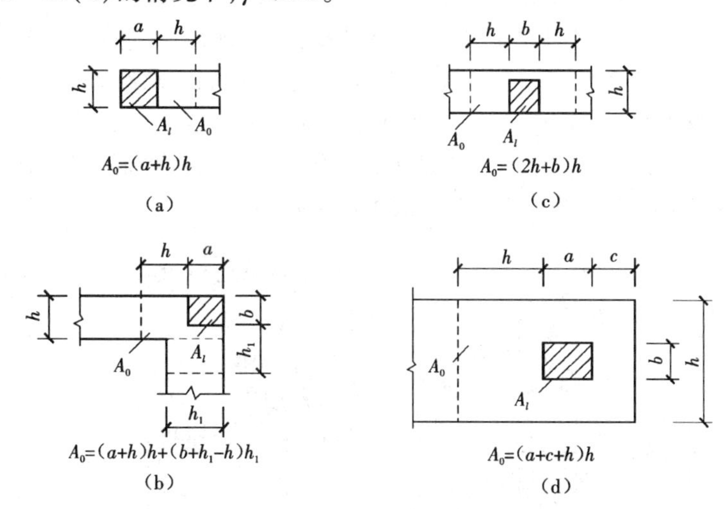

图5－10　影响局部抗压强度的计算面积

(5)对要求灌孔的混凝土砌块砌体,在(3)和(4)的情况下,尚应符合$\gamma\leqslant1.5$;对未灌孔混凝土砌块砌体,$\gamma=1.0$。

(6)对多孔砖砌体孔洞难以灌实时,应按$\gamma=1.0$取用;当设置混凝土垫块时,按垫块下的砌体局部受压计算。

2. 砌体局部均匀受压承载力计算

砌体截面中受局部均匀压力时的承载力,应满足下式要求:

$$N_l\leqslant\gamma fA_l \tag{5-22}$$

式中　N_l——局部受压面积上的轴向力设计值;

γ——砌体局部抗压强度提高系数;

f——砌体抗压强度设计值。

A_l小于0.3 m^2时,可不考虑强度调整系数γ_a的影响。

5.2.3　梁端支承处砌体局部受压

1. 梁的有效支承长度

梁端支承在砌体上时,由于梁的挠曲变形及梁端下砌体的压缩变形使梁端产生转动,砌体承受非均匀压应力。由于梁端有转角,梁端传递压力的长度即梁的有效支承长度a_0小于梁在砌体上的实际支承长度a,如图5－11所示。《砌体结构设计规

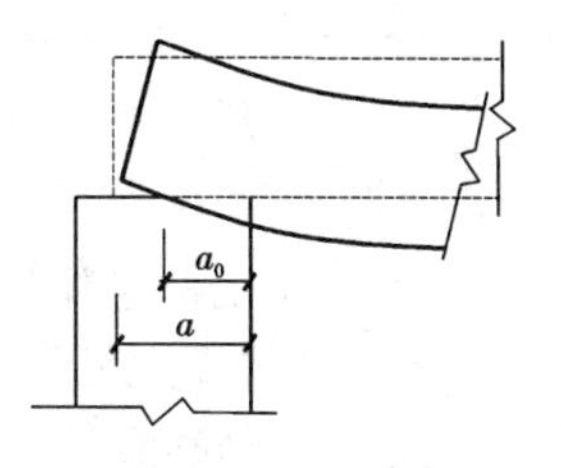

图5－11　梁下砌体

范》规定，梁端有效支承长度 a_0(mm)按下式计算：

$$a_0 = 10\sqrt{\frac{h_c}{f}} \tag{5-23}$$

式中 h_c——梁的截面高度(mm)；

f——砌体抗压强度设计值(MPa)。

按式(5-23)计算的 a_0 应满足 $a_0 \leqslant a$，a 为梁端实际支承长度。

局部受压面积 $A_l = a_0 b$，b 为梁的截面宽度(mm)。

2. **上部荷载对砌体局部受压的影响**

梁端支承处的砌体除承受梁端的支承压力 N_l 外，还有上部传来的荷载在局部受压面积内产生的轴向力 N_0。大量试验结果表明，当砌体受到上部均匀压应力时，若增加梁端荷载，则梁底砌体局部压应力及局部应变均增大，但梁顶面附近的 σ_0 却有所下降。其原因是当梁顶面荷载作用在梁上时，梁支座压力使支座下面的砌体产生压缩变形，使梁端顶面与上部砌体脱开，在砌体内部形成了卸载内拱，上部传来的轴向力 N_0 逐渐通过卸载内拱传给梁端周围的砌体，这种作用称为“内拱卸荷”作用，如图 5-12 所示。

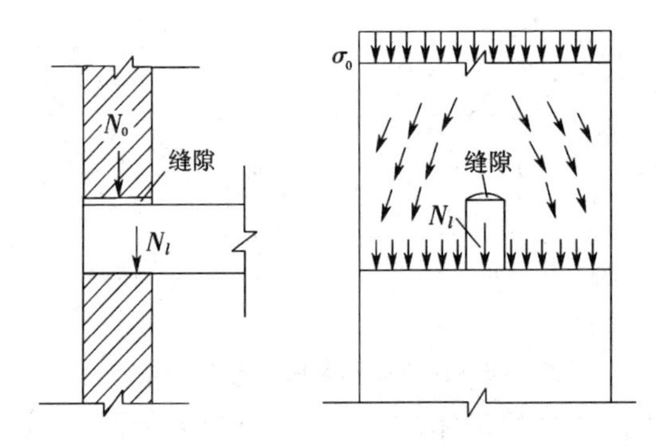

图 5-12 砌体中的“内拱卸荷”作用

试验表明，“内拱卸荷”作用与 A_0/A_l 有关，A_0/A_l 越大，“内拱卸荷”作用越明显。同时，上部传来的轴向力 N_0 通过梁端周围的砌体增加了对梁端支承处砌体的侧向约束，使其局部抗压能力提高，因此要将 N_0 进行折减。

《砌体结构设计规范》采用上部荷载折减系数 ψ 来考虑这种有利影响。上部荷载折减系数 ψ 按下式计算：

$$\psi = 1.5 - 0.5A_0/A_l \tag{5-24}$$

3. **梁端支承处砌体局部受压的影响**

梁端支承处砌体局部受压承载力按下式计算：

$$\psi N_0 + N_l \leqslant \eta\gamma f A_l \tag{5-25}$$

式中 ψ——上部荷载的折减系数，当 $A_0/A_l \geqslant 3$ 时，取 $\psi = 0$；

N_0——局部受压面积内上部轴向力设计值(N)，$N_0 = \sigma_0 A_l$，$A_l = a_0 b$，见图 5-13；

N_l——梁端支承压力设计值(N)；

σ_0——上部平均压应力设计值(MPa)；

η——梁端底面压应力图形的完整系数，应取 0.7，对于过梁和墙梁应取 1.0；

a_0——梁端有效支承长度(mm)，当 $a_0 > a$ 时，应取 $a_0 = a$；

a——梁端实际支承长度(mm)；

b——梁的截面宽度(mm)；

f——砌体抗压强度设计值(MPa)。

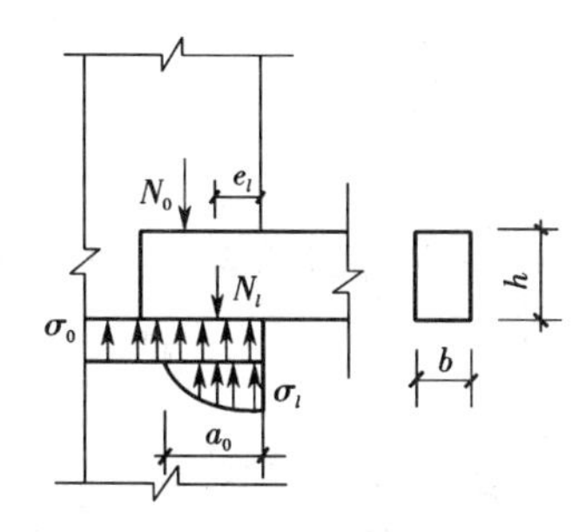

图 5-13　梁端下砌体局部压应力图形

5.2.4　梁端设有刚性垫块的砌体局部受压

当梁端支承处砌体的局部受压不能满足式(5-25)的要求时，可在梁端下部设置刚性垫块，以增大砌体的局部受压面积。为了能均匀地分布梁端支承反力，垫块必须有足够的刚度。

1. 刚性垫块的构造要求

(1)刚性垫块的高度 t_b 不应小于 180 mm，自梁边算起的垫块挑出长度不应大于垫块高度，如图 5-14(a)所示。

(2)当现浇垫块与梁端整体浇筑时，垫块可在梁高范围内设置，如图 5-14(b)所示。

(3)在带壁柱墙的壁柱内设置刚性垫块时，A_0 应取壁柱范围内的面积，而不应计算翼缘部分(墙的翼缘部分大多位于压应力较小处，参加工作程度有限)，即 $A_0 = b_p \times h_p$，同时壁柱上垫块伸入翼墙内的长度不应小于 120 mm，如图 5-14(c)所示。

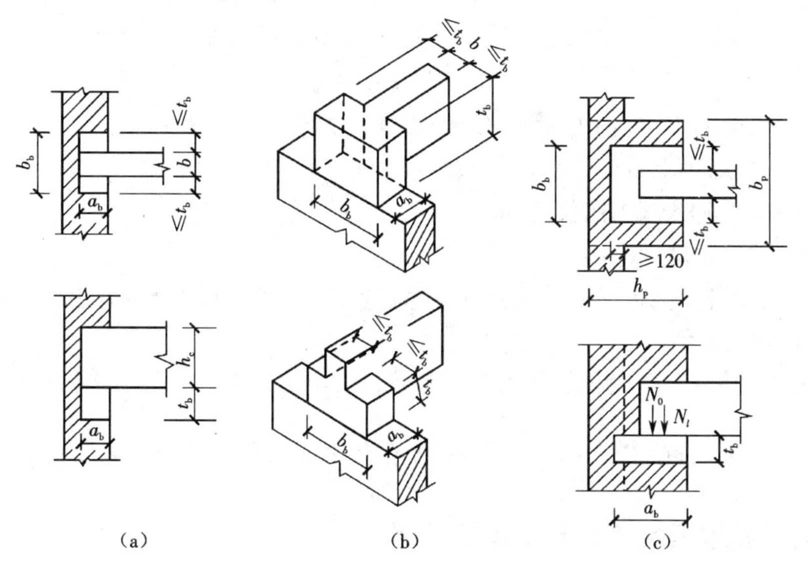

图 5-14　刚性垫块的构造要求

2. N_l 作用位置

梁端设有刚性垫块时，垫块上 N_l 作用点的位置可取梁端有效支承长度 a_0 的2/5。a_0 应按下式确定：

$$a_0 = \delta_1 \sqrt{\frac{h_c}{f}} \tag{5-26}$$

式中 δ_1——刚性垫块影响系数，δ_1 与 σ_0/f 的值有关，取值见表5-8；

h_c——梁的高度，见图5-14(a)。

表5-8 系数 δ_1 值表

σ_0/f	0	0.2	0.4	0.6	0.8
δ_1	5.4	5.7	6.0	6.9	7.8

注：表中所列数值之间的数值可采用插入法求得。

试验和有限元分析表明，垫块上表面 a_0 较小，这对于垫块下局部受压承载力计算影响不大（有垫块时局压应力大为减小），但可能对其下的墙体受力不利，增大了荷载偏心距。根据试验结果，考虑与现浇垫块局部承载力协调，并经分析简化采用式(5-23)的形式，只是系数另外作了具体调整，见式(5-26)。采用梁端与垫块现浇成整体的刚性垫块与预制刚性垫块下局压有些区别，但为简化计算，也可按后者计算。

3. 梁端设有刚性垫块的砌体局部受压承载力

试验表明，垫块底面积以外的砌体对局部抗压强度仍能提供有利影响，但垫块面积已经很大，而且试验表明垫块底面压应力分布不均匀，为偏于安全，垫块外砌体面积的有利影响系数 γ_1 取 0.8γ。同时，应考虑荷载偏心距的影响，但不必考虑纵向弯曲。由于垫块面积较大，所以“内拱卸荷”作用不再考虑。试验表明，刚性垫块下砌体的局部受压和砌体偏心受压相似，因此可近似采用砌体偏心受压的计算方法，其承载力按下式计算：

$$N_0 + N_l \leqslant \varphi \gamma_1 f A_b \tag{5-27}$$

式中 N_0——垫块面积 A_b 内上部轴向力设计值(N)，$N_0 = \sigma_0 A_b$；

A_b——垫块面积(mm^2)，$A_b = a_b b_b$；

a_b——垫块伸入墙内的长度(mm)；

b_b——垫块的宽度(mm)；

φ——垫块上 N_0 及 N_l 的合力影响系数，应采用表5-4、表5-5、表5-6中当 $\beta \leqslant 3$ 时的 φ 值；

γ_1——垫块外砌体面积的有利影响系数，$\gamma_1 = 0.8\gamma$ 且 $\geqslant 1$，γ 为砌体局部抗压强度提高系数，按式(5-21)计算并以 A_b 代替 A_l，则 $\gamma_1 = 0.8 + 0.28\sqrt{\frac{A_0}{A_b} - 1}$。

5.2.5 梁下设置柔性垫梁的砌体局部受压

当梁下设有钢筋混凝土垫梁时，垫梁可以把梁传来的集中荷载分散到一定宽度范围的墙上去。有时采用钢筋混凝土垫梁代替刚性垫块，也可以利用圈梁作为垫梁。由于垫梁是柔性的，可以把垫梁看作是受集中荷载作用的弹性地基梁。试验表明，垫梁下竖向压应力的分布范围较大，当垫梁下的砌体发生局部受压破坏时，竖向压应力的峰值与砌体抗压强度之比为 1.5～1.6。因此，《砌体结构设计规范》参照弹性地基梁理论，规定垫梁下可提供压应力长度为 πh_0，其应力分布按三角形考虑，如图 5－15 所示。

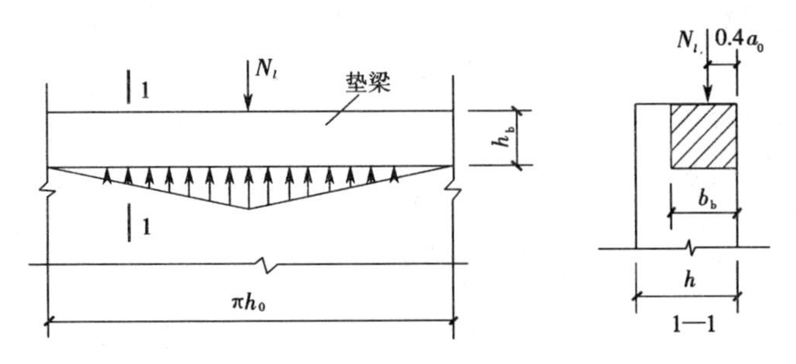

图 5－15　垫梁下局部受压

《砌体结构设计规范》规定，梁下设有长度大于 πh_0 的垫梁下的砌体局部受压承载力应按下式计算：

$$N_0 + N_l \leqslant 2.4\delta_2 b_b h_0 \tag{5-28}$$

$$N_0 = \frac{\pi b_b h_0 \sigma_0}{2} \tag{5-29}$$

$$h_0 = 2\left(\frac{E_c I_c}{Eh}\right)^{\frac{1}{3}} \tag{5-30}$$

式中　N_0——垫梁上部轴向力设计值（N）；

b_b——垫梁在墙厚方向的宽度（mm）；

δ_2——垫梁底面压应力分布系数，当荷载沿墙厚方向均匀分布时取 1.0，否则取 0.8；

h_0——垫梁折算高度（mm）；

E_c——垫梁的混凝土弹性模量；

I_c——垫梁的截面惯性矩；

E——砌体的弹性模量；

h——墙厚（mm）。

垫梁上梁端有效支承长度 a_0 可按式（5－26）计算。

例 5－6　砌体结构的外纵墙上大梁的跨度为 6.0 m，梁的截面尺寸 $b \times h = 250\ \text{mm} \times 500\ \text{mm}$，支承长度 $a = 240$ mm，支座反力设计值 $N_l = 83$ kN。窗间墙截面尺寸为 1 200 mm × 240 mm，如图 5－16 所示。梁顶窗间墙截面上部荷载设计值 N_u = 180 kN，墙体采用 MU10 烧结砖和 M5 混合砂浆砌筑。试验算梁端支承处砌体的局部受压承载力。

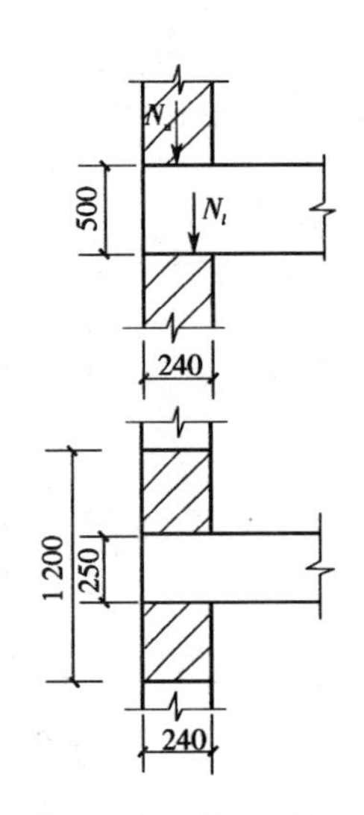

图 5－16　例 5－6 图

解

查表得砌体抗压强度设计值 $f = 1.50$ MPa。

梁端有效支撑长度

$$a_0 = 10\sqrt{\frac{h_c}{f}} = 10\sqrt{\frac{500}{1.5}} = 182.57\ \text{mm} < a = 240\ \text{mm}$$

局部受压面积

$$A_l = a_0 b = 182.57 \times 250 = 45\ 642.5\ \text{mm}^2$$

影响砌体局部抗压强度的计算面积

$$A_0 = 240 \times (250 + 2 \times 240) = 175\ 200\ \text{mm}^2$$

计算上部荷载折减系数:

$$A_0/A_l = 175\ 200/45\ 642.5 = 3.84 > 3.0$$

故取上部荷载折减系数 $\psi = 0$。

局部抗压强度提高系数

$$\gamma = 1 + 0.35\sqrt{\frac{A_0}{A_l} - 1} = 1 + 0.35\sqrt{3.84 - 1} = 1.59 < 2.0$$

将以上数值代入计算公式,得

$$\psi N_0 + N_l = 83\ kN$$

$$\eta\gamma f A_l = 0.7 \times 1.59 \times 1.5 \times 45\ 642.5 = 76\ 200\ \text{N} = 76.2\ \text{kN} < 83\ \text{kN}$$

故不满足要求($\psi N_0 + N_l \leqslant \eta\gamma f A_l$)。

例 5-7 例 5-6 中所有条件不变,试采用在梁端下设置刚性垫块方法(如图 5-17 所示)来满足砌体的局部受压承载力要求。

解

在梁端下砌体内设置 $a_b = 240$ mm, $b_b = 600$ mm, $t_b = 180$ mm 的垫块,其尺寸符合刚性垫块的构造要求。

$$A_b = a_b b_b = 240 \times 600 = 144\ 000\ \text{mm}^2$$

$$A_0 = 240 \times (600 + 2 \times 240) = 259\ 200\ \text{mm}^2$$

$$\gamma = 0.8\left(1 + 0.35\sqrt{\frac{A_0}{A_b} - 1}\right) = 0.8\left(1 + 0.35\sqrt{\frac{259\ 200}{144\ 000} - 1}\right) = 1.05 > 1.0$$

$$\sigma_0 = N_u/A = 180 \times 10^3/(1\ 200 \times 240) = 0.625\ \text{MPa}$$

$$\sigma_0/f = 0.625/1.5 = 0.417\ \text{MPa}$$

查表并内插得 $\delta_1 = 6.077$,则

$$a_0 = \delta_1\sqrt{\frac{h_c}{f}} = 6.077\sqrt{\frac{500}{1.5}} = 110.95\ \text{mm}$$

$$N_0 = \sigma_0 A_b = 0.625 \times 144\ 000 = 90 \times 10^3\ \text{N} = 90\ \text{kN}$$

$$e_l = h/2 - 0.4a_0 = 120 - 44.38 = 75.62\ \text{mm}$$

$$e_0 = 0$$

$$N = N_0 + N_l = 90 + 83 = 173\ \text{kN}$$

垫块上合力对垫块重心的偏心距

$$e = \frac{N_0 e_0 + N_l e_l}{N_0 + N_l} = \frac{83 \times 75.62}{173} = 36.28\ mm$$

$$\frac{e}{h} = \frac{e}{a_b} = \frac{36.28}{240} = 0.151$$

查表($\beta \leqslant 3$)得 $\varphi = 0.789$,则

$$\varphi\gamma f A_b = 0.789 \times 1.05 \times 1.50 \times 144\ 000 = 178.95 \times 10^3\ \text{N}$$
$$= 178.95\ \text{kN} > N_0 + N_l = 173\ \text{kN}$$

可知在梁底部设置刚性垫块后,砌体局部受压满足要求。

例 5－8　例 5－6 中所有条件不变，试采用在梁端下设置钢筋混凝土垫梁（可利用圈梁）的方法（如图 5－18 所示）满足砌体的局部受压承载力要求，试确定垫梁的材料、截面及长度，并验算局部受压承载力。

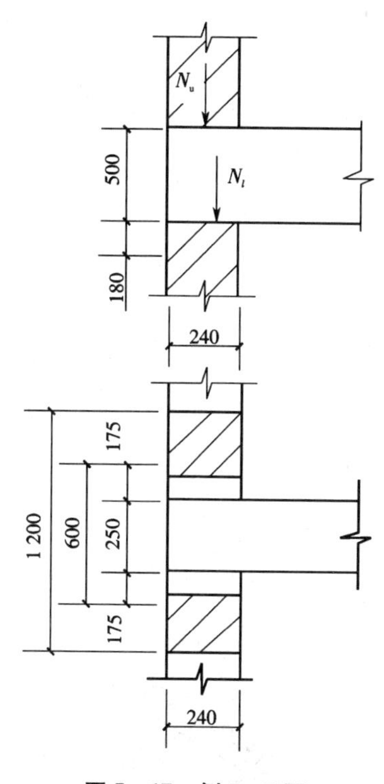

图 5－17　例 5－7 图

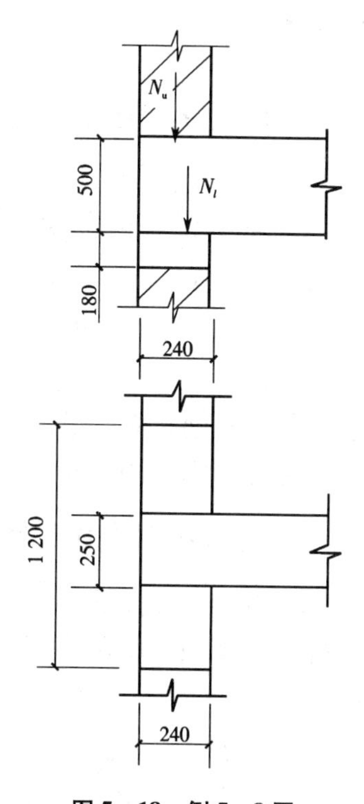

图 5－18　例 5－8 图

解

（1）确定垫梁的混凝土强度等级为 C20，截面尺寸为 240 mm × 180 mm。

（2）查表得砌体抗压强度设计值 $f = 1.50$ MPa，混凝土弹性模量 $E_c = 2.55 \times 10^4$ MPa，砌体弹性模量 $E = 1\,600f = 1\,600 \times 1.5 = 2\,400$ MPa。

（3）计算折算厚度：

$$h_0 = 2(E_c I_c / EH)^{\frac{1}{3}}$$

$$= 2\left(\frac{2.55 \times 10^4 \times \frac{1}{12} \times 240 \times 180^3}{2\,400 \times 240}\right)^{\frac{1}{3}} = 345.7\ \text{mm}$$

（4）垫梁沿墙设置，长度应大于

$$\pi h_0 = 3.14 \times 345.7 = 1\,085.5\ \text{mm} < 1\,200\ \text{mm}$$

可知窗间墙长度满足要求。

（5）上部荷载设计值产生的平均压应力、N_0 及 N：

$$\sigma_0 = N_u / A = 180 \times 10^3 / (1\,200 \times 240) = 0.625\ \text{MPa}$$

$$N_0 = \frac{\pi b_b h_0 \sigma_0}{2} = \frac{1}{2} \times 240 \times 1\,085.5 \times 0.625 = 81.4\ \text{kN}$$

$$N = N_0 + N_l = 81.4 + 83 = 164.4\ \text{kN}$$

(6)局部受压承载力验算:

$$2.4\delta_2 f b_b h_0 = 2.4 \times 1.0 \times 1.5 \times 240 \times 345.7 = 298.7 \times 10^3 \text{N} = 298.7 \text{ kN}$$

$$N_0 + N_l = 164.4 \text{ kN} \leqslant 2.4\delta_2 f b_b h_0 = 298.7 \text{ kN}$$

故满足要求。

5.3 砌体结构轴心受拉、受弯和受剪构件的承载力计算

5.3.1 轴心受拉构件承载力计算

圆形砌体水池池壁的受力状态为轴心受拉,如图 5 - 19 所示。

砌体轴心受拉的承载力按下式计算:

$$N_t \leqslant f_t A \tag{5-31}$$

式中 N_t——轴心拉力设计值;

f_t——砌体的轴心抗拉强度设计值,应按表 3 - 12 采用。

5.3.2 受弯构件承载力计算

受弯构件要进行受弯承载力的计算,同时受弯构件的支座处存在着较大的剪力,因此还要进行抗剪承载力计算。矩形砌体水池池壁及挡土墙属于受弯构件,如图 5 - 20 所示。

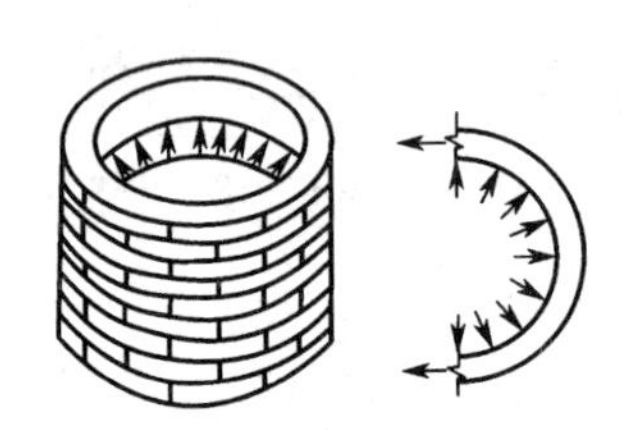

图 5 - 19 圆形水池池壁受力

图 5 - 20 挡土墙受弯图

受弯构件的受弯承载力应按下式计算:

$$M \leqslant f_{tm} W \tag{5-32}$$

式中 M——弯矩设计值;

f_{tm}——砌体弯曲抗拉强度设计值,应按表 3 - 12 采用;

W——截面抵抗矩,对于矩形截面 $W = bh^2/6$。

受弯构件的受剪承载力应按下式计算:

$$V \leqslant f_v b z \tag{5-33}$$

式中 V——剪力设计值;

f_v——砌体的抗剪强度设计值,应按表 3 - 12 采用;

b——截面宽度;

z——内力臂,当截面是矩形时为 $2h/3$,h 为截面高度。

5.3.3 受剪构件承载力计算

如图 5 - 21 所示,无拉杆拱的支座截面在拱的推力作用下承受剪力,同时上部墙体对支

座水平截面产生垂直压力。试验研究表明，无筋砌体沿通缝或沿阶梯形截面受剪破坏时的承载力不仅与砌体本身的抗剪强度有关，还与作用在截面上的正应力有关。正应力增大，内摩阻力增大，有助于抵抗剪切滑移。

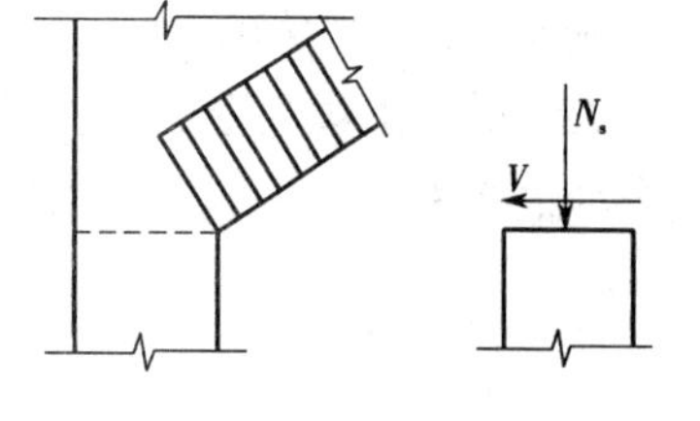

图5-21　拱支座水平截面受剪

沿通缝或沿阶梯形截面破坏时，受剪构件的承载力应按下式计算：

$$V \leqslant (f_v + \alpha\mu\sigma_0)A \tag{5-34}$$

当 $\gamma_G = 1.2$ 时，

$$\mu = 0.26 - 0.082\frac{\sigma_0}{f} \tag{5-35}$$

当 $\gamma_G = 1.35$ 时，

$$\mu = 0.23 - 0.065\frac{\sigma_0}{f} \tag{5-36}$$

式中　V——截面剪力设计值；

A——水平截面面积，当有孔洞时，取净截面面积；

f_v——砌体抗剪强度设计值，对灌孔的混凝土砌块砌体取 f_{vg}；

α——修正系数；当 $\gamma_G = 1.2$ 时，砖（含多孔砖）砌体取0.60，混凝土砌块砌体取0.64；当 $\gamma_G = 1.35$ 时，砖（含多孔砖）砌体取0.64，混凝土砌块砌体取0.66；

μ——剪压复合受力影响系数；

f——砌体的抗压强度设计值；

σ_0——永久荷载设计值产生的水平截面平均压应力，其值不应大于 $0.8f$。

例5-9　某圆形砖砌水池，壁厚370 mm，采用烧结普通砖MU10及M7.5水泥砂浆砌筑，池壁内承受环形拉力设计值 $N_t = 45$ kN/m，试验算池壁的受拉承载力。

解

（1）由表3-12查得该池壁沿灰缝截面破坏的轴心抗拉强度设计值为0.16 MPa。

（2）取1 m高池壁计算，得

$$f_tA = 0.16 \times 370 \times 1\,000 = 59\,200\ \text{N} = 59.2\ \text{kN}$$

$$N_t = 45\ \text{kN} \leqslant f_tA = 59.2\ \text{kN}$$

故池壁受拉满足要求。

例5-10　某悬臂式矩形水池壁壁高 $H = 1.5$ m（图5-22），采用MU15烧结普通砖和M10水泥砂浆砌筑，壁厚为490 mm，已算得池壁底端的弯矩 $M = 5.1$ kN·m，剪力 $V = 13.2$ kN。试验算池壁底端截面的承载力。

解

（1）可查得沿齿缝截面的弯曲抗拉强度设计值为0.33 MPa，沿通缝截面的弯曲抗拉强度设计值为0.17 MPa。取以上二者较小值计算，则抗剪强度设计值为0.17 MPa。

（2）取1 m高池壁计算：

$$W = bh^2/6 = 1\,000 \times 490^2/6 = 40.0 \times 10^6\ \text{mm}^3$$

$$f_{tm}W = 0.17 \times 40 \times 10^6 = 6.8 \times 10^6\ \text{N·mm} = 6.8\ \text{kN·m} > 5.1\ \text{kN·m}$$

$$f_vbz = 0.17 \times 1\,000 \times (2 \times 490)/3 = 55.5 \times 10^3\ \text{N} = 55.5\ \text{kN} > V = 13.2\ \text{kN}$$

故池壁底端截面的抗弯及抗剪承载力均满足要求。

例5－11 某砖砌拱体如图5－23所示，采用烧结普通砖MU15及M10混合砂浆砌筑，壁厚490 mm，沿纵向取1 m宽的拱体计算，拱支座截面的水平剪力设计值为65 kN，永久荷载设计值产生的水平截面平均压力为75 kN，试验算拱支座截面的受剪承载力（$\gamma_G=1.2$）。

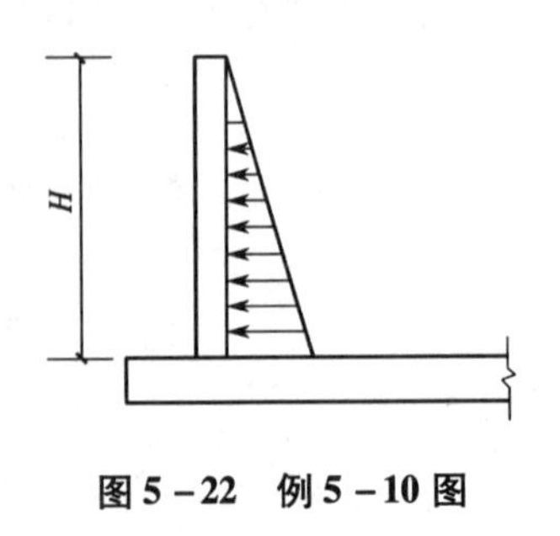

图5－22 例5－10图

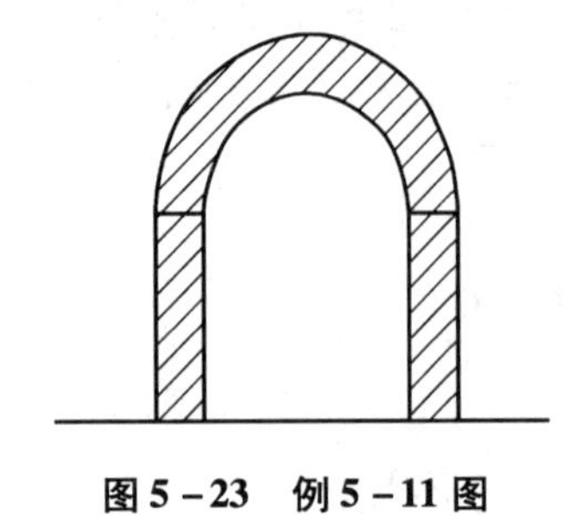

图5－23 例5－11图

解

查表得砌体的抗剪强度设计值为0.17 MPa，砌体的抗压强度设计值为2.31 MPa。

$$\sigma_0=75\times10^3/(490\times1\ 000)=0.153\ \text{MPa}<0.8f=0.8\times2.31=1.848\ \text{MPa}$$

$$\mu=0.26-0.082\frac{\sigma_0}{f}=0.26-0.082\times\frac{0.153}{2.31}=0.254\ 6$$

$$(f_v+\alpha\mu\sigma_0)A=(0.17+0.6\times0.2\ 546\times0.153)\times(490\times1\ 000)$$

$$=94.75\times10^3\ \text{N}=94.75\ \text{kN}>V=65\ \text{kN}$$

故知拱支座截面的受剪承载力满足要求。

5.4 地下室墙体的计算

在多层砖房中，有时需要设置地下室。设有地下室的房屋不仅能满足人防要求，而且由于加大了房屋的地下深度，对房屋抗震非常有利。震害调查表明，凡设有地下室的房屋，地震震害一般都较轻。对于地下水位较低的地区（如北京），可用砖砌体作为地下室外墙；但对于地下水位较高的地区（如天津），用砖砌体作为地下室外墙是不合理的，因为砖砌体的防水性能较差，很容易造成地下室渗水、积水，此时应采用钢筋混凝土墙体。

5.4.1 地下室墙体的计算方案

地下室内墙受力情况与一般楼层相同，因此其计算方法同上部楼层内墙的计算方法一致。但地下室外墙的受力较复杂，导致其计算相对烦琐。

地下室外墙的特点：墙体的内侧为使用房间，外侧为回填土，有时还有地下水。地下室顶板一般为现浇钢筋混凝土地面。无地下水时，底板一般为现浇素混凝土地面；有地下水时，底板一般采用钢筋混凝土抗渗板。地下室外墙由于承受侧压力，其厚度通常不小于上部结构的外墙厚度；为保证地下室及上部结构有较好的空间刚度，避免形成过多的梁托墙结构，地下室墙体的数量一般不应少于上部结构的墙体数量。

由于地下室的层高较小，外墙的厚度较大，横墙数量较多，因此地下室外墙可按刚性方案考虑，可不进行墙体的高厚比验算。

5.4.2 地下室外墙的荷载计算

地下室外墙的荷载除墙体自重、首层梁板及上部墙体传来的荷载外，还有回填土的侧压力、室外地面荷载及静水压力(有地下水时)。其中,首层梁板及上部墙体传来的荷载的计算方法与上部墙体荷载的计算方法相同,不再赘述。此处将对土的侧压力、静水压力(有地下水时)及室外地面荷载加以介绍。

1. 土的侧压力

1)无地下水时土的侧压力

当无地下水时,土的侧压力取静止土压力 q_{sk}。距室外地表深度为 H 处的静止土压力

$$q_{sk}=K_0\gamma_s H \tag{5-37}$$

式中　q_{sk}——静止土压力标准值;

K_0——静止土压力系数,可按表 5-9 提供的经验值酌情采用;

γ_s——回填土的天然重度,按地质勘察资料确定,一般为 18~20 kN/m^3;

H——计算点至室外地表的距离。

表 5-9　静止土压力系数 K_0 的经验值

土的种类及状态	碎石土	砂土	粉土	粉质黏土			黏土		
				坚硬	可塑	软塑	坚硬	可塑	软塑
K_0	0.18~0.25	0.25~0.33	0.33	0.33	0.43	0.54	0.33	0.54	0.72

2)有地下水时土的侧压力及静水压力

有地下水时,地下水位以上土的侧压力计算同上,但对位于地下水位以下土的侧压力应考虑水的浮力影响,并同时考虑水的压力(图 5-24)。因此,应按下式计算:

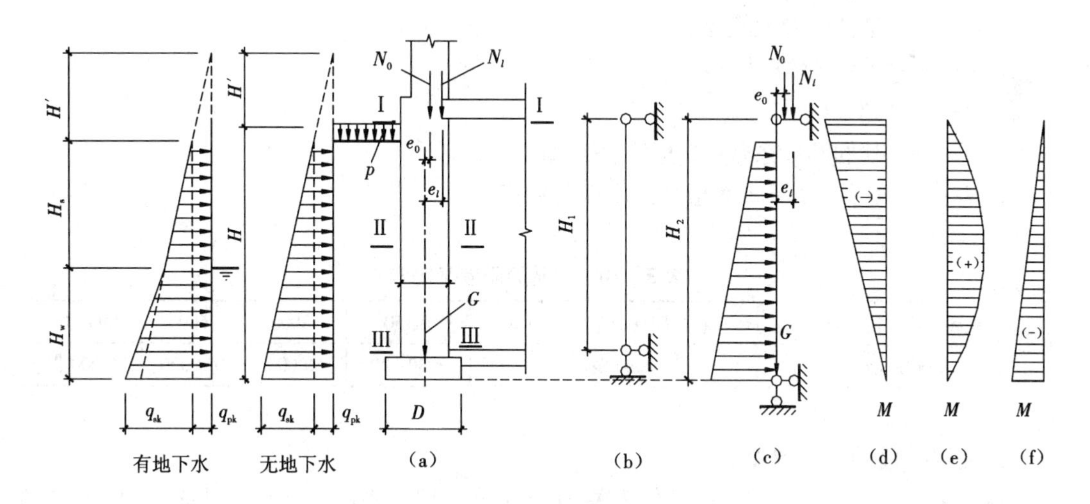

图 5-24　地下室墙的计算

$$q_{sk}=K_0\gamma_s H_s+K_0(\gamma-\gamma_w)H_w+\gamma_w H_w \tag{5-38}$$

式中　H_s——室外地面至历年来最高地下水位处的距离;

H_w——基础底面至历年来最高地下水位处的距离;

γ_w——地下水的容重,一般取 10 kN/m^3。

2. 室外地面荷载 q_{pk}

室外地面上的活荷载 p_k 一般可取 10 kN/m^2。室外地面上的活荷载产生的作用于墙面

的均布侧压力 q_{pk} 按下式计算：

$$q_{pk}=K_0 p_k \tag{5-39}$$

5.4.3 地下室外墙的计算简图及截面验算

1. 使用阶段的计算简图

地下室墙的计算简图与刚性方案墙体的计算简图类似，如图 5－24 所示。地下室墙体的上端与地下室顶板下皮水平处为铰接；墙体的下端支承于基础上，支座的性质与地下室外墙的厚度 d 和基础宽度 D 的比值有关。

(1)当 $d/D \geqslant 0.7$ 时，基础宽度较小，下端支座可以认为是铰接，这时又分以下两种情况。

①若地下室的刚度较大，如为现浇钢筋混凝土地面，且回填土的时间较晚，则可认为下端支点在地下室混凝土地面的上皮水平处，如图 5－24(b)所示。

②若不是刚性地面，或在施工期间混凝土尚未硬化就进行回填土，或者尚未浇筑混凝土地面等，则墙下端铰支点可取为基础底面水平处，如图 5－24(c)所示。

竖向荷载和水平荷载产生的弯矩分别示于图 5－24(d)和图 5－24(e)。

(2)当 $d/D<0.7$ 时，基础宽度较大，墙体下端支承可按与基础底面水平处弹性嵌固考虑。此时的弹性嵌固弯矩设计值 M(图 5－24(f))按下式计算：

$$M=\frac{M_0}{1+\frac{3E}{CH_2}\left(\frac{d}{D}\right)^3} \tag{5-40}$$

式中 M_0——按墙下端完全固定时计算的固端弯矩值设计值；

E——墙砌体的弹性模量；

d——地下室墙体的厚度；

D——基础地面的宽度；

C——地基的刚度系数，按表 5－10 取用；

H_2——地下室顶板底面至基础底面的距离。

表 5－10 地基的刚度系数 C

地基的承载力设计值（kN/m²）	≤120(龄期在两年以上的填土)	≤150	300	600	600 以上
地基的刚度系数 C(kN/m³)	15 000～30 000	≤30 000	60 000	100 000	100 000 以上

2. 使用阶段的截面验算

在上部墙体荷载 N_0、首层梁板传来的内力 N_l 作用下，墙体中产生轴力和弯矩，弯矩在地下室顶板下皮处最大，其值 $M=N_0e_0+N_le_l$，如图 5－24(d)所示。

在土的侧压力、静水压力(有地下水时)及室外地面荷载作用下，依据基础条件的不同，在墙体支座处和跨中产生弯矩，如图 5－24(e)和(f)所示。

一般对地下室外墙需要进行三个截面的验算(图 5－24(a))：

(1) Ⅰ—Ⅰ截面，即地下室外墙上部截面，按偏心受压和局部受压验算；

(2) Ⅱ—Ⅱ截面，即跨中最大弯矩截面，按跨中最大弯矩和相应轴力进行抗压强度的验算；

(3) Ⅲ—Ⅲ截面，即地下室外墙下部截面，当 $d/D>0.7$ 时，可近似按轴心受压验算其抗压强度，当基础的强度低于墙体的强度时，还应验算基础顶面的局部受压。

当采用砌体墙不能满足地下室防水要求或需满足人防要求时，地下室外墙在室外地面以下部分经常采用钢筋混凝土墙。此时地下室外墙的砌体墙部分不承受土的侧压力、静水压力(有地下水时)及室外地面荷载的作用，其下端应取至钢筋混凝土墙顶面水平处，按两端铰接验算。其计算方法与楼层外墙的计算相同。

5.4.4　施工阶段基础底面抗滑移验算

在施工阶段，当进行回填土时，土对地下室外墙产生侧压力，如果这时上部结构产生的轴力较小，应验算基础底面的抗滑移能力。需按下式进行基础底面的抗滑移验算：

$$1.2V_{sk}+1.4V_{pk}\leqslant 0.8\mu N \tag{5-41}$$

式中　V_{sk}——填土侧压力合力的标准值；

V_{pk}——室外地面施工活荷载产生的侧压力合力的标准值；

N——回填土时基础底面实际存在的轴向力设计值(有利时，分项系数取 1.0)；

μ——基础与土的摩擦系数，见表 5-11。

在地下室顶板尚未施工进行回填土时，还应按悬臂墙验算地下室外墙的强度。

表 5-11　基础与土的摩擦系数 μ

土的类别	摩擦面状态	
	干燥的	潮湿的
基础沿砂或卵石滑动	0.6	0.5
基础沿粉土滑动	0.55	0.4
基础沿黏性土滑动	0.5	0.3

例 5-12　某地下室墙如图 5-25 所示。首层墙传来轴力，标准值 $N_{0k}=90$ kN/m，设计值 $N_0=120$ kN/m；首层楼面传来的支座压力标准值 $N_{lk}=10.8$ kN/m，设计值 $N_l=14.0$ kN/m；地下室顶板厚度 $h_0=120$ mm，伸入墙内长度为 120 mm；地下室层高 2.2 m，地下室横墙间距为 3.6 m，地下室外墙厚 360 mm，用 MU15 普通砖和 M10 水泥砂浆砌筑，双面 20 mm 厚水泥砂浆抹面；基础宽度为 D，埋深自地下室地面下 600 mm，不考虑室内混凝土地面的作用；室

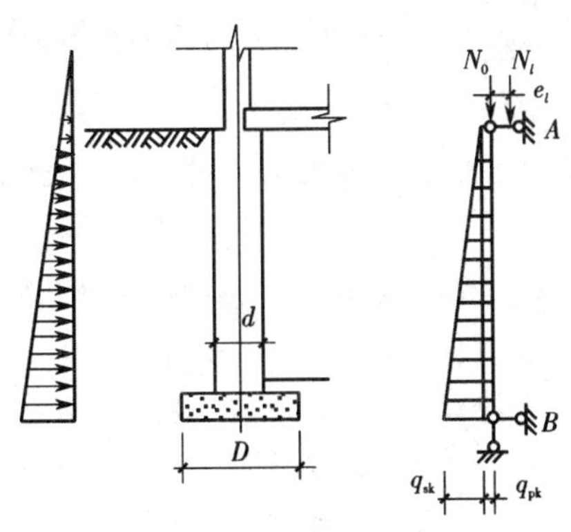

图 5-25　例 5-12 图

外回填土为粉土，土的容重 $\gamma=18\ \text{kN/m}^3$，室外地面活荷载 $p_k=10\ \text{kN/m}^2$，最高地下水位在地下室基础以下，地基的承载力设计值 $f\leq 150\ \text{kN/m}^2$。验算当基础宽度 D 分别为 490 mm、840 mm 时，该地下室外墙的承载力。

解

MU15 普通砖与 M10 水泥砂浆的砌体，满足耐久性关于材料的要求，抗压强度设计值为 2.31 MPa，由于砂浆强度不低于 M5，强度不予折减。

(1)计算单元：取 1 m 宽地下室外墙作为计算单元，上端支点在地下室顶板底面，下端支点取在基础底面处，墙体从顶板底面到基础底面的高度

$$H=2.2+0.6-0.12=2.68\ \text{m}$$

(2)土的侧压力计算。

①室外地面活荷载 p_k 对地下室外墙产生的侧压力（静止土压力系数 K_0 可由表 5－9 查得）：

标准值 $q_{pk}=K_0p_k=0.33\times10=3.3\ \text{kN/m}$

设计值 $q_p=1.4q_{pk}=1.4\times3.3=4.62\ \text{kN/m}$

②距室外地表 H 处回填土对地下室外墙产生的侧压力 q_{sk}：

标准值 $q_{sk}=K_0\gamma H=0.33\times18\times2.68=15.92\ \text{kN/m}$

设计值 $q_s=1.2q_{sk}=1.2\times15.92=19.10\ \text{kN/m}$

(3)竖向压力计算。

①首层墙传来的轴心压力标准值 $N_{0k}=90\ \text{kN/m}$，设计值 $N_0=120\ \text{kN/m}$，且 $e_0=0$。

②首层楼面传来的轴力标准值 $N_{lk}=10.8\ \text{kN/m}$，设计值 $N_l=14.0\ \text{kN/m}$；当楼板支承在墙体上时，以其实际支承长度作为其有效支承长度，则

$$a_0=120\ \text{mm}$$

$$e_l=h/2-0.4a_0=360/2-0.4\times120=132\ \text{mm}=0.132\ \text{m}$$

③墙体自重（包括双面 20 mm 厚水泥砂浆抹面）：

标准值 $G_k=0.36\times19+0.02\times20\times2=7.64\ \text{kN/m}$

设计值 $G=1.2G_k=1.2\times7.64=9.17\ \text{kN/m}$

(4)地下室外墙厚度与基础宽度之比。

①当 $D=490$ mm 时，$\dfrac{d}{D}=\dfrac{360}{490}=0.73>0.7$，可不考虑弹性嵌固的影响，按两端简支计算。

②当 $D=840$ mm 时，$\dfrac{d}{D}=\dfrac{360}{840}=0.43<0.7$，要考虑基础嵌固的影响，计算弹性嵌固弯矩。

(5)不考虑弹性嵌固影响时的跨中最大弯矩。

剪力 $V=0$ 的位置弯矩最大，以 A 点为坐标原点，极值点距坐标原点的距离为 y。

均布荷载引起的支座反力

$$R_A=R_B=4.62\times2.68/2=6.19\ \text{kN}$$

三角形分布荷载引起的支座反力

$$R_A=19.1\times2.68/6=8.53\ \text{kN}$$

$$R_B=19.1\times2.68/3=17.06\ \text{kN}$$

楼面传来的轴向力在 A 点产生的弯矩引起的支座反力

$$M_A=N_le_l=14.0\times0.132=1.848\ \text{kN}\cdot\text{m}$$

$$R_A = R_B = M/H = 1.848/2.68 = 0.69\ \text{kN}$$

A 点支座反力合力

$$R_A = 6.19 + 8.53 + 0.69 = 15.41\ \text{kN}$$

由 y 点处的 $V=0$，则有

$$15.41 - 4.62y - \frac{19.1y^2}{2 \times 2.68} = 0$$

$$y^2 + 1.30y - 4.33 = 0$$

解得 $y = 1.53$，即 $V=0$ 点距 A 点距离为 1.53 m。则有最大弯矩设计值

$$M_{\max} = 15.41 \times 1.53 - \frac{1}{2} \times 4.62 \times 1.53^2 - \frac{19.1}{6} \times \frac{1.53^3}{2.68} - 1.848$$

$$= 23.58 - 5.41 - 4.25 - 1.848 = 12.07\ \text{kN} \cdot \text{m}$$

(6)考虑嵌固影响时的基础弹性嵌固弯矩及跨中最大弯矩。

①基础底部弹性嵌固弯矩。在土侧压力和室外地面荷载作用下，墙体下部支座处的固端弯矩设计值

$$M_0 = -\frac{1}{15} \times 19.1 \times 2.68^2 - \frac{1}{8} \times 4.62 \times 2.68^2 = -9.15 - 4.15 = -13.30\ \text{kN} \cdot \text{m}$$

墙砌体的弹性模量

$$E = 1\,600f = 1\,600 \times 2.31 = 3\,696\ \text{MPa} = 3\,696 \times 10^3\ \text{kN/m}^2$$

根据地基承载力设计值，查表得地基刚度系数 $C = 30\,000\ \text{kN/m}^3$，则

$$M_B = \frac{M_0}{1 + \frac{3E}{CH_2}\left(\frac{d}{D}\right)^3} = \frac{-13.30}{1 + \frac{3 \times 3\,696 \times 10^3}{30\,000 \times 2.68}\left(\frac{0.36}{0.84}\right)^3} = -1.122\ \text{kN} \cdot \text{m}$$

②跨中最大弯矩。同上需先求出跨中最大弯矩的位置，此时 x 点处的 $V=0$，则有

$$15.41 - 4.62x - \frac{19.1x^2}{2 \times 2.68} - \frac{1.122}{2.68} = 0$$

$$x^2 + 1.30x - 4.21 = 0$$

解得 $x = 1.5$，即 $V=0$ 点距 A 点距离为 1.5 m。则有

$$M'_{\max} = 15.41 \times 1.5 - \frac{1}{2} \times 4.62 \times 1.5^2 - \frac{19.1}{6} \times \frac{1.5^3}{2.68} - 1.848 - \frac{1.5}{2.68} \times 1.122$$

$$= 23.12 - 5.20 - 4.0 - 1.848 - 0.63 = 11.44\ \text{kN} \cdot \text{m}$$

(7)截面内力计算及承载力验算。

对地下室外墙上部截面Ⅰ—Ⅰ、跨中最大弯矩截面Ⅱ—Ⅱ、地下室外墙下部截面Ⅲ—Ⅲ进行内力计算，计算过程及结论详见表5-12。

横墙间距 $s = 3.6$ m，墙高 $H = 2.68$ m，$H < s < 2H$，由表5-1得

$$H_0 = 0.4s + 0.2H = 0.4 \times 3.6 + 0.2 \times 2.68 = 1.976\ \text{m} = 1\,976\ \text{mm}$$

查表5-7得，$\gamma_\beta = 1.0$，计算 φ 的高厚比

$$\beta = \gamma_\beta \frac{H_0}{h} = 1.0 \times \frac{1\,976}{360} = 5.49 > 3$$

截面面积

$$A = 0.36 \times 1 = 0.36\ \text{m}^2$$

截面承载力验算详见表5-12（$\varphi_0 = 0.957$（用式(5-11)计算）、φ 用式(5-16)计算）。

表 5-12 内力计算表

截面	Ⅰ—Ⅰ	Ⅱ—Ⅱ		Ⅲ—Ⅲ	
		$D=490$ mm	$D=840$ mm(弹性嵌固)	$D=490$ mm	$D=840$ mm(弹性嵌固)
y	0.00	1.53	1.5	2.68	2.68
M(kN·m)	1.848	12.07	11.44	0.00	1.122
N(kN)	N_0+N_l $=120+14$ $=134$	$N_0+N_l+G\cdot y$ $=134+9.17\times1.53$ $=148.03$	$N_0+N_l+G\cdot y$ $=134+9.17\times1.5$ $=147.71$	$N_0+N_l+G\cdot y$ $=134+9.17\times2.68$ $=158.58$	$N_0+N_l+G\cdot y$ $=134+9.17\times2.68$ $=158.58$
$e=M/N$(m)	0.013 8	0.081 5	0.077 4	0	0.007 1
e/h	0.038 3	0.226	0.215	0	0.020
φ	0.893	0.501	0.522	0.957	0.927
φfA(kN)	$743.0>N$	$417.0>N$	$433.7>N$	$795.8>N$	$770.9>N$
结论	满足要求	满足要求	满足要求	满足要求	满足要求

思考题及习题

5-1 何谓墙、柱的高厚比？为何要验算砌体墙、柱的高厚比？

5-2 矩形截面墙柱、自承重墙、有门窗洞口墙、带壁柱和带构造柱墙的高厚比各如何验算？

5-3 确定受压构件承载力的影响系数 φ 时，其高厚比 β 的计算有何不同？为什么？

5-4 砌体结构受压构件的种类和各自受力特点是什么？如何计算？

5-5 受压构件承载力计算公式中的 α_1、φ_0、φ 三者之间有何区别与联系？

5-6 为什么对受压构件轴向力的偏心距加以限制？如何限制？不满足要求时，如何解决？

5-7 对偏心方向在长边的矩形截面受压构件，为什么还要对短边进行受压承载力验算？

5-8 引入砌体局部抗压强度提高系数 λ 的原因和控制理由是什么？

5-9 计算梁端支承处砌体局部受压公式中，为什么引入上部荷载影响系数 ψ，ψ 与哪些因素有关？

5-10 梁端支承处砌体局部受压与梁端设有刚性垫块的砌体局部受压承载力计算有何不同？为什么？

5-11 对刚性垫块和柔性垫梁各有哪些构造要求？

5-12 砌体结构构件抗拉、抗弯及抗剪计算有何特点？

5-13 某截面尺寸为 1 200 mm × 370 mm 的窗间墙，计算高度 $H_0=3.6$ m，采用 MU10 烧结多孔砖和 M5.0 混合砂浆砌筑，承受轴向力设计值 $N=136$ kN，偏心距为 120 mm，施工质量控制等级为 B 级，试验算该窗间墙的承载力。

5-14 某窗间墙截面尺寸为 1 200 mm × 370 mm，采用 MU10 烧结多孔砖和 M5.0 混合砂浆砌筑，墙上支承截面尺寸为 250 mm × 600 mm 的钢筋混凝土梁，支承长度为 240 mm，梁端荷载设计值产生的支承压力为 150 kN，上部荷载产生的轴向力设计值为 180 kN。试验算梁端支承处砌体的局部受压承载力。（若不满足，请分别采用设置刚性垫块和柔性垫梁的方法计算，直到满足为止。）

5-15　某房屋带壁柱墙采用 MU10 烧结多孔砖和 M5.0 混合砂浆砌筑，计算高度为 6.0 m，柱间距为 3.6 m，窗间墙宽为 1.8 m，壁柱出墙体的截面净尺寸为 370 mm×490 mm，墙厚为 240 mm，房屋静力计算方案为刚弹性方案，试验算带壁柱墙的高厚比。

第 6 章　过梁、墙梁、挑梁及圈梁

6.1　过梁

6.1.1　过梁的类型及构造

砌体结构房屋中，为了承担门、窗洞口以上的墙体自重以及承受上部墙体和楼盖传来的荷载，在门、窗洞口上设置的梁称为过梁。常用的过梁有钢筋混凝土过梁（图 6－1（a））和砖砌过梁两类。砖砌过梁按其构造不同分为钢筋砖过梁（图 6－1（b））、砖砌平拱过梁（图 6－1（c））和砖砌弧拱过梁（图 6－1（d））等。

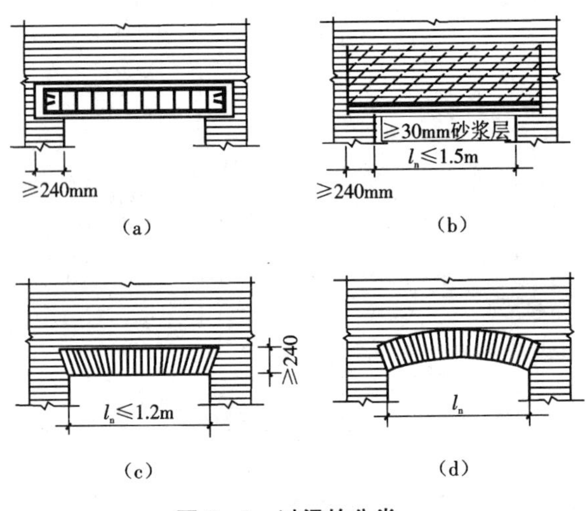

图 6－1　过梁的分类

1. 钢筋混凝土过梁

钢筋混凝土过梁具有施工方便、适用跨度较大、抗震性能好的优点，因而在地震区被广泛采用。钢筋混凝土过梁端部的支承长度不宜小于 240 mm。

2. 钢筋砖过梁

钢筋砖过梁底面砂浆层厚度不宜小于 30 mm，砂浆层内的钢筋直径不应小于 5 mm，间距不宜大于 120 mm，钢筋伸入支座砌体内的长度不宜小于 240 mm，光面钢筋在末端增设弯钩，钢筋砖过梁净跨不应超过 1.5 m。

3. 砖砌平拱过梁

将砖竖立或侧立砌成，用竖砖砌筑部分的高度不应小于 240 mm，跨度不应超过 1.2 m。

4. 砖砌弧拱过梁

将砖竖立或侧立砌成弧形，拱的跨度 l_0 与拱高 a 有关。当 $a=(1/12\sim1/8)l_0$ 时，$l_0=2.5\sim3.0$ m；当 $a=(1/6\sim1/5)l_0$ 时，$l_0=3.0\sim4.0$ m。

砖砌过梁具有造价低、节约钢筋和水泥、砌筑方便等优点，但整体性差，对振动荷载和基础不均匀沉降较敏感,跨度不宜过大。因此,在有振动或软弱地基的情况下,或门窗洞口较大时不宜采用,而采用钢筋混凝土过梁。砖砌过梁截面计算高度范围内砂浆的强度等级不宜低于 M5(Mb5、Ms5)。砖砌弧拱由于施工比较复杂,目前较少使用。

6.1.2　过梁上的荷载

过梁承受的竖向荷载有砌体自重和过梁计算高度范围内由梁、板传来的荷载。

试验表明,过梁上采用混合砂浆砌筑的砖砌体,当砌筑高度接近跨度的一半时,随着砌体高度的增长,过梁挠度增长的速度越来越慢。这是由于砌筑砂浆随时间增长而逐渐硬化,使参与受力的砌体截面高度不断增加的缘故。正是砌体和过梁的共同工作,起到拱的卸荷作用,使一部分砌体自重直接传到过梁支座上。

试验同时表明,当在砖砌体高度等于跨度的4/5左右的位置施加荷载时,过梁挠度变化极小。可以认为,在砖砌体高度等于或大于过梁跨度的位置施加荷载时,由于过梁和砌体的组合作用,部分荷载则通过组合拱作用传至砖墙,而不是单独由过梁传给砖墙支座。因此,当梁、板距过梁下边缘的高度较小时,其荷载才会传到过梁上;若梁、板位置较高,则梁、板荷载将通过下面砌体的起拱作用而直接传给支承过梁的墙。

《砌体结构设计规范》规定,过梁上的荷载按下列规定采用。

1. 墙体荷载

(1)对砖砌体,当过梁上的墙体高度 $h_w < l_n/3$ 时(l_n 为过梁净跨),墙体荷载应按墙体的均布自重采用;当过梁上的墙体高度 $h_w \geq l_n/3$ 时,应按高度为 $l_n/3$ 墙体的均布自重采用。

(2)对砌块砌体,当过梁上的墙体高度 $h_w < l_n/2$ 时,墙体荷载应按墙体的均布自重采用;当过梁上的墙体高度 $h_w \geq l_n/2$ 时,应按高度为 $l_n/2$ 墙体的均布自重采用。

2. 梁、板荷载

对砖和砌块砌体,当梁、板下的墙体高度 $h_w < l_n$ 时,过梁应计入梁、板传来的荷载;当梁、板下的墙体高度 $h_w \geq l_n$ 时,可不考虑梁、板荷载。

6.1.3　过梁承载力的计算

如前所述,过梁与过梁上的砌体形成组合结构,但由于过梁跨度一般很小,为简化计算,过梁计算不是按组合截面而是按"计算截面高度"或按钢筋混凝土截面计算。

1. 钢筋混凝土过梁

钢筋混凝土过梁的承载力,应按混凝土受弯构件计算,考虑到砌体和混凝土的组合作用,应按上述方法进行荷载取值,并按两端简支进行跨中正截面受弯承载力和支座斜截面受剪承载力计算。计算弯矩时,计算跨度取 $1.1l_n$ 与 l_n + 两端支座宽度一半二者中较大者;计算剪力时,计算跨度取净跨度。钢筋混凝土过梁还应进行梁端下砌体的局部承压验算。在验算过梁下砌体局部受压承载力时,考虑到过梁与上部砌体的组合作用使其变形减小,梁端底面压应力图形完整系数 $\eta = 1.0$;又由于过梁跨度一般很小,因而过梁端部以外尚有足够的截面可供上部荷载卸荷及提高局部抗压强度,因此可不考虑上层荷载的影响,取上部荷载折减系数 $\psi = 0$。

2. 砖砌平拱过梁

砖砌平拱应进行跨中正截面受弯承载力计算,可按式(5-32)进行验算。但其中 f_{tm} 取沿齿缝截面的弯曲抗拉强度设计值,因为支座水平推力可延缓过梁沿正截面的破坏。

砖砌平拱的受剪承载力按式(5－33)计算。

根据简支梁受弯承载力的计算特点,可以得到不同墙厚、不同砂浆强度的砖砌平拱过梁允许均布荷载设计值,见表6－1。

表6－1 砖砌平拱过梁允许均布荷载设计值[q]

墙厚/mm	240			370			490		
砂浆等级	M5	M7.5	≥M10	M5	M7.5	≥M10	M5	M7.5	≥M10
[q]/(kN/m)	8.17	10.31	11.73	12.61	15.90	18.09	16.70	21.05	23.96

注:1. 砖砌平拱的计算高度按 $l_n/3$ 考虑,在此范围内不允许开设门窗洞口和布置集中力。

2. 本表允许均布荷载设计值适用于烧结普通砖、多孔砖与混合砂浆砌筑而成的砖砌平拱。

3. 钢筋砖过梁

钢筋砖过梁同样需要进行跨中正截面受弯承载力和支座斜截面承载力验算,其中受剪承载力计算不考虑钢筋在支座处的有利作用,仍按式(5－33)计算。其受弯承载力验算公式如下(其中0.85为内力臂系数):

$$M \leqslant 0.85 h_0 f_y A_s \tag{6-1}$$

式中 M——按简支梁计算的跨中弯矩设计值;

f_y——受拉钢筋的强度设计值;

A_s——受拉钢筋的截面面积;

h_0——过梁截面的有效高度,且

$$h_0 = h - a_s$$

式中 a_s——受拉钢筋重心至截面下边缘的距离;

h——过梁的截面计算高度,取过梁底面以上的墙体高度,但不大于 $l_n/3$,当考虑梁、板传来的荷载时,则按梁、板下的高度采用。

例6－1 已知砖砌平拱过梁的构造高度为240 mm,墙厚为240 mm,过梁净跨 $l_n = 1.2$ m,采用MU7.5烧结普通砖、M5混合砂浆砌筑,求砖砌平拱过梁能承受的均布荷载。

解

查表得M5砂浆弯曲抗拉强度设计值 $f_{tm} = 0.23$ MPa。平拱截面计算高度 $h = l_n/3 = 1.2/3 = 0.4(\text{m}) = 400$ mm。

过梁的抗弯承载力由式(5－32)得

$$M = f_{tm}W = 0.23 \times 240 \times 400^2/6 = 1\ 472\ 000\ \text{N} \cdot \text{mm} = 1.472\ \text{kN} \cdot \text{m}$$

由 $M = q_1 l_n^2/8$,得

$$q_1 = 8M/l_n^2 = 8 \times 1.472/1.2^2 = 8.178\ \text{kN/m}$$

过梁的抗剪承载力由式(5－33)得

$$V = f_v bz = 0.11 \times 240 \times 400 \times 2/3 = 7\ 040\ \text{N} = 7.04\ \text{kN}$$

由 $V = q_2 l_n/2$,得

$$q_2 = 2V/l_n = 2 \times 7.04/1.2 = 11.733\ \text{kN/m}$$

取 q_1 与 q_2 中的较小值,则

$$q = 8.178\ \text{kN/m}$$

所以,砖砌平拱过梁能承受的最大均布荷载 $q = 8.178$ kN/m。与表6－1内相关数值相符。

例6-2　已知钢筋砖过梁净跨 $l_n=1.5$ m，过梁宽度与墙厚均为240 mm（$g_w=5.24$ kN/m^2），采用MU10烧结黏土砖、M7.5混合砂浆砌筑，在距窗口600 mm高度处，由楼板传来的竖向均布荷载 $g_k=4.2$ kN/m、$q_k=2.0$ kN/m，试设计该钢筋砖过梁。

解

（1）梁上荷载计算。由于 $h_w<l_n$，故需要考虑梁、板传来的荷载。因恒载较大，故恒载起控制作用，则梁上的荷载为

$$q=1.35\times(5.24\times1.5/3+4.2)+1.4\times0.7\times2.0$$
$$=1.35\times6.82+1.96=11.17\ \text{kN/m}$$

（2）受弯承载力计算。采用HPB300级钢筋，$f_y=270$ MPa。由于考虑梁、板传来的荷载，故取过梁计算高度为600 mm，则 $h_0=600-15=585$ mm，得

$$M=ql_n^2/8=11.17\times1.5^2/8=3.14\ \text{kN}\cdot\text{m}=3.14\times10^6\ \text{N}\cdot\text{mm}$$

由钢筋砖过梁计算公式 $M\leqslant0.85h_0f_yA_s$，得

$$A_s=M/(0.85h_0f_y)=3.14\times10^6/(0.85\times585\times270)=23.4\ \text{mm}^2$$

考虑钢筋砖过梁的构造要求，选取钢筋3ϕ6，$A_s=84.8$ mm^2。

（3）受剪承载力计算。查表得 $f_v=0.14$ MPa，得

$$z=\frac{2}{3}h=\frac{2}{3}\times600=400\ \text{mm}$$

$$f_vbz=0.14\times240\times400=13\ 440\ \text{N}$$

$$V_0=ql_n/2=11.17\times1.5/2=8.378\ \text{kN}=8\ 378\ \text{N}<13\ 440\ \text{N}$$

故钢筋砖过梁受剪承载力满足要求。

6.2　墙梁

当过梁的跨度较大，支承长度较小，承受的梁、板荷载较大时，过梁应按墙梁考虑。墙梁是由钢筋混凝土托梁和梁上计算高度范围内的砌体墙组成的组合构件。墙梁可以使底层形成大空间，因此适用于底层为商店、车库的多层砌体结构房屋。

6.2.1　墙梁的分类

1. 按承受的荷载分

（1）自承重墙梁：只承受托梁自重和托梁顶面以上墙体重量的墙梁，如单层房屋自承重墙的基础梁。

（2）承重墙梁：除了承受托梁自重和托梁顶面以上墙体重量外，还承受由楼盖或屋盖传来荷载的墙梁，如底层为大空间、上层为小开间时设置的墙梁。

2. 按支承情况分

墙梁按支承情况分，可分为简支墙梁（图6-2(a)）、框支墙梁（图6-2(b)）和连续墙梁（图6-2(c)）。

3. 按墙体开洞情况分

墙梁按墙体开洞情况分，可分为无洞口墙梁（图6-2(a)）和有洞口墙梁（图6-2(b)）。

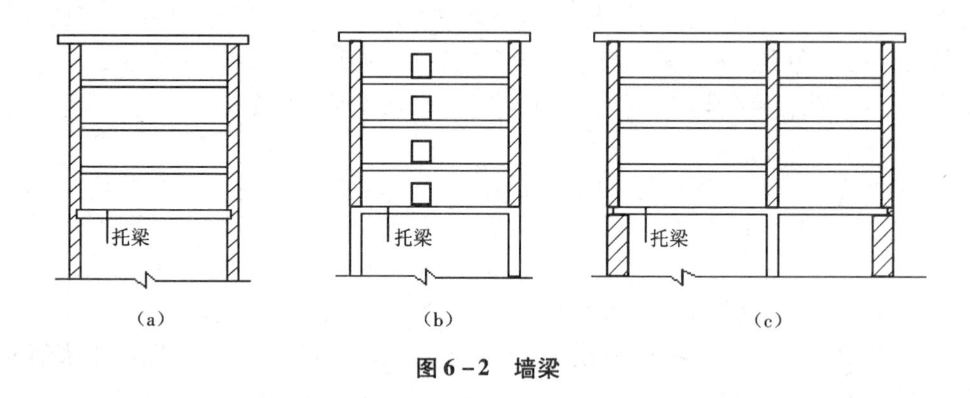

图6-2 墙梁

6.2.2 简支墙梁的受力特点和破坏形态

试验结果表明,无洞口墙梁当托梁及其上部墙体达到一定强度后,墙体和托梁共同工作而形成墙梁,其上部荷载主要通过墙体的拱作用向两边支座传递,托梁承受拉力,从加载到破坏的整个过程中,墙梁受力的总格局不会发生实质性变化,即墙梁的受力始终像一个带拉杆的拱,如图6-3(a)所示。有洞口墙梁的分析研究表明,墙体跨中段有门洞的墙梁的受力与无洞口墙梁基本一致,在斜裂缝出现后也将逐渐形成组合拱受力体系;当在靠近墙体支座开门洞时,门洞上的过梁受拉而墙体顶部受压,门洞下的托梁下部受拉而上部受压,说明托梁处与大偏心受拉状态托梁在整个受力过程中相当于一个偏心受拉构件,如图6-3(b)所示。墙梁截面的受力如图6-3(c)所示。

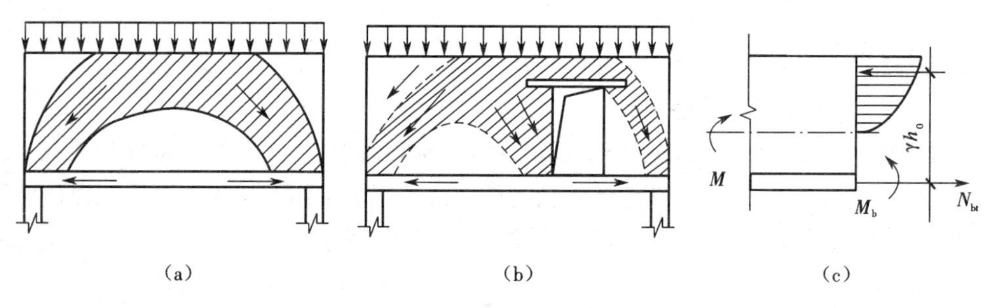

图6-3 墙梁的受力图

影响墙梁承载力的因素很多,如墙体高跨比(h_w/l_0)、托梁高跨比(h_b/l_0)、砌体强度(f)、混凝土强度(f_c)、托梁纵筋配筋率(ρ)、加荷方式、集中力作用位置、墙体开洞情况以及有无翼墙等。由于这些因素的不同,无洞口简支墙梁常发生下列几种破坏形态。

1. 弯曲破坏

当托梁配筋较少,砌体强度相对较高,而墙体高跨比 h_w/l_0 较小时,随着荷载的增加,托梁中部由下而上产生竖向垂直裂缝,并穿过托梁与墙的界面迅速上升,而托梁下部和上部纵筋均达到屈服,沿跨中垂直截面发生拉弯破坏,如图6-4(a)所示。

2. 剪切破坏

当托梁配筋较强,砌体强度相对较低,墙体高跨比 $h_w/l_0<0.75\sim0.80$ 时,则可能由于剪力引起的主拉应力较大,使支座上方的砌体出现斜裂缝,并延伸至托梁而发生砌体的剪切破坏。由于影响因素的变化,可能有以下几种破坏形式。

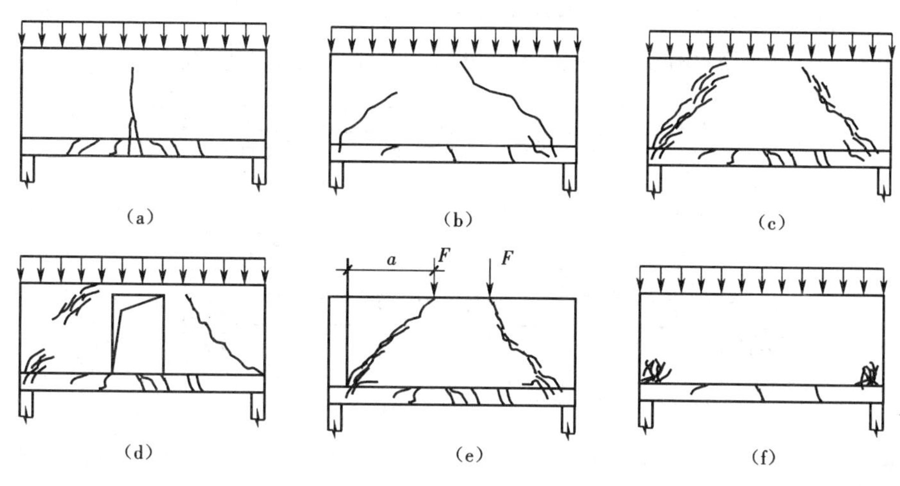

图6-4 墙梁的破坏形态

1)墙体斜拉破坏

由于砌体沿齿缝的抗拉强度不足以抵抗主拉应力,墙体出现沿阶梯形灰缝上升的比较平缓的斜裂缝,如图6-4(b)所示。一般当$h_w/l_0<0.35\sim0.40$时,砂浆强度等级较低,或有剪跨比(a_0/l_0)较大的集中荷载作用时,易发生这种破坏。这种破坏的开裂荷载与破坏荷载接近,属脆性破坏,设计中应予以避免。

2)墙体斜压破坏

当墙体高跨比$h_w/l_0=0.35\sim0.80$,或集中荷载的剪跨比(a_0/l_0)较小,且砌体强度较弱、托梁较强时,墙体往往发生破坏。这种破坏是由于砌体斜向抗压强度不足以抵抗主压应力,墙体出现斜向受压裂缝而发生的无预兆破坏,如图6-4(c)和(d)所示。

3)墙体劈裂破坏

当集中荷载较大,砌体强度较低时,在荷载的作用下,在荷载的作用点与支座垫板的连线上,有时会突然出现一条或几条几乎贯穿墙体全高的劈裂型斜裂缝,裂缝随荷载迅速发展,如图6-4(e)所示。在这种情况下,开裂荷载与破坏荷载相当接近。由于没有预兆,这种破坏很危险,在工程中应予以预防。

3. 墙体局压破坏

当$h_w/l_0>0.75\sim0.80$,托梁配筋较强,砌体相对较弱时,在顶部荷载的作用下,当超过砌体的局部抗压强度时,支座上方砌体中易发生局压破坏,如图6-4(f)所示。

试验表明,墙梁两端设置翼墙,能降低梁端墙体的垂直压应力,提高砌体局压承载能力。此外,因纵筋锚固长度不足,支座垫板、加荷垫板的尺寸或刚度较小,梁端混凝土强度过低,支承长度过小,均可能引起托梁或砌体的局部破坏,这些可采取相应的构造措施来防止。

6.2.3 连续墙梁的受力特点和破坏形态

连续墙梁是由混凝土连续托梁及支承在连续托梁计算高度范围内的墙体所组成的组合构件,如图6-5所示。墙梁顶面处应按构造要求设置圈梁并宜在墙顶拉通,以形成连续墙梁的顶梁。

试验结果表明,在弹性阶段,连续墙梁如同由托梁、墙体和顶梁组合的连续深梁,其应力分布、弯矩、剪力和支座反力均反映连续深梁的受力特点。随着跨高比l_0/H的减小,边支座反力增大，中间支座反力减小，跨中弯矩增大，支座弯矩减小。有限元分析表明，托梁大部分区段处于偏心受拉状态，中间支座附近小部分区段处于偏心受压状态。

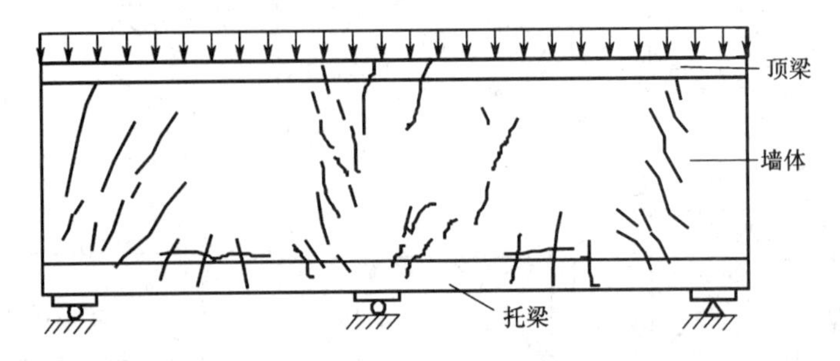

图 6-5　连续墙梁的破坏形态

随着荷载的增加，托梁跨中出现多条竖向裂缝，且很快上升到墙中，但对连续墙梁的受力影响并不显著。随后，在中间支座上方顶梁出现通长竖向裂缝，且向下延伸到墙中。当边支座或中间支座上方墙体中出现裂缝并延伸至托梁时，将对连续墙梁的受力性能产生重大影响，连续墙梁逐渐转变为连续组合拱受力体系。临近破坏时，托梁与墙体界面将出现水平裂缝。连续墙梁通常发生以下三种破坏形态。

1. 弯曲破坏

连续墙梁的弯曲破坏主要发生在跨中截面，托梁处于小偏心受拉状态而使下部和上部钢筋先后屈服，随后发生的支座截面弯曲破坏将使顶梁钢筋受拉屈服。由于跨中截面和支座截面先后出现塑性铰而使连续墙梁形成弯曲破坏机构。

2. 剪切破坏

连续墙梁剪切破坏的特征与简支梁相似。墙体剪切破坏多发生斜压破坏或集中荷载作用下的劈裂破坏。由于连续托梁分担的剪力比简支梁更大些，故中间支座处托梁剪切破坏比简支梁更容易发生。

3. 墙体局压破坏

由于中间支座分担的压力较大，故中间支座处托梁上方砌体比边支座处托梁上方砌体更容易发生局压破坏。破坏时，中间支座处托梁上方砌体产生向斜上方辐射状斜裂缝，最后导致局部砌体压碎。

6.2.4　框支墙梁的受力特点和破坏形态

框支墙梁是由混凝土框架及砌筑在框架上计算高度范围内的墙体所组成的组合构件。在多层砌体结构，如底商建筑中，经常采用框支墙梁作为承重结构，以适应较大的跨度和梁中的荷载。抗震设计的墙梁房屋，更应采用框支墙梁。

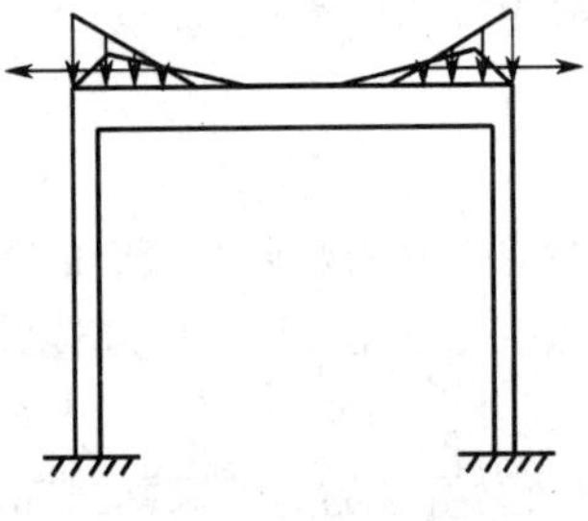

试验研究表明，框支墙梁的受力特点与简支墙梁类似，框支墙梁也经历弹性阶段、带裂缝工作阶段和破坏阶段。在弹性阶段，框支墙梁的墙体应力分布和简支墙梁、连续墙梁类似，框架在界面竖向分布力和水平分布剪力的作用下将在托梁跨中段产生弯矩、剪力和轴拉力；在中间支座托梁产生弯矩和轴压力；在框架柱中产生弯矩和轴压力，如图 6-6 所示。

图 6-6　弹性阶段框架的内力图

如图6－7所示，当加荷到破坏荷载的40%时，首先在托梁跨中截面出现竖向裂缝，并迅速上升到墙体中；当加荷到破坏荷载的70%～80%时，在墙体或托梁端部出现斜裂缝，并向托梁或墙体延伸。临近破坏时，可能在界面出现水平裂缝，在框架柱中出现竖向裂缝。自斜裂缝出现后，逐渐形成框架组合拱受力体系。框支墙梁有以下几种破坏形态。

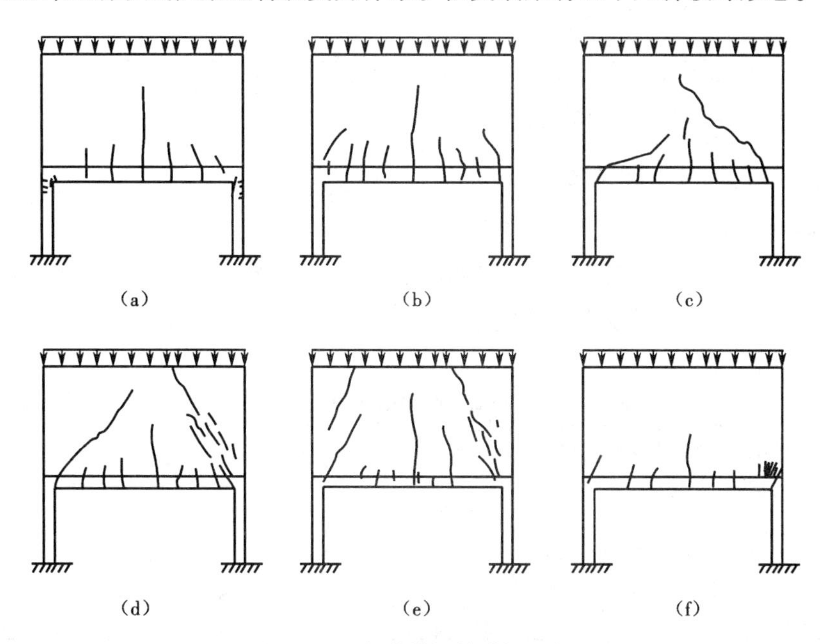

图6－7　框支墙梁的破坏形态

1. 弯曲破坏

框支墙梁弯曲破坏的形成条件：托梁或柱的配筋较少，砌体强度较高，h_w/l_0较小。

破坏特征：跨中竖向裂缝上升导致托梁纵向钢筋屈服，形成第一个塑性铰(拉弯铰)，随后出现第二个或更多的塑性铰，最终致使框支墙梁形成弯曲破坏机构而破坏。

由于第二个塑性铰出现的位置不同，导致有以下两种破坏类型：

(1)框架柱上截面外边纵向钢筋屈服，发生大偏心受压，而形成压弯铰破坏机构，形成第一类弯曲破坏机构，如图6－7(a)所示。

(2)托梁端部截面由于负弯矩使上部纵向钢筋屈服，形成第二个塑性铰，墙体出现斜裂缝，形成第二类弯曲破坏机构，如图6－7(b)所示。

2. 剪切破坏

框支墙梁剪切破坏的形成条件：托梁或柱的配筋较多，砌体强度较低，h_w/l_0适中。

破坏特征：托梁端部截面或墙体出现斜裂缝而发生剪切破坏。此时，托梁跨中和支座截面及柱上截面纵向钢筋均未屈服。当墙梁顶面荷载为均布荷载时，会发生如图6－7(c)所示的斜拉破坏和如图6－7(d)所示的斜压破坏。破坏特征及发生位置与简支墙梁和连续墙梁相似。在集中荷载作用下，还可能发生劈裂破坏。

3. 弯剪破坏

框支墙梁发生弯剪破坏的条件：托梁配筋率适中，砌体强度适中。

破坏特征：托梁受拉弯承载力和墙体受剪承载力接近；托梁跨中竖向裂缝开展并向墙中延伸很长，导致纵向钢筋屈服；与此同时，墙体斜裂缝开展导致斜压破坏；最后托梁端部上部钢筋或框架柱上截面外侧纵向钢筋也可能屈服，框支墙梁发生弯剪破坏，如图 6－7(e)所示。这是弯曲破坏和剪切破坏的界限破坏。

4. 局压破坏

局压破坏的形成条件：托梁的配筋较强，砌体强度较低，墙体高跨比较大，即 $h_w/l_0>0.75$。

其破坏发生于框架柱上方受压较大的局部砌体，其破坏特征及发生的位置与简支墙梁和连续墙梁相似，如图 6－7(f)所示。

6.2.5 墙梁计算的一般规定

1. 设计规定

墙梁设计时，按《砌体结构设计规范》的规定，采用烧结普通砖砌体、混凝土普通砖砌体、混凝土多孔砖砌体和混凝土砌块砌体的墙梁设计应符合表 6－2 的规定。

表 6－2 墙梁的一般规定

墙梁类别	墙体总高度/m	跨度/m	墙体高跨比 h_w/l_{0i}	托梁高跨比 h_b/l_{0i}	洞宽比 b_h/l_{0i}	洞高 h_h
承重墙梁	≤18	≤9	≥0.4	≥1/10	≤0.3	$\leq 5h_w/6$ 且 $h_w-h_h\geq 0.4$ m
自承重墙梁	≤18	≤12	≥1/3	≥1/15	≤0.8	—

注：1. 墙体总高度指托梁顶面到檐口的高度，带阁楼的坡屋面应算到山尖墙 1/2 高度处。

2. h_w 为墙体计算高度，h_b 为托梁截面高度，l_{0i} 为墙梁计算跨度，b_h 为洞口宽度，h_h 为洞口高度。

墙梁设计方法只能在表 6－2 规定的范围内使用。

2. 洞口设置规定

洞口对墙梁的组合作用极为不利，因此进行设计时规范对洞口的设置做了如下规定。

(1)墙梁计算高度范围内每跨允许设置一个洞口，洞口高度对窗洞取洞顶至托梁顶面距离。

(2)对自承重墙梁，洞口边至支座中心的距离不宜小于 $0.1l_{0i}$，门窗洞上口至墙顶的距离不应小于 0.5 m。

(3)洞口边缘至支座中心的距离 a_1，距边支座不应小于 $0.15l_{0i}$，距中间支座不应小于 $0.07l_{0i}$，l_{0i}为墙梁相应跨的计算跨度。托梁支座处上部墙体设置混凝土构造柱，且构造柱边缘至洞口边缘的距离不小于 240 mm 时，洞口边至支座中心距离的限值可不受本规定限制。

(4)托梁高跨比，对无洞口墙梁不宜大于 1/7，对靠近支座有洞口的墙梁不宜大于 1/6。配筋砌块砌体墙梁的托梁高跨比可适当放宽，但不宜小于 1/14；当墙梁结构中的墙体均为配筋砌块砌体时，墙体总高度可不受表 6－2 限制。

3. 墙梁的计算简图

墙梁的计算简图按图 6－8 采用，图中各计算参数按下列规定采用。

1)墙梁计算跨度 $l_0(l_{0i})$

对简支墙梁和连续墙梁取净跨的 1.1 倍，即 $1.1l_n(1.1l_{ni})$或支座中心线距离 $l_c(l_{ci})$的较小值；对框支墙梁取框架柱中心线间的距离。

2）墙体计算高度 h_w

墙体计算高度取托梁顶面上一层墙体高度（包括顶梁高度），当 $h_w > l_0$ 时，取 $h_w = l_0$（对连续墙梁和多跨框支墙梁，l_0 取各跨的平均值）。

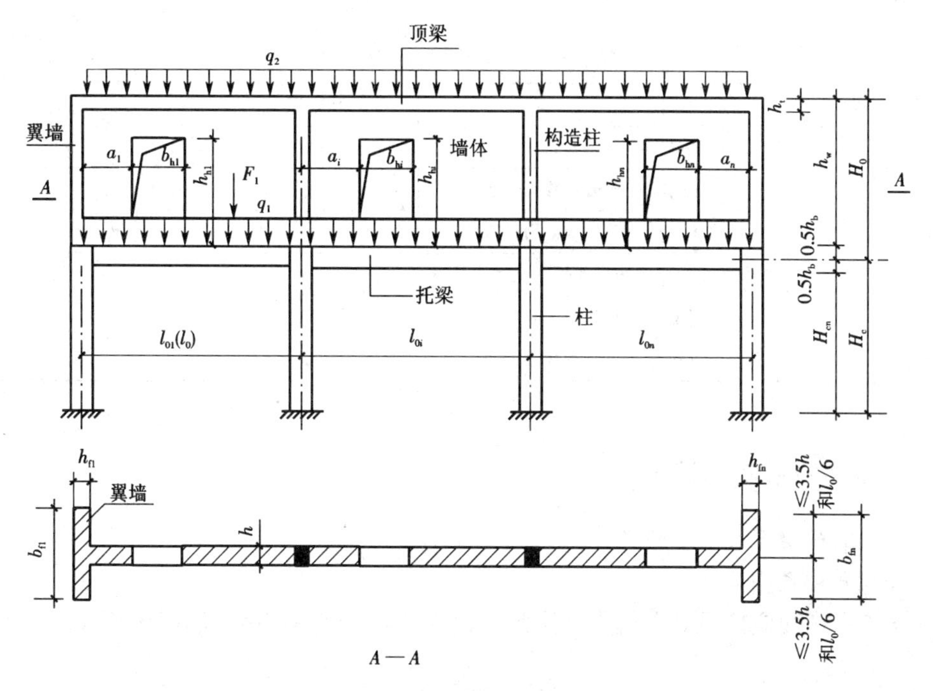

图 6-8　墙梁的计算简图

3）墙梁跨中截面计算高度 H_0

$$H_0 = h_w + 0.5h_b$$

4）翼墙的计算宽度 b_f

取窗间墙宽度或横墙间距的 2/3，且每边不大于 3.5h（h 为墙体厚度）和 $l_0/6$。

5）框架柱计算高度 H_c

$$H_c = H_{cn} + 0.5h_b$$

式中　H_{cn}——框架柱的净高，取基础顶面至托梁底面的距离。

4. 墙梁的计算荷载

在墙梁设计中，应分别按使用阶段和施工阶段作用的荷载计算。

1）使用阶段墙梁上的荷载

（1）承重墙梁：托梁顶面的荷载设计值 q_1、F_1 取托梁自重及本层楼盖的恒荷载和活荷载；墙梁顶面的荷载设计值 q_2 取托梁以上各层墙体自重以及墙梁顶面以上各层楼（屋）盖的恒荷载和活荷载，集中荷载可沿作用的跨度近似化为均布荷载。

（2）自承重墙梁：墙梁顶面的荷载设计值 q_2 取托梁自重及托梁以上墙体自重。

2）施工阶段托梁上的荷载

（1）托梁自重及本层楼盖的恒荷载。

（2）本层楼盖的施工荷载。

（3）墙体自重，可取高度为 $l_{0max}/3$ 的墙体自重（l_{0max} 为各计算跨度的最大值），开洞时尚应按洞顶以下实际分布的墙体自重复核。

5. 墙梁承载力计算

墙梁承载力计算内容见表6－3。

表6－3 墙梁承载力计算内容

阶 段	计 算 内 容	承重墙梁	自承重墙梁
使用阶段	托梁正截面承载力计算	√	√
	托梁斜截面受剪承载力计算	√	√
	墙体斜截面受剪承载力计算	√	
	托梁支座上部砌体局部受压承载力计算	√	
施工阶段	托梁正截面承载力验算	√	√
	托梁斜截面受剪承载力验算	√	√

6.2.6 墙梁的承载力计算

1. 墙梁的托梁正截面承载力计算

1)托梁跨中截面

托梁跨中截面应按混凝土偏心受拉构件计算，第 i 跨跨中最大弯矩设计值 M_{bi} 及轴心拉力 N_{bti} 可按下列公式计算：

$$M_{bi}=M_{1i}+\alpha_M M_{2i} \tag{6-2}$$

$$N_{bti}=\eta_N\frac{M_{2i}}{H_0} \tag{6-3}$$

(1)当为简支墙梁时：

$$\alpha_M=\psi_M(1.7\frac{h_b}{l_0}-0.03) \tag{6-4}$$

$$\psi_M=4.5-10\frac{a}{l_0} \tag{6-5}$$

$$\eta_N=0.44+2.1\frac{h_w}{l_0} \tag{6-6}$$

(2)当为连续墙梁和框支墙梁时：

$$\alpha_M=\psi_M(2.7\frac{h_b}{l_{0i}}-0.08) \tag{6-7}$$

$$\psi_M=3.8-8.0\frac{a_i}{l_{0i}} \tag{6-8}$$

$$\eta_N=0.8+2.6\frac{h_w}{l_{0i}} \tag{6-9}$$

式中 M_{1i}——在荷载设计值 q_1、F_1 作用下的简支梁跨中弯矩或按连续梁、框架分析的托梁第 i 跨跨中最大弯矩；

M_{2i}——在荷载设计值 q_2 作用下的简支梁跨中弯矩或按连续梁、框架分析的托梁第 i 跨跨中最大弯矩；

α_M——考虑墙梁组合作用的托梁跨中截面弯矩系数，可按式(6－4)或式(6－7)计算，但对自承重简支墙梁应乘以折减系数0.8，当式(6－4)中的$h_b/l_0>1/6$时，取$h_b/l_0=1/6$；当式(6－7)中的$h_b/l_{0i}>1/7$时，取$h_b/l_{0i}=1/7$；当计算值大于1时，取1；

ψ_M——洞口对托梁跨中截面弯矩的影响系数，对无洞口墙梁取1.0，对有洞口墙梁可按式(6－5)或式(6－8)计算；

η_N——考虑墙梁组合作用的托梁跨中截面轴力系数，可按式(6－6)或式(6－9)计算，但对自承重简支墙梁应乘以折减系数0.8，当$h_w/l_{0i}>1$时，取$h_w/l_{0i}=1$；

a_i——洞口边缘至墙梁最近支座中心的距离，当$a_i>0.35l_{0i}$时，取$a_i=0.35l_{0i}$。

2)托梁支座截面

托梁支座截面应按混凝土受弯构件计算，第j支座的弯矩设计值M_{bj}可按下式计算：

$$M_{bj}=M_{1j}+\alpha_M M_{2j} \tag{6-10}$$

$$\alpha_M=0.75-\frac{a_i}{l_{0i}} \tag{6-11}$$

式中 M_{1j}——在荷载设计值q_1、F_1作用下按连续梁或框架分析的托梁第j支座截面的弯矩设计值；

M_{2j}——在荷载设计值q_2作用下按连续梁或框架分析的托梁第j支座截面的弯矩设计值；

α_M——考虑墙梁组合作用的托梁支座截面弯矩系数，无洞口墙梁取0.4，有洞口墙梁可按式(6－11)计算。

2.墙梁的托梁斜截面受剪承载力计算

托梁一般都后于墙体发生剪切破坏，仅当托梁混凝土强度等级较低，箍筋较少时才先于墙体发生剪切破坏。托梁斜截面受剪承载力应按混凝土受弯构件计算，第j支座边缘截面的剪力设计值V_{bj}可按下式计算：

$$V_{bj}=V_{1j}+\beta_v V_{2j} \tag{6-12}$$

式中 V_{1j}——在荷载设计值q_1、F_1作用下按简支梁、连续梁或框架分析的托梁第j支座边缘截面剪力设计值；

V_{2j}——在荷载设计值q_2作用下按简支梁、连续梁或框架分析的托梁第j支座边缘截面剪力设计值；

β_v——考虑墙梁组合作用的托梁剪力系数，无洞口墙梁边支座截面取0.6、中间支座截面取0.7；有洞口墙梁边支座截面取0.7、中间支座截面取0.8；对自承重墙梁，无洞口时取0.45，有洞口时取0.5。

3.墙梁的墙体受剪承载力计算

试验表明，墙梁的墙体剪切破坏常发生于$h_w/l_0<0.75\sim0.80$、托梁较强、砌体相对较弱的情况。墙梁的墙体受剪承载力可按下式验算：

$$V_2\leqslant\xi_1\xi_2(0.2+h_b/l_{0i}+h_t/l_{0i})fhh_w \tag{6-13}$$

式中 V_2——在荷载设计值q_2作用下墙梁支座边缘截面剪力的最大值；

ξ_1——翼墙影响系数，对单层墙梁取1.0，对多层墙梁，当$b_f/h=3$时取1.3，当$b_f/h=7$时取1.5，当$3<b_f/h<7$时按线性插入取值；

ξ_2——洞口影响系数，无洞口墙梁取1.0，多层有洞口墙梁取0.9，单层有洞口墙梁取

0.6；

h_t——墙梁顶面圈梁截面高度。

当墙梁支座处墙体中设置上、下贯通的构造柱，且其截面不小于240 mm×240 mm时，可不验算墙梁的墙体受剪承载力；

4. 托梁支座上部砌体局部受压承载力计算

试验表明，托梁支座上部砌体因竖向正应力集中而引起的砌体局部受压破坏常发生于$h_w/l_0>0.75\sim0.80$，且无翼墙、砌体强度较低的情况。托梁支座上部砌体局部受压承载力可按下式验算：

$$q_2 \leqslant \zeta f h \tag{6-14}$$

$$\zeta = 0.25 + 0.08 b_f / h \tag{6-15}$$

式中 ζ——局压系数。

当$b_f/h \geqslant 5$或墙梁支座处设置上、下贯通的落地构造柱（截面不小于240 mm×240 mm）时可不验算局部受压承载力。

5. 托梁在施工阶段的承载力验算

墙梁是在托梁上砌筑墙体形成的，除应限制计算高度范围内墙体每天的砌筑高度、严格进行施工质量控制外，尚应进行托梁在施工荷载作用下的承载力验算，以确保施工安全。

在施工阶段，当砌体强度没有达到设计要求之前，墙梁尚未形成组合作用。此时，托梁应按混凝土受弯构件进行施工阶段的受弯、受剪承载力验算，作用在托梁上的荷载也按施工阶段的荷载采用。

6. 多跨框支墙梁边框支柱的轴力修正

对多跨框支墙梁的框支边柱，当柱的轴向压力增大对承载力不利时，在墙梁顶面荷载设计值q_2作用下的轴向压力值应乘以修正系数1.2。

6.2.7 墙梁的构造要求

为了使托梁与墙体具有良好的共同工作性能，墙梁除应符合设计规定、满足承载力要求外，还应符合下列构造要求。

1. 材料

（1）托梁和框支柱的混凝土强度等级不应低于C30。

（2）纵向钢筋宜采用HRB335、HRB400或RRB400级钢筋。

（3）承重墙梁的块体强度等级不应低于MU10，计算高度范围内墙体的砂浆强度等级不应低于M10（Mb10）。

2. 墙体

（1）框支墙梁的上部砌体房屋以及设有承重的简支墙梁或连续墙梁的房屋，应满足刚性方案房屋的要求。

（2）墙梁的计算高度范围内的墙体厚度，对砖砌体不应小于240 mm，对混凝土砌块砌体不应小于190 mm。

（3）墙梁洞口上方应设置混凝土过梁，其支承长度不应小于240 mm，洞口范围内不应施加集中荷载。

（4）承重墙梁的支座处应设置落地翼墙，翼墙厚度对砖砌体不应小于240 mm，对混凝土砌块砌体不应小于190 mm，翼墙宽度不应小于墙梁墙体厚度的3倍，并与墙梁墙体同时砌筑；当不能设置翼墙时，应设置落地且上、下贯通的构造柱。

（5）当墙梁墙体在靠近支座1/3跨度范围内开洞时，支座处应设置落地且上、下贯通的混凝土构造柱，并应与每层圈梁连接。

（6）墙梁计算高度范围内的墙体，每天可砌高度不应超过1.5 m，否则应加设临时支撑。

3. **托梁**

（1）托梁两侧各两个开间的楼盖应采用现浇混凝土楼盖，楼板厚度不宜小于120 mm，当楼板厚度大于150 mm时，应采用双层双向钢筋网，楼板上应少开洞；洞口尺寸大于800 mm时，应设洞口边梁。

（2）托梁每跨底部的纵向受力钢筋应通长设置，不得在跨中弯起或截断；钢筋连接应采用机械连接或焊接。

（3）托梁跨中截面的纵向受力钢筋总配筋率不应小于0.6%。

（4）托梁上部通长布置的纵向钢筋面积与跨中下部纵向钢筋面积的比值不应小于0.4，连续墙梁或多跨框支墙梁的托梁支座上部附加纵向钢筋从支座边缘算起每边延伸长度不应小于$l_0/4$。

（5）承重墙梁的托梁在砌体墙、柱上的支承长度不应小于350 mm，纵向受力钢筋伸入支座长度应符合受拉钢筋的锚固要求。

（6）当托梁截面高度$h_b \geqslant 450$ mm时，应沿梁截面高度设置通长水平腰筋，其直径不应小于12 mm，间距不应大于200 mm。

（7）对于洞口偏置的墙梁，其托梁的箍筋加密区范围应延伸到洞口外，距洞边的距离大于或等于托梁截面高度h_b（图6－9），箍筋直径不应小于8 mm，间距不应大于100 mm。

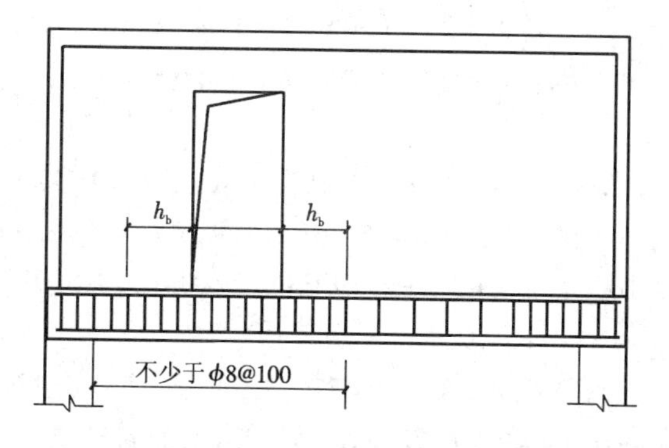

图6－9　偏开洞口时托梁箍筋加密区

例6－3　某单跨承重墙梁剖面如图6－10所示。其中：托梁截面$b_b \times h_b = 0.25\ \text{m} \times 0.75\ \text{m}$，洞口$b_h \times h_h = 1.8\ \text{m} \times 2\ \text{m}$，$l_0 = 6.05$ m，$H_0 = 3.225$ m，$h_w = 2.85$ m，$h_f = 0.24$ m，$b_{f1}' = 1.5$ m，$b_{f2} = 1.65$ m，$a = 1.275$ m，$a_s = 1.5$ m，混凝土强度等级为C35，主筋为HRB335级钢筋，箍筋为HPB300级钢筋，砖强度等级为MU15，混合砂浆强度等级为M10，荷载设计值$q_1 = 25$ kN/m，$q_2 = 95$ kN/m。

试：（1）验算该墙梁；（2）计算托梁跨中截面的弯矩M_b和轴心拉力N_b；（3）计算墙体的斜截面受剪承载力；（4）计算托梁支座截面的剪力设计值V_b；（5）计算局部受压承载力。

解

（1）验算该墙梁。

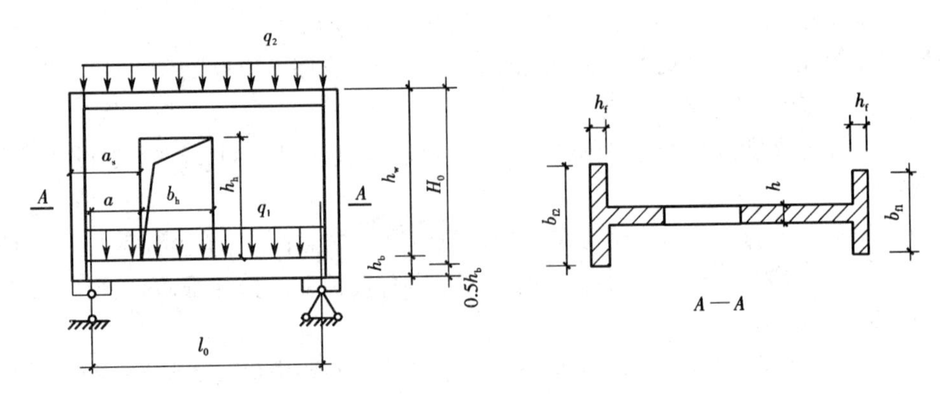

图 6-10 例 6-3 图

墙体总高度 $h_w = 2.85\ \text{m} < 18\ \text{m}$

跨度 $l_0 = 6.05\ \text{m} < 9\ \text{m}$

墙体高跨比 $h_w/l_0 = 2.85/6.05 = 0.471 > 0.4$

托梁高跨比 $h_b/l_0 = 0.75/6.05 = 0.124 > 0.1$

洞宽比 $b_h/l_0 = 1.8/6.05 = 0.298 < 0.3$

洞高 $h_h = 2\ \text{m} \leqslant 5h_w/6 = 2.375\ \text{m}$

$h_w - h_h = 2.85 - 2 = 0.85\ \text{m} > 0.4\ \text{m}$

该墙梁全部符合要求,可以进行下一步计算。

(2)计算托梁跨中截面的弯矩 M_b 和轴心拉力 N_b。

①确定 M_1、M_2:

$$M_1 = q_1 l_0^2/8 = 25 \times 6.05^2/8 = 114.38\ \text{kN} \cdot \text{m}$$

$$M_2 = q_2 l_0^2/8 = 95 \times 6.05^2/8 = 434.65\ \text{kN} \cdot \text{m}$$

②计算弯矩系数 α_M:

$$h_b/l_0 = 0.124 < 1/6 = 0.167 \quad 取\ h_b/l_0 = 0.124$$

$$\psi_M = 4.5 - 10a/l_0 = 4.5 - 10 \times 1.275/6.05 = 2.39$$

$$\alpha_M = \psi_M(1.7h_b/l_0 - 0.03) = 2.39 \times (1.7 \times 0.124 - 0.03) = 0.432$$

③计算轴力系数 η_N:

$$h_w/l_0 = 2.85/6.05 = 0.471 < 1 \quad 取\ h_w/l_0 = 0.471$$

$$\eta_N = 0.44 + 2.1h_w/l_0 = 0.44 + 2.1 \times 0.471 = 1.43$$

④计算 M_b:

$$M_b = M_1 + \alpha_M M_2 = 114.38 + 0.432 \times 434.65 = 302.15\ \text{kN} \cdot \text{m}$$

⑤计算 N_b:

$$N_b = \eta_N M_2/H_0 = 1.43 \times 434.65/3.225 = 192.73\ \text{kN} \cdot \text{m}$$

(3)计算墙体的斜截面受剪承载力。由题设单层有洞口墙梁知 $\xi_1 = 1.0$,$\xi_2 = 0.6$,$h_t = 0$;对砖 MU15 和混合砂浆 M10,$f = 2.31\ \text{MPa}$。

$$\xi_1\xi_2(0.2 + h_b/l_0 + h_t/l_0)fhh_w$$

$$= 1.0 \times 0.6 \times (0.2 + 0.75/6.05 + 0) \times 2.31 \times 10^3 \times 0.24 \times 2.85$$

$$= 307.13\ \text{kN}$$

$$a_s - a = 1.5 - 1.275 = 0.225\ \text{m}$$

$$l_n = l_0 - 2 \times 0.225 = 6.05 - 0.45 = 5.6\ \text{m}$$

$$V_2 = q_2 l_n / 2 = 95 \times 5.6/2 = 266\ \text{kN} < 307.13\ \text{kN}$$

故满足要求。

(4)计算托梁支座截面的剪力设计值 V_b。

$$V_1 = q_1 l_n / 2 = 25 \times 5.6/2 = 70\ \text{kN}$$

$$V_2 = q_2 l_n / 2 = 95 \times 5.6/2 = 266\ \text{kN}$$

$$\beta_v = 0.7$$

$$V_b = V_1 + \beta_v V_2 = 70 + 0.7 \times 266 = 256.2\ \text{kN}$$

(5)计算局部受压承载力。

$$b_{f1}/h = 1.5/0.24 = 6.25 > 5$$

故可不验算局部受压承载力。

6.3　挑梁

在砌体结构房屋中,挑梁是嵌固在砌体中的悬挑式钢筋混凝土梁,是一种常用的混凝土构件。它一端嵌入墙内,另一端挑出墙外,嵌入端依靠压在其上部的砌体重量及上部荷载来平衡悬挑部分承担的荷载,主要用于雨篷、阳台、挑檐和悬挑楼梯等部位。由于挑梁实际上是与砌体共同工作的,其受力比较特殊,除需进行挑梁本身的承载力计算外,还要进行挑梁的抗倾覆验算、挑梁下砌体局部受压承载力验算等。

6.3.1　挑梁的受力特点及破坏形态

如图6-11所示挑梁的嵌固部分承受着上部砌体及其传递下来的荷载作用,实际上是与砌体共同作用的。当悬挑端受到外荷载 P 的作用后,挑梁 A 处的上、下界面上就分别产生拉、压应力。随着荷载的增大,挑梁的上表面与上部砌体脱开,而出现水平裂缝。随着荷载的进一步增大,在挑梁埋入端尾部 B 处的下表面与下部砌体脱开,而出现水平裂缝。

如果挑梁本身的承载力能够保证,则挑梁在砌体中可能有下列两种形式的破坏形态。

1. 挑梁倾覆破坏

当悬臂荷载较大,而挑梁埋入端砌体强度较高,且埋入段长度较短,就可能在挑梁尾端处角部砌体中产生阶梯形斜裂缝。随着这条斜裂缝进一步加宽、延伸,如果斜裂缝范围内砌体及其上部荷载不能有效地抵抗挑梁的倾覆,挑梁即发生倾覆破坏。

2. 挑梁下砌体局部受压破坏

当挑梁埋入端砌体强度较低,而埋入段长度较长时,在尾部斜裂缝发展的同时,下界面水平裂缝也在延伸,挑梁下砌体受压区长度减小,砌体压应力增大。若压应力超过了砌体局部抗压强度,挑梁下的砌体将发生局部受压破坏。

6.3.2　挑梁的抗倾覆验算

挑梁发生倾覆破坏是由于外力产生的倾覆力矩 M_{ov} 大于砌体及上部荷载所产生的抗倾覆力矩 M_r。计算简图如图6-12所示。

砌体中钢筋混凝土挑梁的抗倾覆可按下式进行验算:

$$M_{ov} \leqslant M_r \tag{6-16}$$

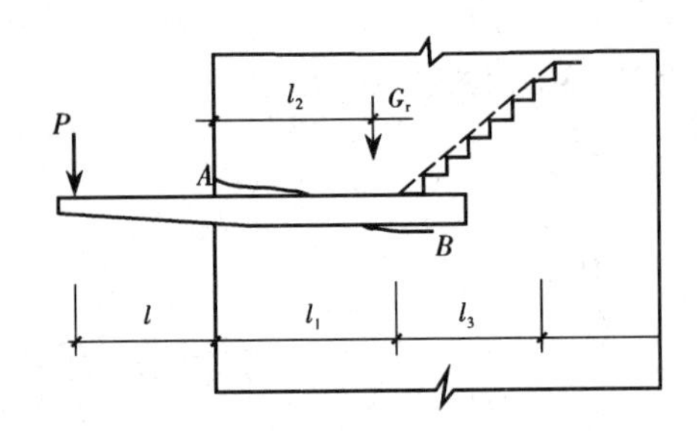

图 6-11 挑梁受力分析示意图

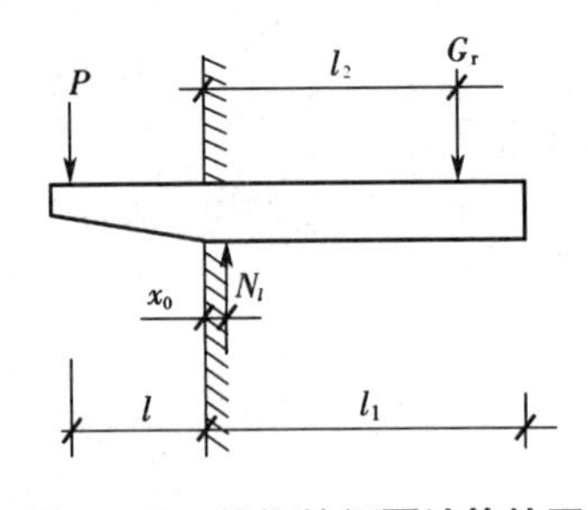

图 6-12 挑梁抗倾覆计算简图

$$M_r = 0.8G_r(l_2 - x_0) \tag{6-17}$$

式中 M_{ov}——挑梁的荷载设计值对计算倾覆点产生的倾覆力矩；

M_r——挑梁的抗倾覆力矩设计值；

G_r——挑梁的抗倾覆荷载，为挑梁尾端上部45°扩展角的阴影范围(其水平长度为l_3)内本层的砌体与楼面恒荷载标准值之和(图6-13)，当上部楼层无挑梁时，抗倾覆荷载中可计及上部楼层的楼面永久荷载；

l_2——G_r 作用点至墙外边缘的距离(mm)；

x_0——计算倾覆点至墙外边缘的距离(mm)。

x_0 可按下列规定计算。

(1)当 $l_1 \geqslant 2.2h_b$ 时，$x_0 = 0.3h_b$，且不大于 $0.13l_1$。

(2)当 $l_1 < 2.2h_b$ 时，$x_0 = 0.13l_1$。其中，l_1 为挑梁埋入砌体墙中的长度(mm)，h_b 为挑梁的截面高度(mm)。

(3)当挑梁下有混凝土构造柱或垫梁时，计算倾覆点至墙外边缘的距离可取 $0.5x_0$。

在确定挑梁抗倾覆荷载时，需注意以下几点。

(1)若墙体无洞口，当 $l_3 \leqslant l_1$ 时，则取 l_3 长度范围内45°扩展角的砌体和楼盖的恒荷载标准值之和，如图6-13(a)所示；当 $l_3 > l_1$ 时，则取 l_1 长度范围内45°扩展角的砌体和楼盖的恒荷载标准值之和，如图6-13(b)所示。

(2)若墙体有洞口，且洞口内边至挑梁埋入端尾部距离大于或等于370 mm时，则 G_r 取法同上(应扣除洞口墙体自重)，如图6-13(c)所示；否则只能考虑墙外边至洞口外边范围内的本层砌体和楼盖的恒荷载标准值，如图6-13(d)所示。

(3)式(6-17)中的系数0.8是考虑恒载起有利作用时的荷载分项系数。

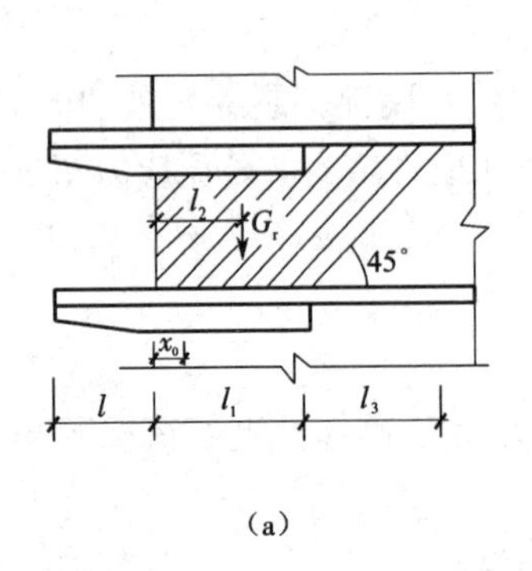

(a)

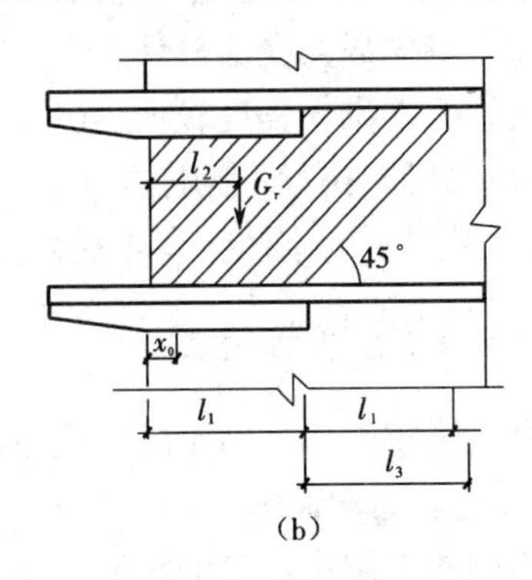

(b)

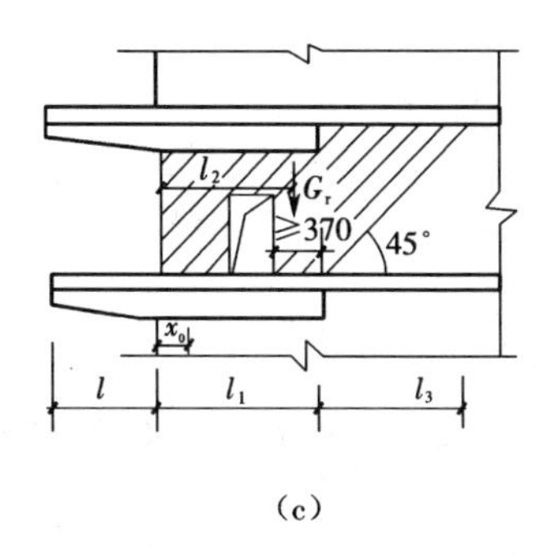

(c)

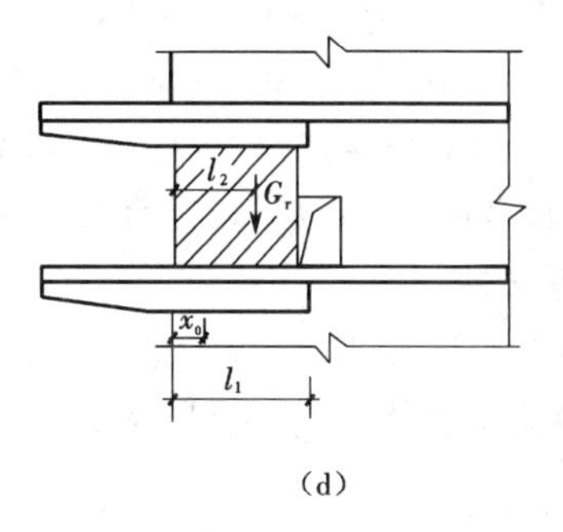

(d)

图6-13　挑梁的抗倾覆荷载

例6-4　承托阳台的钢筋混凝土挑梁(图6-14)埋置于T形截面墙段,挑出长度 $l=1.5$ m,埋入长度 $l_1=1.65$ m,挑梁根部断面 $b_b \times h_b=240$ mm × 300 mm,挑梁上部墙体净高2.86 m,墙厚240 mm,采用MU10砖与M5.0混合砂浆砌筑,墙体自重标准值为5.24 kN/m²。墙体及屋面楼盖传给挑梁的荷载:活荷载 $q_1=4.13$ kN/m,$q_2=4.95$ kN/m,$q_3=1.65$ kN/m,活荷载组合值系数 $\psi_c=0.7$;静荷载 $g_1=4.85$ kN/m,$g_2=9.70$ kN/m,$g_3=15.2$ kN/m。挑梁自重标准值约为1.35 kN/m,埋入部分自重标准值为2.20 kN/m,恒载集中力标准值 $F=4.5$ kN。试设计该挑梁。

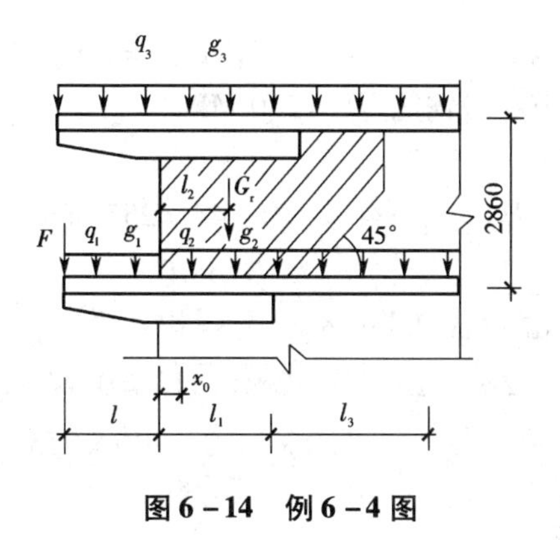

图6-14　例6-4图

解

(1)抗倾覆验算。

①x_0的计算:

$$l_1=1.65\ \text{m}>2.2h_b=2.2\times300=660\ \text{mm}=0.66\ \text{m}$$

$$x_0=0.3h_b=0.3\times0.3=0.09\ \text{m}<0.13l_1=0.13\times1.65=0.2145\ \text{m}$$

②挑梁的倾覆力矩设计值 M_{ov},经计算以永久荷载控制:

$$\begin{aligned}M_{ov}&=\gamma_G M_{ovGk}+\gamma_Q\psi_c M_{ovQk}\\&=1.35\times[4.5\times(1.5+0.09)+(1.35+4.85)\times1.5\times(1.5/2+0.09)]+1.4\times\\&\quad 0.7\times4.13\times1.5\times(1.5/2+0.09)\\&=20.21+5.10=25.31\ \text{kN}\cdot\text{m}\end{aligned}$$

③挑梁的抗倾覆力矩设计值 M_r:

$$\begin{aligned}M_r&=0.8\times G_r(l_2-x_0)\\&=0.8\times[(9.7+2.2)\times1.65\times(1.65/2-0.09)+5.24\times1.65\times2.86\times(1.65/2-0.09)+\end{aligned}$$

$$5.24\times1.65^2/2\times(1.65-0.09+1.65/3)+$$
$$5.24\times1.65\times(2.86-1.65)\times(1.65-0.09+1.65/2)]$$
$$=0.8\times[14.43+18.17+15.05+24.95]$$
$$=58.08\ \text{kN}\cdot\text{m}>M_{ov}=25.31\ \text{kN}\cdot\text{m}$$

满足抗倾覆要求。

注意:在计算 M_r时,G_r仅考虑楼盖静荷载标准值。

(2)挑梁下砌体的局部受压承载力验算。知 $\eta=0.7,\gamma=1.50$(对 T 形截面墙段),$f=1.50$ MPa,得

$$A_l=1.2b_bh_b=1.2\times240\times300=86\ 400\ \text{mm}^2$$

$$R=1.20\times[1.50\times(4.85+1.35)+4.5]+1.40\times1.50\times4.13=25.23\ \text{kN}$$

$$N_l=2R=50.46\ \text{kN}$$

$$\eta\gamma fA_l=0.7\times1.5\times1.50\times86\ 400\times10^{-3}=136.08\ \text{kN}>N_l=50.46\ \text{kN}$$

故满足要求。

(3)挑梁本身的承载力计算。由于倾覆点不在墙边而在离墙边 x_0处以及墙内挑梁上下界面压应力的作用,最大弯矩设计值 M_{max}在接近 x_0处,最大剪力设计值 V_{max}在墙边,即 $M_{max}=M_{ov},V_{max}=R$。

$$M_{max}=M_{ov}=25.31\ \text{kN}\cdot\text{m}$$

选用 C30 混凝土($f_c=14.3$ MPa, $f_t=1.43$ MPa,$\beta_c=1.0$),纵筋采用 HRB335 级钢筋($f_y=300$ MPa),箍筋采用 HPB300 级钢筋($f_{yv}=270$ MPa)。

①计算纵筋:

$$h_{b0}=h_b-45=300-45=255\ \text{mm}$$

$$\alpha_s=\frac{M}{\alpha_1f_cbh_{b0}^2}=\frac{25.31\times10^6}{1.0\times14.3\times240\times255^2}=0.113$$

$$\xi=1-\sqrt{1-2\alpha_s}=1-\sqrt{1-2\times0.113}=0.12<\xi_b=0.550$$

$$A_s=\xi\frac{\alpha_1f_cbh_{b0}}{f_y}=0.12\times\frac{1.0\times14.3\times240\times255}{300}=350\ \text{mm}^2$$

选 2 ⌀ 16,$A_s=402\ \text{mm}^2$。

②计算箍筋:

$$V\leqslant0.25\beta_cf_cbh_{b0}=0.25\times1.0\times14.3\times240\times255\times10^{-3}=218.79\ \text{kN}>25.23\ \text{kN}$$

故截面尺寸符合要求。

$$0.7f_tbh_{b0}=0.7\times1.43\times240\times255\times10^{-3}=87.52\ \text{kN}>V_{max}=25.23\ \text{kN}$$

故只需按构造配置箍筋,选双肢箍 ϕ6@200。

6.3.3 雨篷等悬挑构件的抗倾覆验算

雨篷等悬挑构件抗倾覆验算仍可按式(6-16)和式(6-17)进行。抗倾覆荷载 G_r 可按图 6-15 确定。G_r 至墙外边缘的距离 $l_2=l_1/2,l_3=l_n/2$。

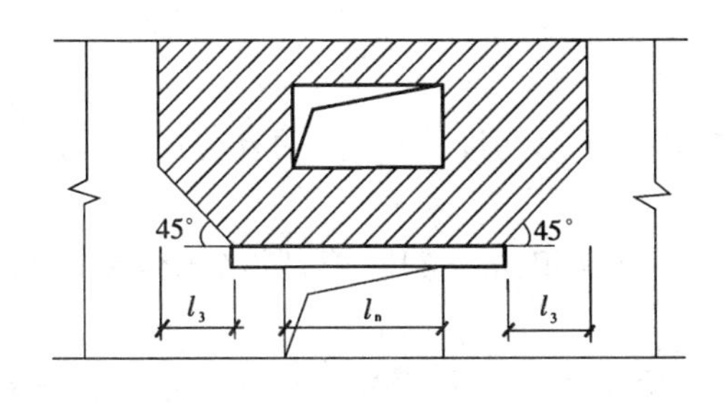

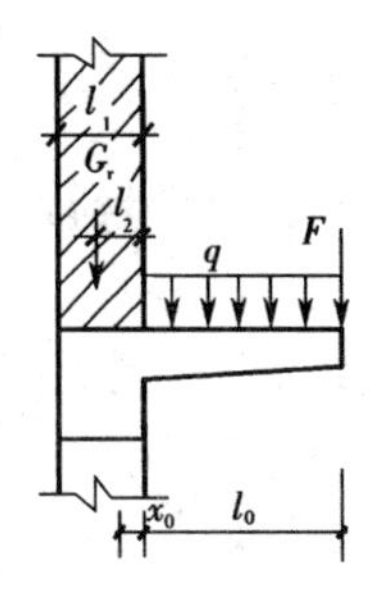

图6-15　雨篷的计算简图

6.3.4　挑梁下砌体局部受压承载力验算

挑梁下砌体局部受压承载力可按下式验算：

$$N_l \leqslant \eta\gamma f A_l \tag{6-18}$$

式中　N_l——挑梁下的支承压力，可取 $N_l=2R$，R 为挑梁的倾覆荷载设计值；

η——梁端底面压应力图形的完整系数，可取0.7；

γ——砌体局部抗压强度提高系数，对图6-16(a)可取1.25，对图6-16(b)可取1.5；

A_l——挑梁下砌体局部受压面积，$A_l=1.2bh_b$，b、h_b 为挑梁的截面宽度、高度。

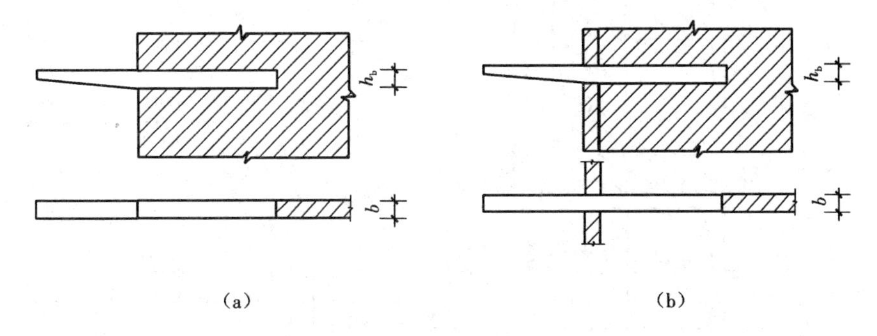

图6-16　挑梁下砌体局部受压

挑梁支承在一字墙上（图6-16(a)）是指在埋入段前端没有垂直于挑梁方向的墙体；挑梁支承在丁字墙上（图6-16(b)）是指在埋入段前端有垂直于挑梁方向的墙体。

6.3.5　挑梁本身承载力验算

挑梁按混凝土受弯构件计算。由于挑梁倾覆点不在墙外边缘而在离墙边 x_0 处，挑梁最大弯矩设计值 M_{max} 在接近 x_0 处，最大剪力设计值 V_{max} 在墙边，故挑梁内力可按下式计算：

$$M_{max}=M_0 \tag{6-19}$$

$$V_{max}=V_0 \tag{6-20}$$

式中　M_{max}——挑梁最大弯矩设计值；

V_{max}——挑梁最大剪力设计值；

M_0——挑梁的荷载设计值对计算倾覆点截面产生的弯矩；

V_0——挑梁的荷载设计值在挑梁墙外边缘处截面产生的剪力。

6.3.6 挑梁的构造要求

挑梁设计除应符合现行国家标准《混凝土结构设计规范》的有关规定外，尚应满足下列要求：

(1)纵向受力钢筋至少应有1/2的钢筋面积伸入梁尾端，且不少于2ϕ12，其余钢筋伸入支座的长度不应少于$2l_1/3$；

(2)挑梁埋入砌体长度l_1与挑出长度l之比宜大于1.2；当挑梁上无嵌固端砌体时，l_1与l之比宜大于2。

例6－5 某二层办公楼，其北立面入口处雨篷如图6－17所示。雨篷挑出1.2 m，雨篷过梁$b_b \times h_b = 360\ \text{mm} \times 300\ \text{mm}$，雨篷板厚为100～120 mm，取其平均值$h = 110$ mm，女儿墙(厚240 mm，双面抹灰)自重$g_1 = 5.24$ Pa，外纵墙(厚360 mm，双面抹灰)自重$g_2 = 7.79$ Pa，窗自重$g_3 = 0.45$ Pa。试设计该雨篷。

解

选用C30混凝土($f_c = 14.3$ MPa，$f_t = 1.43$ MPa，$\beta_c = 1.0$)，雨篷梁纵筋采用HRB335级钢筋($f_y = 300$ MPa)，雨篷板和雨篷梁箍筋采用HPB300级钢筋($f_{yv} = 270$ MPa)。

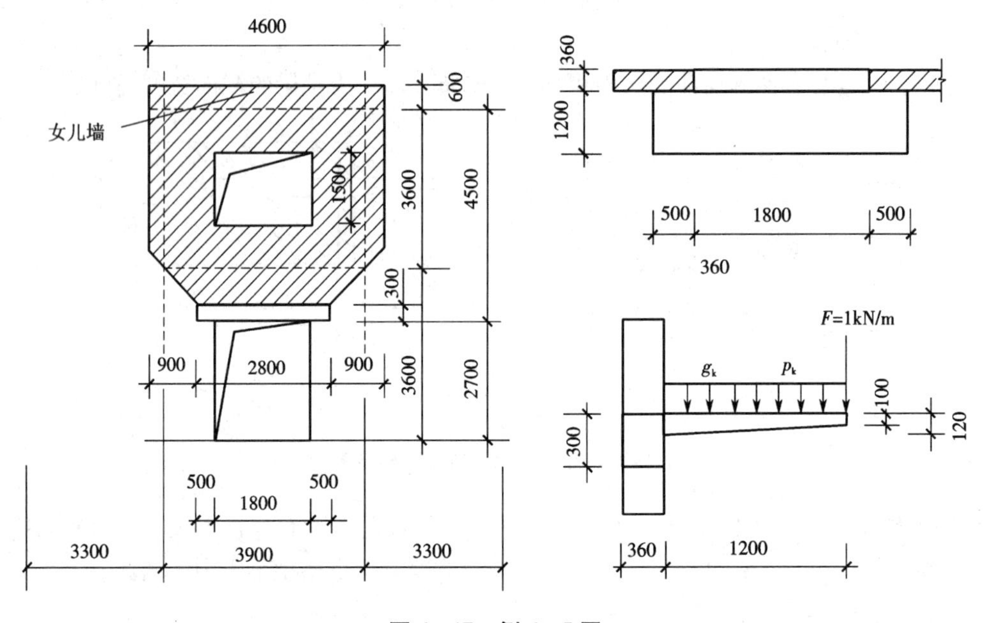

图6－17 例6－5图

1. 雨篷板设计

1)荷载计算

作用在雨篷上的荷载主要有以下几种。

(1)恒载g，包括结构自重、防水构造层、面层做法自重以及作用于板端的其他集中恒载(如栏杆、栏板等)。

(2)雪荷载s。

(3)均布活荷载p，一般取0.5 kN/m^2。

(4)施工和检修荷载F：在板端部沿板宽每隔1.0 m取一个集中荷载。

恒载：SBS改性沥青防水材料　　　　0.12 kN/m^2

水泥砂浆找平层(20 mm 厚) $0.02\times20=0.40\ \mathrm{kN/m^2}$

雨篷板自重(平均 110 mm 厚) $0.11\times25=2.75\ \mathrm{kN/m^2}$

板下水泥砂浆抹灰(20mm 厚) $0.02\times20=0.40\ \mathrm{kN/m^2}$

恒载标准值 $g_k=3.67\ \mathrm{kN/m^2}$

活载:取雪荷载和均布活荷载二者的较大值 $p_k=0.50\ \mathrm{kN/m^2}$

施工和检修集中荷载 $F=1.0\ \mathrm{kN/m}$

2)内力计算及截面设计

悬臂根部最大弯矩取下列二者中的较大值:

$$M_{max}=\frac{1}{2}\gamma_G g_k l_0^2+\frac{1}{2}\gamma_Q\psi_c p_k l_0^2$$

$$=\frac{1}{2}\times1.35\times3.67\times1.2^2+\frac{1}{2}\times1.4\times0.7\times0.50\times1.2^2=3.92\ \mathrm{kN\cdot m/m}$$

$$M_{max}=\frac{1}{2}\gamma_G g_k l_0^2+\gamma_Q F_k l_0$$

$$=\frac{1}{2}\times1.2\times3.67\times1.2^2+1.4\times1.0\times1.2=4.85\ \mathrm{kN\cdot m/m}$$

取二者的较大值,则 $M_{max}=4.85\ \mathrm{kN\cdot m/m}$。

雨篷处于室外露天环境,环境类别为二 a 类,最小保护层厚度 $c=20$ mm,截面有效高度取 $h_0=110-20-5=85$ mm。

$$\alpha_s=\frac{M}{\alpha_1 f_c b h_0^2}=\frac{4.85\times10^6}{1.0\times14.3\times1\ 000\times85^2}=0.047$$

$$\xi=1-\sqrt{1-2\alpha_s}=1-\sqrt{1-2\times0.047}=0.048<\xi_b=0.550$$

$$A_s=\xi\frac{\alpha_1 f_c b h_0}{f_y}=0.048\times\frac{1.0\times14.3\times1000\times85}{270}=216.09\ \mathrm{mm^2}$$

实配钢筋 φ8@200($A_s=251\ \mathrm{mm^2}$,最小配筋率要求),板内分布钢筋取 φ6@200。

2.雨篷梁设计

作用在雨篷梁上的荷载有:

(1)梁自重、面层做法等恒载;

(2)梁上砌体自重;

(3)梁上楼(屋)面梁、板传来的恒载和活载。

该雨篷梁两端支承于砌体墙上,截面取 360 mm×300 mm。按弹性理论计算,计算跨度为 $l_0=1.1l_n=1.98$ m。

1)荷载计算

恒载:梁自重 $0.36\times0.30\times25=2.70\ \mathrm{kN/m}$

梁底及梁侧水泥砂浆抹灰(20 mm 厚) $0.02\times(0.30\times2+0.36)\times20=0.38\ \mathrm{kN/m}$

梁上砌体自重(取 $l_n/3=0.6$ m 高) $7.79\times0.6=4.67\ \mathrm{kN/m}$

雨篷板传来 $3.67\times1.2=4.40\ \mathrm{kN/m}$

恒载标准值 $g_k=12.15\ \mathrm{kN/m}$

活载:雨篷板传来 $p_k=0.50\times1.2=0.60\ \mathrm{kN/m}$

施工和检修集中荷载(转化为均布荷载) $F=1.0\ \mathrm{kN/m}$

2）内力计算（经计算永久荷载起控制作用）

活载与施工和检修集中荷载两者取较大值。

弯矩设计值

$$M=\frac{1}{8}\gamma_G g_k l_0^2+\frac{1}{8}\gamma_Q\psi_c F l_0^2$$

$$=\frac{1}{8}\times 1.35\times 12.15\times 1.98^2+\frac{1}{8}\times 1.4\times 0.7\times 1.0\times 1.98^2=8.52\ \mathrm{kN\cdot m}$$

剪力设计值

$$V=\frac{1}{2}\gamma_G g_k l_0+\frac{1}{2}\gamma_Q\psi_c F l_0$$

$$=\frac{1}{2}\times 1.35\times 12.15\times 1.98+\frac{1}{2}\times 1.4\times 0.7\times 1.0\times 1.98=17.21\ \mathrm{kN}$$

扭矩由雨篷传来的荷载产生，梁中心线处的均布扭矩设计值

$$m_p=gl_0\frac{l_0+b}{2}+F\left(l_0+\frac{b}{2}\right)$$

$$=1.35\times 3.67\times 1.2\times\frac{1.2+0.36}{2}+1.4\times 0.7\times 1.0\times\left(1.2+\frac{0.36}{2}\right)$$

$$=5.99\ \mathrm{kN\cdot m/m}$$

支座处的最大扭矩设计值

$$T=\frac{1}{2}m_p l_0=\frac{1}{2}\times 5.99\times 1.98=5.93\ \mathrm{kN\cdot m}$$

注意：剪力 V 和扭矩 T 应来自同一组合工况。

3）验算构件截面尺寸

雨篷梁高 $h=300$ mm，宽 $b=360$ mm，$h_0=255$ mm。

（1）截面的受扭塑性抵抗矩：

$$W_t=\frac{b^2}{6}(3h-b)=\frac{360^2}{6}(3\times 300-360)=11.664\times 10^6\ \mathrm{mm^3}$$

（2）验算截面限制条件：

$$\frac{V}{bh_0}+\frac{T}{0.8W_t}=\frac{17.21\times 10^3}{360\times 255}+\frac{5.93\times 10^6}{0.8\times 11.664\times 10^6}=0.82\ \mathrm{N/mm^2}$$

$$<0.25b_c f_c=0.25\times 1.0\times 14.3=3.58\ \mathrm{N/mm^2}$$

可知截面尺寸满足要求。

（3）验算是否需进行构件受剪扭承载力计算：

$$\frac{V}{bh_0}+\frac{T}{W_t}=\frac{17.21\times 10^3}{360\times 255}+\frac{5.93\times 10^6}{11.664\times 10^6}=0.70\ \mathrm{N/mm^2}$$

$$<0.7f_t=0.7\times 1.43=1.00\ \mathrm{N/mm^2}$$

可不进行构件截面受剪扭承载力计算，但为了防止构件脆断和保证构件破坏时仍具有一定的延性，应按构造要求配筋。

4）配筋计算

（1）受弯构件的正截面承载力计算。由 $M=8.52\ \mathrm{kN\cdot m}$，得

$$\alpha_s=\frac{M}{\alpha_1 f_c b h_0{}^2}=\frac{8.52\times 10^6}{1.0\times 14.3\times 360\times 255^2}=0.025$$

$$\xi=1-\sqrt{1-2\alpha_s}=1-\sqrt{1-2\times0.025}=0.025<\xi_b=0.550$$

$$A_s=\xi\frac{\alpha_1 f_c b h_0}{f_y}=0.025\times\frac{1.0\times14.3\times360\times255}{300}=109.4\ \text{mm}^2$$

(2)验算梁最小配箍率。

受剪扭构件的最小配箍率

$$\rho_{sv,min}=0.28f_t/f_{yv}=0.28\times1.43/270=0.148\%$$

按构造实配 ф8@100,实配箍筋配箍率

$$\rho_{sv}=\frac{nA_{sv1}}{bs}=\frac{2\times50.3}{360\times100}=0.279\%>\rho_{sv,min}=0.148\%$$

(3)验算梁纵筋配筋量。

受扭纵筋的最小配筋率

$$\rho_{tl,min}=0.6\sqrt{\frac{T}{Vb}}\cdot\frac{f_t}{f_y}=0.6\times\sqrt{\frac{5.93\times10^6}{17.21\times10^3\times360}}\times\frac{1.43}{300}=0.28\%$$

受弯纵筋的最小配筋率

$$\rho_{s,min}=0.45\frac{f_t}{f_y}=0.45\times\frac{1.43}{300}=0.215\%>0.20\%\quad 取\ \rho_{s,min}=0.215\%$$

截面弯曲受拉边的纵向受力钢筋最小配筋量

$$\left(\rho_{s,min}+\frac{\rho_{tl,min}}{2}\right)bh=\left(0.215+\frac{0.28}{2}\right)\%\times360\times300=383.4\ \text{mm}^2$$

故梁底部纵筋实配 3 Φ 14, $A_s=461.6\ \text{mm}^2>383.4\ \text{mm}^2$。

截面顶部的纵向受力钢筋最小配筋量

$$\frac{\rho_{tl,min}}{2}bh=\frac{0.28}{2}\%\times360\times300=151.2\text{mm}^2$$

故梁顶实配纵筋 2 Φ 12, $A_s=226.1\ \text{mm}^2>151.2\text{mm}^2$。

雨篷梁的配筋断面如图 6-18 所示。

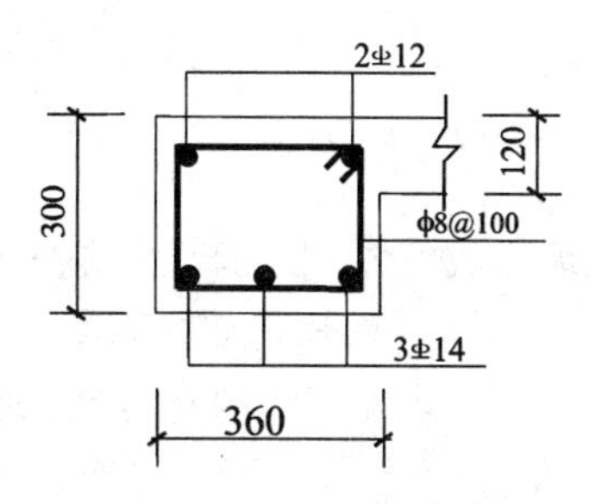

图 6-18　雨篷梁配筋图

3. 雨篷的抗倾覆验算

1)确定 x_0

$$l_1=360\ \text{mm}<2.2h_b=2.2\times300=660\ \text{mm}$$

$$x_0=0.13l_1=0.13\times360=46.8\ \text{mm}$$

$$l+x_0=1.2+0.0468=1.2468\ \text{mm}$$

$$l_2-x_0=0.36/2-0.0468=0.1332\ \text{mm}$$

2）计算倾覆力矩 M_{ov}

（1）恒载产生的倾覆力矩：

$$M_{ov1} = 1.2 \times 3.67 \times 2.8 \times 1.2468^2/2 = 9.58\ \text{kN} \cdot \text{m}$$

（2）活载产生的倾覆力矩：

$$M_{ov2} = 1.4 \times 1 \times 2.8 \times 1.2468 = 4.89\ \text{kN} \cdot \text{m}$$

故倾覆力矩

$$M_{ov} = M_{ov1} + M_{ov2} = 9.58 + 4.89 = 14.47\ \text{kN} \cdot \text{m}$$

3）计算抗倾覆力矩 M_r

雨篷梁上墙体的计算宽度为 $2.8 + 2 \times 0.9 = 4.6$ m。

（1）女儿墙产生的抗倾覆力矩：

$$M_{r1} = 0.8 \times (5.24 \times 4.6 \times 0.6) \times (0.24/2 - 0.0468) = 0.85\ \text{kN} \cdot \text{m}$$

（2）外墙产生的抗倾覆力矩 M_{r2}（将过梁当做墙体考虑）：

$$M_{r2} = 0.8 \times [7.79 \times (4.6 \times 4.5 - 1.8 \times 1.5 - 0.9 \times 0.9)] \times 0.1332 = 14.27\ \text{kN} \cdot \text{m}$$

（3）窗产生的抗倾覆力矩：

$$M_{r3} = 0.8 \times (0.45 \times 1.5 \times 1.8) \times 0.1332 = 0.13\ \text{kN} \cdot \text{m}$$

实际产生的抗倾覆力矩

$$M_r = 0.85 + 14.27 + 0.13 = 15.25\ \text{kN} \cdot \text{m}$$

$M_r > M_{ov}$，故抗倾覆验算满足要求。

6.4 圈梁

在房屋的檐口、窗顶、楼层、吊车梁顶或基础顶面标高处，沿墙体水平方向设置封闭状的按构造配筋的混凝土梁式构件称为圈梁。圈梁一般与构造柱（在砌体房屋墙体的规定部位，按构造配筋，并按先砌墙后浇灌混凝土柱的施工顺序制成的混凝土柱）共同使用，对增强砌体结构房屋的整体性、空间刚度及减轻墙体裂缝等有非常重要的作用。

6.4.1 圈梁的作用和设置

1. 圈梁的作用

（1）圈梁与构造柱将纵、横墙连成整体，形成套箍，提高了房屋的整体性。

（2）圈梁可以箍住预制的楼（屋）盖，增强其整体刚度。

（3）圈梁可减小墙体的自由长度，增加墙体的稳定性；其与构造柱对墙体在竖向平面内进行约束，限制墙体斜裂缝的开展，且不延伸出两道圈梁之间的墙体，在一定程度上延缓墙体裂缝的出现与发展。

（4）圈梁还能有效地消除或减弱由于地震或其他原因引起地基不均匀沉降对房屋的破坏作用。特别是檐口处和基础顶面处的圈梁，抵御不均匀沉降的能力更为明显。

（5）圈梁跨过门窗洞口时，若接近洞口且配筋不少于过梁，可兼作过梁使用。

2. 圈梁的设置

（1）对厂房、仓库、食堂等空旷的单层房屋，应按下列规定设置圈梁。

①砖砌体结构房屋，檐口标高为 5 ~ 8 m 时，应在檐口标高处设置圈梁一道；檐口标高大于 8 m 时，应增加设置数量。

②砌块及料石砌体结构房屋,檐口标高为4～5 m时,应在檐口标高处设置圈梁一道;檐口标高大于5 m时,应增加设置数量。

③对有吊车或较大振动设备的单层工业房屋,当未采取有效的隔振措施时,除在檐口或窗顶标高处设置现浇混凝土圈梁外,尚应增加设置数量。

(2)对住宅、办公楼、工业厂房等多层砌体房屋,应按下列规定设置圈梁。

①对住宅、办公楼等多层砌体民用房屋,且层数为3至4层时,应在底层和檐口标高处各设置一道圈梁;当层数超过4层时,除应在底层和檐口标高处各设置一道圈梁外,至少应在所有纵、横墙上隔层设置。

②多层砌体工业房屋,应每层设置现浇钢筋混凝土圈梁。

③设置墙梁的多层砌体结构房屋,应在托梁、墙梁顶面和檐口标高处设置现浇钢筋混凝土圈梁。

(以上所述圈梁设置涉及砌体结构的安全,故为强制性条文。)

④采用现浇混凝土楼(屋)盖的多层砌体结构房屋,当层数超过5层时,除在檐口标高处设置圈梁一道外,可隔层设置圈梁,并与楼(屋)面板一起现浇。未设置圈梁的楼面板嵌入墙内的长度不应小于120 mm,并沿墙长设置不少于2ϕ10的纵向钢筋。

(3)建筑在较软弱地基或不均匀地基上的砌体结构房屋,除按本节规定设置圈梁外,尚应符合现行国家标准《建筑地基基础设计规范》的有关规定。

(4)地震区砌体房屋的圈梁设置应符合《建筑抗震设计规范》(GB 50011—2010)的有关规定。

6.4.2　圈梁的构造要求

(1)圈梁宜连续地设在同一水平面上,并形成封闭状;当圈梁被门窗洞口截断时,应在洞口上部增设相同截面的附加圈梁;附加圈梁与圈梁的搭接长度不应小于其中到中垂直间距的2倍,且不得小于1 m,如图6－19所示。

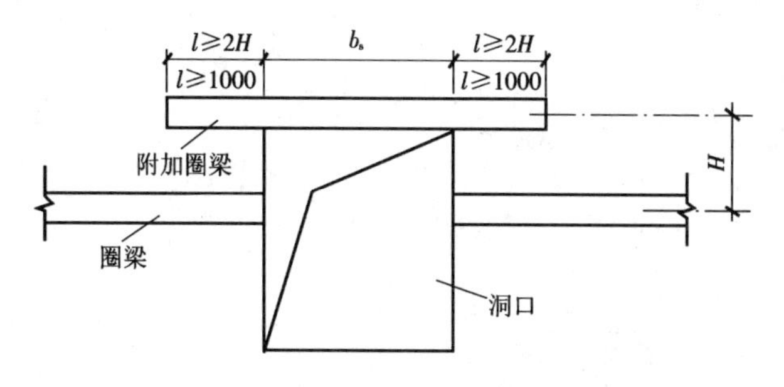

图6－19　附加圈梁和圈梁的搭接

(2)纵、横墙交接处的圈梁应可靠连接。刚弹性和弹性方案房屋,圈梁应与屋架、大梁等构件可靠连接。

(3)混凝土圈梁的宽度宜与墙厚相同,当墙厚h≥240 mm时,其宽度不宜小于$2h/3$,圈梁高度不应小于120 mm;纵向钢筋不应少于4ϕ0,绑扎接头的搭接长度按受拉钢筋考虑,箍筋间距不应大于300 mm。

(4)圈梁兼作过梁时,过梁部分的钢筋应按计算面积另行增配。

思考题及习题

6－1　常用过梁的种类和适用范围如何?

6－2　《砌体结构设计规范》对过梁上的荷载作何规定?

6－3　墙梁的破坏形态有几种? 分别与哪些因素有关?

6－4　如何确定墙梁的计算简图? 墙梁上的竖向荷载如何计算?

6－5　墙梁中托梁的受力特点是什么? 为什么要对托梁进行施工阶段的承载力验算?

6－6　挑梁有几种破坏形态? 挑梁在设计中应考虑哪些因素?

6－7　为什么挑梁的计算倾覆点不在墙边? 如何确定挑梁的抗倾覆荷载?

6－8　在非抗震区的混合结构房屋中,圈梁的作用如何? 需要如何设置?

6－9　已知过梁净跨 $l_n = 2.4$ m,墙厚 240 mm,采用 MU10 烧结黏土砖和 M5.0 混合砂浆砌筑而成,过梁上墙体高度为 1 200 mm,楼板距过梁上方 300 mm,由楼板传来的均布竖向荷载设计值为 7.8 kN/m,砖墙自重为 5.24 kN/m^2,试设计该钢筋混凝土过梁。

6－10　某雨篷板悬挑长度 $l = 1$ 500 mm,雨篷梁截面为 240 mm × 200 mm,雨篷梁净跨 $l_n = 2$ 400 mm,两端搁置长度各为 240 mm,墙体厚度为 240 mm(自重 5.24 kN/m^2),梁上墙体高度为 3.3 m,雨篷板承受的均布荷载设计值为 3.68 kN/m^2(包括自重)。如仅靠梁上墙体自重抵抗倾覆,试验算雨篷梁的抗倾覆是否满足?

第7章　配筋砌体构件的承载力计算及构造

如第2章所述配筋砖砌体包括网状配筋砖砌体、组合砖砌体、砖砌体和钢筋混凝土构造柱组合墙。本章主要讨论配筋砖砌体的承载力计算问题。

7.1　网状配筋砖砌体构件承载力计算

网状配筋砖砌体又称为横向配筋砖砌体，其形式如图2-6所示。在轴心压力作用下，网状配筋砖砌体第一批裂缝出现时的荷载水平与体积配筋率$\rho \leq (a+b)A_s/(abS_n)$（$A_s$为单根钢筋的横截面面积）有关。

当$\rho=0.067\%\sim0.334\%$，施加荷载为极限荷载的$50\%\sim86\%$时，网状配筋砖砌体内某些单块砖出现第一批细小裂缝，此开裂荷载高于无筋砌体出现第一批裂缝时的荷载（为极限荷载的$50\%\sim70\%$）。这是由于网状配筋在砂浆中能约束砂浆和砖的横向变形，从而延缓了砖块的开裂。

当$\rho=0.385\%\sim2\%$时，开裂荷载为极限荷载的$37\%\sim59\%$，低于无筋砌体出现第一批裂缝时的荷载。这是由于灰缝配筋过多，反而使砌体块材在初期受力不利。体积配筋率过大时，砌体的破坏强度仍有提高，但提高程度相对较小。

7.1.1　网状配筋砖砌体的受力性能

在体积配筋率适宜时，其受力性能如下所述。

当轴向压力作用在网状配筋砖砌体上时，钢筋和砖砌体共同工作，试验表明其破坏过程分为以下三个阶段。

第一阶段：裂缝的出现阶段。该阶段受力特征与无筋砌体类似，从开始加载到单块砖内出现第一批裂缝的开裂荷载为破坏荷载的$60\%\sim75\%$，较无筋砌体为高。这是因为在配有钢筋网的砖砌体中，灰缝中的钢筋提高了砖的抗弯强度。

第二阶段：裂缝的发展阶段。随着荷载的继续增加，纵向裂缝数量不断增多，但发展速度较无筋砌体缓慢。这是因为纵向裂缝的发展受到横向钢筋的约束，不能形成连续贯通的竖向裂缝。

第三阶段：砌体的破坏阶段。当荷载达到破坏荷载时，砌体内个别砖被压碎，一般不会出现无筋砌体破坏时形成若干独立砖柱而发生失稳破坏的现象。当网状配筋砌体承受轴向力时，由于钢筋的弹性模量大于砌体的弹性模量，阻止了砌体的横向变形，减小了砌体的横向变形。

7.1.2　网状配筋砖砌体构件的适用范围

试验表明，网状配筋对提高轴心和小偏心受压能力是有效的，但由于没有纵向钢筋，其抗纵向弯曲能力并不比无筋砌体强。当网状配筋砌体受偏心轴向力作用时，随偏心距 e 的增大，受压区内的钢筋应力并没有明显增大或降低，但受压区面积随偏心距的增大而减小，使钢筋网片对砌体的约束效应降低。同时，对于高厚比较大的构件，由于整个构件的失稳破坏的因素越来越大，横向钢筋的作用也难以施展。因此，网状配筋砌体只适用于高厚比较小、偏心距不大的构件。网状配筋砖砌体受压构件应符合下列规定：

（1）偏心距超过截面核心范围（对于矩形截面即 $e/h>0.17$），或构件的高厚比 $\beta>16$ 时，不宜采用网状配筋砖砌体构件；

（2）对矩形截面构件，当轴向力偏心方向的截面边长大于另一方向的边长时，除按偏心受压计算外，还应对较小边长方向按轴心受压进行验算；

（3）当网状配筋砖砌体构件下端与无筋砌体交接时，尚应验算交接处无筋砌体的局部受压承载力。

7.1.3 网状配筋砖砌体的承载力计算

对网状配筋砖砌体进行的试验研究表明，水平钢筋网能约束网片间无筋砌体构件的横向变形，使该段砌体在一定程度上处于三向受力状态，从而间接地提高了砖砌体的抗压强度。网状配筋砌体的承载能力受砖砌体抗压强度、钢筋强度、配筋率以及轴向压力偏心距的影响。其承载力按下列公式计算：

$$N\leqslant\varphi_n f_n A \tag{7-1}$$

$$f_n=f+2\left(1-\frac{2e}{y}\right)\rho f_y \tag{7-2}$$

$$\rho=\frac{(a+b)A_s}{abs_n} \tag{7-3}$$

$$\varphi_n=\frac{1}{1+12\left[\frac{e}{h}+\sqrt{\frac{1}{12}\left(\frac{1}{\varphi_{0n}}-1\right)}\right]^2} \tag{7-4}$$

$$\varphi_{0n}=\frac{1}{1+(0.0015+0.45\rho)\beta^2} \tag{7-5}$$

式中 N——轴向力设计值；

φ_n——高厚比和配筋率以及轴向力的偏心距对网状配筋砖砌体受压构件承载力的影响系数，可按表 7-1 采用；

f_n——网状配筋砖砌体的抗压强度设计值；

A——截面面积；

A_s——钢筋的截面面积；

e——轴向力的偏心距；

y——自截面重心至轴向力所在偏心方向截面边缘的距离；

ρ——体积配筋率；

f_y——钢筋的抗拉强度设计值，当 $f_y>320$ MPa 时，仍采用 320 MPa；

a、b——钢筋网的网格尺寸；

s_n——钢筋网的竖向间距。

表 7－1　影响系数 φ_n

ρ (%)	β \ e/h	0	0.05	0.10	0.15	0.17
0.1	4	0.97	0.89	0.78	0.67	0.63
	6	0.93	0.84	0.73	0.62	0.58
	8	0.89	0.78	0.67	0.57	0.53
	10	0.84	0.72	0.62	0.52	0.48
	12	0.78	0.67	0.56	0.48	0.44
	14	0.72	0.61	0.52	0.44	0.41
	16	0.67	0.56	0.47	0.40	0.37
0.3	4	0.96	0.87	0.76	0.65	0.61
	6	0.91	0.80	0.69	0.59	0.55
	8	0.84	0.74	0.62	0.53	0.49
	10	0.78	0.67	0.56	0.47	0.44
	12	0.71	0.60	0.51	0.43	0.40
	14	0.64	0.54	0.46	0.38	0.36
	16	0.58	0.49	0.41	0.35	0.32
0.5	4	0.94	0.85	0.74	0.63	0.59
	6	0.88	0.77	0.66	0.56	0.52
	8	0.81	0.69	0.59	0.50	0.46
	10	0.73	0.62	0.52	0.44	0.41
	12	0.65	0.55	0.46	0.39	0.36
	14	0.58	0.49	0.41	0.35	0.32
	16	0.51	0.43	0.36	0.31	0.29
0.7	4	0.93	0.83	0.72	0.61	0.57
	6	0.86	0.75	0.63	0.53	0.50
	8	0.77	0.66	0.56	0.47	0.43
	10	0.68	0.58	0.49	0.41	0.38
	12	0.60	0.50	0.42	0.36	0.33
	14	0.52	0.44	0.37	0.31	0.30
	16	0.46	0.38	0.33	0.28	0.26
0.9	4	0.92	0.82	0.71	0.60	0.56
	6	0.83	0.72	0.61	0.52	0.48
	8	0.73	0.63	0.53	0.45	0.42
	10	0.64	0.54	0.46	0.38	0.36
	12	0.55	0.47	0.39	0.33	0.31
	14	0.48	0.40	0.34	0.29	0.27
	16	0.41	0.35	0.30	0.25	0.24
1.0	4	0.91	0.81	0.70	0.59	0.55
	6	0.82	0.71	0.60	0.51	0.47
	8	0.72	0.61	0.52	0.43	0.41
	10	0.62	0.53	0.44	0.37	0.35
	12	0.54	0.45	0.38	0.32	0.30
	14	0.46	0.39	0.33	0.28	0.26
	16	0.39	0.34	0.28	0.24	0.23

7.1.4 网状配筋砖砌体的构造要求

(1)网状配筋砖砌体中的体积配筋率不应小于0.1%,且不应大于1%。

(2)采用钢筋网时,钢筋的直径宜采用3~4 mm。

(3)钢筋网中钢筋的间距不应大于120 mm,且不应小于30 mm。

(4)钢筋网的间距不应大于五皮砖,且不应大于400 mm。

(5)网状配筋砖砌体所用的砂浆强度等级不应低于M7.5;钢筋网应设置在砌体的水平灰缝中,灰缝厚度应保证钢筋上下至少各有2 mm厚的砂浆层。

例7-1 已知一砖柱,采用MU10砖、M7.5混合砂浆砌筑,砖柱截面尺寸为370 mm×490 mm,计算高度$H_0=3.9$ m,承受轴向力设计值$N=220$ kN,在柱长边方向作用弯矩设计值$M=12.4$ kN·m,网状配筋采用Φ^b4($f_y=350$ MPa),冷拔低碳钢丝的间距$a=b=50$ mm,$s_n=260$ mm,试验算柱承载力。(试按网状配筋砌体设计此柱。)

解

材料为MU10砖、M7.5混合砂浆,其符合网状配筋砌体要求。查表可得MU10砖、M7.5混合砂浆砌体的抗压设计强度$f=1.69$ MPa。有

$$A=370\ \text{mm}\times490\ \text{mm}=181\ 300\ \text{mm}^2=0.181\ 3\ \text{m}^2<0.2\ \text{m}^2$$

砌体强度乘以调整系数0.8+0.181 3=0.981 3。

$$f_y=350\ \text{MPa}>320\ \text{MPa}\quad 取f_y=320\ \text{MPa}$$

(1)沿长边方向的承载力验算:

$$e=\frac{M}{N}=\frac{12.4\times10^3}{220}=56.36\ \text{mm}\quad \frac{e}{h}=\frac{56.36}{490}=0.115<0.17$$

$$\rho=\frac{(a+b)A_s}{abs_n}=\frac{2A_s}{as_n}=\frac{2\times12.6}{50\times260}=0.19\%>0.1\%$$

$$f_n=f+2(1-\frac{2e}{y})\rho f_y=1.69+2(1-\frac{2\times56.36}{245})\times0.19\%\times320=2.35\ \text{MPa}$$

$$\beta=\gamma_\beta\frac{H_0}{h}=1.0\times\frac{3\ 900}{490}=7.96<21$$

$$\varphi_{0n}=\frac{1}{1+(0.001\ 5+0.45\rho)\beta^2}=\frac{1}{1+(0.001\ 5+0.45\times0.19\%)\times7.96^2}=0.87$$

$$\varphi_n=\frac{1}{1+12\left[\frac{e}{h}+\sqrt{\frac{1}{12}(\frac{1}{\varphi_{0n}}-1)}\right]^2}=\frac{1}{1+12\left[0.115+\sqrt{\frac{1}{12}\left(\frac{1}{0.87}-1\right)}\right]^2}=0.619$$

$$\begin{aligned}\varphi_n\gamma_a f_n A&=0.619\times0.981\ 3\times2.35\times0.181\ 3\times10^6=258.8\times10^3\ \text{N}\\&=258.8\ \text{kN}>N=220\ \text{kN}\end{aligned}$$

故沿长边方向承载力满足要求。

(2)短边方向按轴心受压承载力验算:

$$\beta=\gamma_\beta\frac{H_0}{b}=1.0\times\frac{3\ 900}{370}=10.54<21$$

$$\varphi_{0n}=\frac{1}{1+(0.0015+0.45\rho)\beta^2}$$

$$=\frac{1}{1+(0.0015+0.45\times0.19\%)\times10.54^2}=0.79$$

$$f_n=f+2(1-\frac{2e}{y})\rho f_y=1.69+2(1-0)\times0.19\%\times320=2.91\ \text{MPa}$$

$$\varphi_n\gamma_a f_n A=\varphi_{0n}\gamma_a f_n A=0.79\times0.9813\times2.91\times0.1813\times10^6$$

$$=409\times10^3\ \text{N}=409\ \text{kN}>N=220\ \text{kN}$$

故短边方向满足轴心受压承载力要求。

7.2　组合砖砌体构件承载力计算

组合砖砌体是由砖砌体和钢筋混凝土面层或钢筋砂浆面层组合而成的砌体，如图2－7所示。当轴向力的偏心距超过0.6y（y为截面重心到轴向力所在偏心方向截面边缘的距离）时，宜采用组合砖砌体。对于砖墙和组合砌体一同砌筑的T形截面构件（图2－7（c）），可按矩形组合砌体计算（图2－7（b））。对已建成的砌体进行加固时，也可在原有砌体表面作钢筋混凝土面层或钢筋砂浆面层。钢筋混凝土面层或钢筋砂浆面层和砖砌体共同工作，它接近于钢筋混凝土柱，既提高了砌体的承载能力，又改善了其变形性能。

7.2.1　组合砖砌体的受力特征

组合砖砌体在轴向压力作用下，首先在砖砌体与钢筋混凝土面层或钢筋砂浆面层结合处产生第一批裂缝；随着压力的增大，砖砌体内逐渐产生竖向裂缝，由于钢筋混凝土（或砂浆）面层对砖砌体具有横向约束作用，砌体内裂缝的发展较为缓慢；最后砌体内的砖和面层混凝土（或面层砂浆）严重脱落甚至被压碎，或竖向钢筋在箍筋范围内压屈，组合砖砌体完全破坏。

7.2.2　组合砖砌体的承载力计算

1. 轴心受压构件的承载力计算

组合砖砌体轴心受压构件的承载力应按下式计算：

$$N\leqslant\varphi_{com}(fA+f_cA_c+\eta_s f'_y A'_s)\tag{7-6}$$

式中　φ_{com}——组合砖砌体构件的稳定系数，可按表7－2采用；

A、A_c——砖砌体的截面面积、混凝土或砂浆面层的截面面积；

f_c——混凝土或面层水泥砂浆的轴心抗压强度设计值，砂浆的轴心抗压强度设计值可取为同强度等级混凝土的轴心抗压强度设计值的70%，当砂浆为M15时取5.0 MPa，当砂浆为M10时取3.4MPa，当砂浆为M7.5时取2.5MPa；

η_s——受压钢筋的强度系数，当为混凝土面层时可取1.0，当为砂浆面层时可取0.9；

f'_y、A'_s——钢筋的抗压强度设计值、受压钢筋的截面面积。

表 7-2 组合砖砌体构件的稳定系数 φ_{com}

高厚比 β	配筋率 ρ(%)					
	0	0.2	0.4	0.6	0.8	≥1.0
8	0.91	0.93	0.95	0.97	0.99	1.00
10	0.87	0.90	0.92	0.94	0.96	0.98
12	0.82	0.85	0.88	0.91	0.93	0.95
14	0.77	0.80	0.83	0.86	0.89	0.92
16	0.72	0.75	0.78	0.81	0.84	0.87
18	0.67	0.70	0.73	0.76	0.79	0.81
20	0.62	0.65	0.68	0.71	0.73	0.75
22	0.58	0.61	0.64	0.66	0.68	0.70
24	0.54	0.57	0.59	0.61	0.63	0.65
26	0.50	0.52	0.54	0.56	0.58	0.60
28	0.46	0.48	0.50	0.52	0.54	0.56

注:组合砖砌体构件截面的配筋率 $\rho = A_s'/(bh)$。

2. 偏心受压构件的承载力计算

偏心受压的组合砖砌体构件的承载能力和变形特点与钢筋混凝土偏心受压构件类似。试验表明,当轴向力偏心距较大时,组合砖砌体构件的变形较大,其延性也较好,且高厚比越大,其延性越好。

偏心受压的组合砖砌体构件的破坏形态类似钢筋混凝土偏压构件,也可分为大偏压和小偏压两种,如图 7-1 所示。大偏压破坏时,受拉区钢筋首先屈服,然后受压区破坏,当达到极限荷载时,受压较大的一侧的混凝土或砂浆面层可以达到各自的抗压强度;小偏压破坏时,受压区混凝土或砂浆面层及部分砌体受压破坏,受拉区钢筋达不到屈服。在大小偏压破坏之间存在着界限破坏,发生界限破坏时相对受压区的高度为 ξ_b。当相对受压区高度 $\xi \leq \xi_b$ 时,为大偏压破坏;反之,当 $\xi > \xi_b$ 时,为小偏压破坏。ξ 为受压区折算高度 x 和截面有效高度 h_0 的比值。组合砖砌体构件界限相对受压区高度 ξ_b,对于 HPB300 级钢筋,应取 0.47;对于 HRB335 级钢筋,应取 0.44;对于 HRB400 级钢筋,应取 0.36。

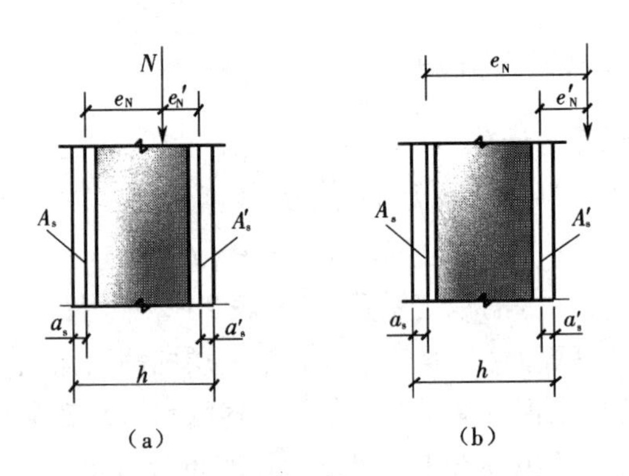

图 7-1 组合砖砌体偏心受压构件

当小偏压破坏(即 $\xi > \xi_b$)时,距轴向力较远侧钢筋 A_s 的应力 σ_s(正值为拉应力,负值为压应力)按下式计算:

$$\sigma_s = 650 - 800\xi \tag{7-7}$$

当大偏压破坏($\xi \leqslant \xi_b$)时,钢筋应力取钢筋屈服强度,即

$$\sigma_s = f_y \tag{7-8}$$

对于钢筋的应力 σ_s,当 $\sigma_s > f_y$ 时,取 $\sigma_s = f_y$;当 $\sigma_s < f'_y$ 时,取 $\sigma_s = f'_y$。

组合砖砌体偏心受压构件的承载力按下式计算:

$$N \leqslant fA' + f_c A'_c + \eta_s f'_y A'_s - \sigma_s A_s \tag{7-9}$$

或

$$Ne_N \leqslant fS_s + f_c S_{c,s} + \eta_s f'_y A'_s (h_0 - a'_s) \tag{7-10}$$

此时受压区的高度 x 可按下列公式确定:

$$fS_N + f_c S_{c,N} + \eta_s f'_y A'_s e'_N - \sigma_s A_s e_N = 0 \tag{7-11}$$

$$e_N = e + e_a + \left(\frac{h}{2} - a_s\right) \tag{7-12}$$

$$e'_N = e + e_a - \left(\frac{h}{2} - a'_s\right) \tag{7-13}$$

$$e_a = \frac{\beta^2 h}{2\ 200}(1 - 0.022\beta) \tag{7-14}$$

式中　A'——砖砌体受压部分的面积;

A'_c——混凝土或砂浆面层受压部分的面积;

σ_s——钢筋 A_s 的应力;

A_s——距轴向力 N 较远侧钢筋的截面面积;

A'_s——距轴向力 N 较近侧钢筋的截面面积;

S_s——砖砌体受压部分的面积对钢筋 A_s 重心的面积矩;

$S_{c,s}$——混凝土或砂浆面层受压部分的面积对钢筋 A_s 重心的面积矩;

S_N——砖砌体受压部分的面积对轴向力 N 作用点的面积矩;

$S_{c,N}$——混凝土或砂浆面层受压部分的面积对轴向力 N 作用点的面积矩;

e_N——钢筋 A_s 重心至轴向力 N 作用点的距离(图 7-1);

e'_N——钢筋 A'_s 重心至轴向力 N 作用点的距离(图 7-1);

e——轴向力的初始偏心距,按荷载设计值计算,当 $e < 0.05h$ 时,取 $e = 0.05h$;

e_a——组合砖砌体构件在轴向力作用下的附加偏心距;

h_0——组合砖砌体构件截面的有效高度,取 $h_0 = h - a_s$;

a_s、a'_s——钢筋 A_s 和 A'_s 重心至截面较近边的距离。

7.2.3　组合砖砌体构件的构造要求

组合砖砌体构件要符合下列构造要求。

(1)面层混凝土强度等级宜采用 C20,面层水泥砂浆强度等级不宜低于 M10,砌筑砂浆的强度等级不宜低于 M7.5。

(2)砂浆面层的厚度可采用 30～45 mm,当面层厚度大于 45 mm 时,其面层宜采用混凝土。

(3)竖向受力钢筋宜采用 HPB300 级钢筋,对于混凝土面层,亦可采用 HRB335 级钢筋。受压钢筋一侧的配筋率,对砂浆面层不宜小于 0.1%,对混凝土面层不宜小于 0.2%。受拉钢筋的配筋率,不应小于 0.1%。竖向受力钢筋的直径,不应小于 8 mm,钢筋的净间距,不

应小于 30 mm。

(4)箍筋的直径,不宜小于 4 mm 及 1/5 的受压钢筋直径,并不宜大于 6 mm;箍筋的间距不应大于 20 倍受压钢筋的直径及 500 mm,并不应小于 120 mm。

(5)当组合砖砌体构件一侧的竖向受力钢筋多于 4 根时,应设置附加箍筋或拉结钢筋。

(6)对于截面长短边相差较大的构件(如墙体等),应采用穿通墙体的拉结钢筋作为箍筋,同时设置水平分布钢筋。水平分布钢筋的竖向间距及拉结钢筋的水平间距,均不应大于 500 mm,如图 7-2 所示。

(7)组合砖砌体构件的顶部及底部以及牛腿部位,必须设置钢筋混凝土垫块。竖向受力钢筋伸入垫块的长度,必须满足锚固要求。

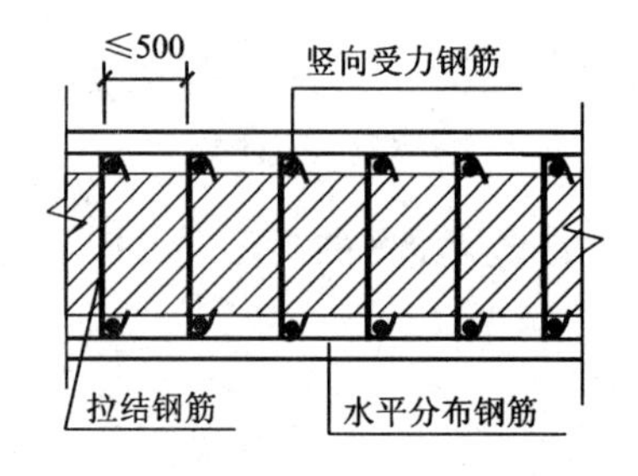

图 7-2 混凝土或砂浆面层组合墙

例 7-2 某混合砂浆面层组合砖砌体承重纵墙,采用 MU10 砖、M7.5 混合砂浆砌筑,面层采用 M10 水泥砂浆($f_c=3.4$ MPa),钢筋采用 HPB300 级钢筋($f_y=270$ MPa)。竖向受力钢筋为 ϕ8@200,水平钢筋为 ϕ6@200,拉结钢筋为 ϕ6@200。墙体计算高度 $H_0=3.9$ m,砖墙厚为 240 mm,两侧水泥砂浆面层各 30 mm 厚,纵向每米长墙体承受轴心压力设计值 $N=418$ kN。试验算墙体承载力。

解

查表可得 MU10 砖、M7.5 混合砂浆砌体的抗压设计强度 $f=1.69$ MPa。则

$$\beta=\gamma_\beta\frac{H_0}{h}=1.0\times\frac{3\ 900}{240}=16.25<30$$

$$A_s'=2\times5\times50.3=503\ \text{mm}^2$$

$$\rho=A_s'/(bh)=503/(1\ 000\times240)=0.21\%$$

查表 7-2 得,$\varphi_{com}=0.75$,则

$$\begin{aligned}&\varphi_{com}(fA+f_cA_c+\eta_sf_y'A_s')\\&=0.75\times(1.69\times1\ 000\times240+3.4\times1\ 000\times60+0.9\times270\times530)\\&=553.8\times10^3\ \text{N}=553.8\ \text{kN}>N=418\ \text{kN}\end{aligned}$$

所以,墙体轴心受压承载力满足要求。

7.3 砖砌体和钢筋混凝土构造柱组合墙的承载力计算

砖砌体和钢筋混凝土构造柱组合砖墙(图 2-8)是在砖墙中隔一定距离设置钢筋混凝土构造柱并在各层楼盖处设置圈梁,使砖砌体与钢筋混凝土构造柱和圈梁组成一个整体结构来共同受力。构造柱在墙体中的位置可以设在墙面的两端,也可设在墙体中部,或两者兼而有之。构造柱不但自身能承受一定荷载,而且与圈梁组成了“构造框架”共同来约束墙体,显著提高了墙体抵抗竖向荷载和水平荷载的能力,增强了墙体的抗侧延性。有限元分析结果表明,构造柱的间距是影响组合墙内力分配的主要影响因素。

7.3.1 组合砖墙的承载力计算

砖砌体和钢筋混凝土构造柱组合墙的承载力按下列公式计算:

$$N \leqslant \varphi_{com}[fA + \eta(f_c A_c + f'_y A'_s)] \tag{7-15}$$

$$\eta = \left(\frac{1}{l/b_c - 3}\right)^{\frac{1}{4}} \tag{7-16}$$

式中　φ_{com}——组合砖墙的稳定系数,可按表7-2采用;

η——强度系数,当 $l/b_c < 4$ 时,取 $l/b_c = 4$;

l——沿墙长方向构造柱的间距;

b_c——沿墙长方向构造柱的宽度;

A——扣除孔洞和构造柱的砖砌体截面面积;

A_c——构造柱的截面面积。

7.3.2　组合砖墙的构造要求

组合砖墙的材料和构造应符合下列规定。

(1)砂浆的强度等级不应低于M5,构造柱的混凝土强度等级不宜低于C20。

(2)构造柱的截面尺寸不宜小于240 mm×240 mm,其厚度不应小于墙厚,边柱、角柱的截面宽度宜适当加大。柱内竖向受力钢筋,对于中柱,不宜少于4根,直径不宜小于12 mm;对于边柱、角柱,不宜少于4根,直径不宜小于14 mm。构造柱的竖向受力钢筋的直径也不宜大于16 mm。其箍筋,一般部位宜采用直径6 mm、间距200 mm,楼层上下500 mm范围内宜采用直径6 mm、间距100 mm。构造柱的竖向受力钢筋应在基础梁和楼层圈梁中锚固,并应符合受拉钢筋的锚固要求。

(3)组合砖墙砌体结构房屋,应在纵横墙交接处、墙端部和较大洞口的洞边设置构造柱,其间距不宜大于4 m。各层洞口宜设置在相应位置,并宜上下对齐。

(4)组合砖墙砌体结构房屋应在基础顶面、有组合墙的楼层处设置现浇钢筋混凝土圈梁。圈梁的截面高度不宜小于240 mm;纵向钢筋数量不宜少于4根,直径不宜小于12 mm,纵向钢筋应伸入构造柱内,并应符合受拉钢筋的锚固要求;圈梁的箍筋直径宜采用6 mm、间距200 mm。

(5)砖砌体与构造柱的连接处应砌成马牙槎,并应沿墙高每隔500 mm设2根直径6 mm的拉结钢筋,且每边伸入墙内不宜小于600 mm。

(6)组合砖墙的施工程序应为先砌墙后浇混凝土构造柱。

例7-3　某承重横墙厚240 mm,采用砖砌体和钢筋混凝土构造柱组合墙形式,MU10砖、M7.5混合砂浆砌筑,计算高度 $H_0 = 3.6$ m。构造柱截面240 mm×240 mm,间距3 m;柱内配有纵筋4ϕ12($f_y = 270$ MPa),混凝土等级C25($f_c = 11.9$ MPa),每米横墙承受的轴向压力设计值 $N = 360$ kN。试验算墙体的承载力。

解

查表可得MU10砖、M7.5混合砂浆砌体的抗压设计强度 $f = 1.69$ MPa。则

$$A = 240 \times (3\,000 - 240) = 662\,400 \text{ mm}^2$$

$$A_c = 240 \times 240 = 57\,600 \text{ mm}^2$$

$$A'_s = 4 \times 113.4 = 452.16 \text{ mm}^2$$

$$\rho = A'_s/(bh) = 452.16/(3\,000 \times 240) = 0.06\%$$

$$\beta = \gamma_\beta \frac{H_0}{h} = 1.0 \times \frac{3\,600}{240} = 15 < 30$$

查表 7-2 得 $\varphi_{com}=0.754$，则

$$l/b_c=3\ 000/240=12.5>4$$

$$\eta=\left(\frac{1}{l/b_c-3}\right)^{\frac{1}{4}}=\left(\frac{1}{12.5-3}\right)^{\frac{1}{4}}=0.57$$

$$\begin{aligned}N_u&=\varphi_{com}[fA+0.57(f_cA_c+f_y'A_s')]\\&=0.754\times[1.69\times662\ 400+0.57\times(11.9\times57\ 600+270\times452.16)]\\&=1\ 191.1\times10^3\ \text{N}=1\ 191.1\ \text{kN}>3N=1\ 080\ \text{kN}\end{aligned}$$

所以墙体承载力满足要求。

7.4 配筋砌块砌体构件的承载力计算

《砌体结构设计规范》规定，配筋砌块砌体剪力墙结构的内力与位移可按弹性方法计算。各构件应根据结构分析所得的内力，分别按轴心受压、偏心受压或偏心受拉构件进行正截面承载力和斜截面承载力计算，并应根据结构分析所得的位移进行变形验算。

7.4.1 正截面受压承载力计算

国外的研究和工程实践表明，配筋砌块砌体的力学性能与钢筋混凝土的力学性能非常接近，特别是在正截面承载力的设计中，配筋砌体采用了与钢筋混凝土完全相同的基本假定和计算模式。我国哈尔滨工业大学、湖南大学、同济大学等的试验结果也验证了该理论的适用性。

1. 计算基本假定

配筋砌块砌体构件正截面承载力，应按下列基本假定进行计算。

(1)截面应变保持平面。

(2)竖向钢筋与其毗邻的砌体、灌孔混凝土的应变相同。

(3)不考虑砌体、灌孔混凝土的抗拉强度。

(4)根据材料选择砌体、灌孔混凝土的极限压应变：当轴心受压时，不应大于 0.002；当偏心受压时，不应大于 0.003。

(5)根据材料选择钢筋的极限拉应变，且不应大于 0.01。

(6)纵向受拉钢筋屈服与受压区砌体破坏同时发生时的相对界限受压区高度，应按下式计算：

$$\xi_b=\frac{0.8}{1+\frac{f_y}{0.003E_s}}\tag{7-17}$$

式中 ξ_b——相对界限受压区高度，ξ_b 为界限受压区高度与截面有效高度的比值；

f_y、E_s——钢筋的抗拉强度设计值、钢筋的弹性模量。

(7)大偏心受压时，受拉钢筋考虑在 $h_0\sim1.5x$ 范围内屈服并参与工作。

2. 轴心受压配筋砌块砌体构件正截面承载力计算

轴心受压配筋砌块砌体构件，当配有箍筋或水平分布钢筋时，其正截面受压承载力应按下列公式计算：

$$N\leqslant\varphi_{0g}(f_gA+0.8f_y'A_s')\tag{7-18}$$

$$\varphi_{0g}=\frac{1}{1+0.001\beta^2} \tag{7-19}$$

式中　N——轴向力设计值；

f_g——灌孔砌体的抗压强度设计值；

f'_y——钢筋的抗压强度设计值；

A——构件的毛截面面积；

A'_s——全部竖向钢筋的截面面积；

φ_{0g}——轴心受压构件的稳定系数；

β——构件的高厚比。

值得注意以下方面。

(1)当无箍筋或水平分布钢筋时，仍可按式(7-18)计算，但应使$f'_yA'_s=0$。

(2)配筋砌块砌体构件的计算高度H_0可取层高。

(3)配筋砌块砌体构件，当竖向钢筋仅配在中间时，其平面外偏心受压承载力按无筋砌体构件受压承载力的计算模式进行计算，但应采用砌块灌孔砌体的计算指标。这是因为按我国目前混凝土砌块标准，砌块的厚度为 190 mm，标准块最大孔洞率为 46%，在孔洞尺寸 120 mm × 120 mm 的情况下，孔洞中只能设置 1 根钢筋。因此，其平面外偏心受压承载力可简化为无筋砌体的计算模式。

3. 偏心受压配筋砌块砌体剪力墙正截面承载力计算

1)偏心受压配筋砌块大、小偏心的分类方法

相对界限受压区高度ξ_b的取值如下：

(1)对 HPB300 级钢筋取，$\xi_b=0.57$；

(2)对 HRB335 级钢筋取，$\xi_b=0.55$；

(3)对 HRB400 级钢筋取，$\xi_b=0.52$。

当截面受压区高度$x\leqslant\xi_bh_0$时，按大偏心受压计算。

当截面受压区高度$x>\xi_bh_0$时，按小偏心受压计算。

2)矩形截面大偏心受压承载力计算

大偏心受压极限状态下，截面应力如图 7-3(a)所示，由轴向力和力矩的平衡，可得

$$N\leqslant f_gbx+f'_yA'_s-f_yA_s-\sum f_{si}A_{si} \tag{7-20}$$

$$Ne_N\leqslant f_gbx(h_0-x/2)+f'_yA'_s(h_0-a'_s)-\sum f_{si}S_{si} \tag{7-21}$$

式中　N——轴向力设计值；

f_g——灌孔砌体的抗压强度设计值；

f_y、f'_y——竖向受拉、压主筋的强度设计值；

A_s、A'_s——竖向受拉、压主筋的截面面积；

b——截面宽度；

f_{si}——竖向分布钢筋的抗拉强度设计值；

A_{si}——单根竖向分布钢筋的截面面积；

S_{si}——第 i 根竖向分布钢筋对竖向受拉主筋的面积矩；

e_N——轴向力作用点到竖向受拉主筋合力点之间的距离；

a_s——受拉区纵向钢筋合力点至截面受拉区边缘的距离，对 T 形、L 形、工形截面，当

翼缘受压时取 300 mm，其他情况取 100 mm；

a_s'——受压区纵向钢筋合力点至截面受压区边缘的距离，对 T 形、L 形、工形截面，当翼缘受压时取 100 mm，其他情况取 300 mm。

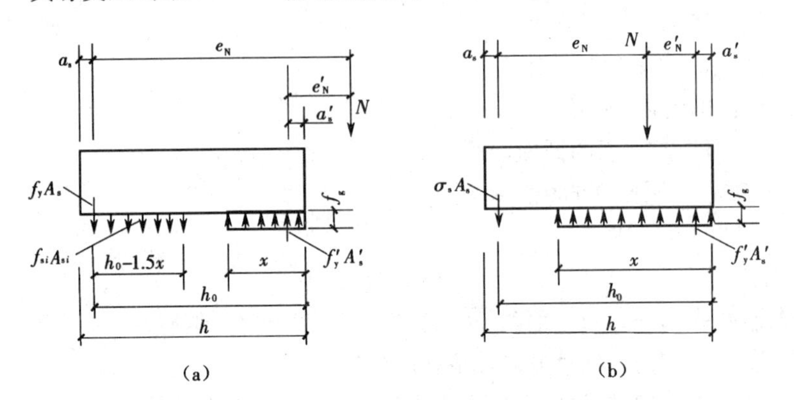

图 7－3　矩形截面偏心受压正截面承载力计算简图

当受压区高度 $x<2a_s'$时，其正截面承载力可按下式计算：

$$Ne_N' \leq f_yA_s(h_0-a_s') \tag{7-22}$$

式中　e_N'——轴向力作用点至竖向受压主筋合力点之间的距离。

3）矩形截面小偏心受压承载力计算

小偏心受压极限状态下，截面应力图可简化为图 7－3(b)所示。图中忽略了竖向分布钢筋，相对受拉边的钢筋应力为未知，其承载力应按下列公式计算：

$$N \leq f_gbx+f_y'A_s'-f_yA_s-\sigma_sA_s \tag{7-23}$$

$$Ne_N \leq f_gbx(h_0-x/2)+f_y'A_s'(h_0-a_s') \tag{7-24}$$

根据平截面假定，相对受拉边的钢筋应力可表示为

$$\sigma_s=\frac{f_y}{\xi_b-0.8}\left(\frac{x}{h_0}-0.8\right) \tag{7-25}$$

当受压区竖向受压主筋无箍筋或无水平钢筋约束时，可不考虑竖向主筋的作用，即取 $f_y'A_s'=0$。

矩形截面对称配筋砌块砌体小偏心受压时，同样不考虑竖向分布钢筋的作用，可近似按下列公式计算钢筋截面面积：

$$A_s=A_s'=\frac{Ne_N-\xi(1-0.5\xi)f_gbh_0^2}{f_y'(h_0-a_s')} \tag{7-26}$$

$$\xi=\frac{x}{h_0}=\frac{N-\xi_bf_gbh_0}{\dfrac{Ne_N-0.43f_gbh_0^2}{(0.8-\xi_b)(h_0-a_s')}+f_gbh_0}+\xi_b \tag{7-27}$$

4. T 形、L 形、工形截面偏心受压构件承载力计算

T 形、倒 L 形截面偏心受压构件，当翼缘和腹板的相交处采用错缝搭接砌筑和同时设置中距不大于 1.2 m 的配筋带（截面高度≥60 mm，钢筋不少于 2ϕ12）时，可考虑翼缘的共同工作，翼缘的计算宽度应按表 7－3 中的最小值采用，其正截面受压承载力应按下列规定计算。

(1) 当受压区高度 $x \leq h_f'$时，应按宽度为 b_f'的矩形截面计算。

(2)当受压区高度 $x > h'_f$ 时,则应考虑腹板的受压作用,应按下列公式计算。

①当为大偏心受压时,截面应力图简化为图7-4,截面承载力按下列公式计算:

$$N \leqslant f_g[bx + (b'_f - b)h'_f] + f'_y A'_s - f_y A_s - \sum f_{si} A_{si} \tag{7-28}$$

$$Ne_N \leqslant f_g[bx(h_0 - x/2) + (b'_f - b)h'_f(h_0 - h'_f/2)] + f'_y A'_s(h_0 - a'_s) - \sum f_{si} S_{si} \tag{7-29}$$

②当为小偏心受压时,截面应力图类似于图7-3(b)的矩形截面应力图,仍然忽略竖向分布钢筋的作用,截面承载力按下列公式计算:

$$N \leqslant f_g[bx + (b'_f - b)h'_f] + f'_y A'_s - \sigma_s A_s \tag{7-30}$$

$$Ne_N \leqslant f_g[bx(h_0 - x/2) + (b'_f - b)h'_f(h_0 - h'_f/2)] + f'_y A'_s(h_0 - a'_s) \tag{7-31}$$

式中　b'_f——T形或倒L形截面受压区的翼缘计算宽度;

h'_f——T形或倒L形截面受压区的翼缘高度。

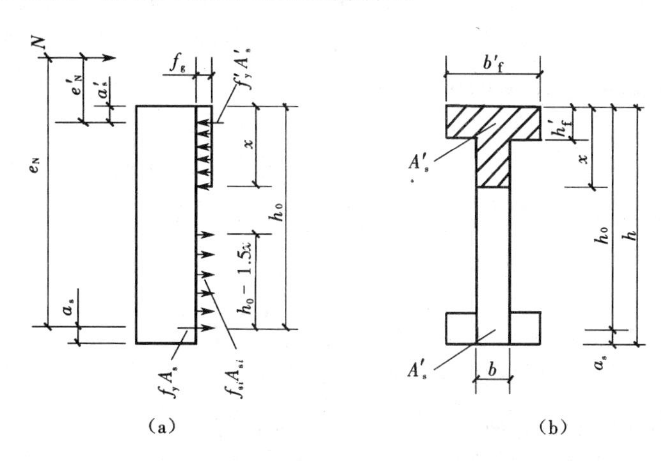

图7-4　T形截面偏心受压正截面承载力计算简图

表7-3　T形、倒L形截面偏心受压构件翼缘计算宽度 b'_f

考虑情况	T形截面	倒L形截面
按构件计算高度 H_0 考虑	$h_0/3$	$h_0/6$
按腹板间距 L 考虑	L	$L/2$
按翼缘厚度 h'_f 考虑	$b+12h'_f$	$b+6h'_f$
按翼缘的实际宽度 b'_f 考虑	b'_f	b'_f

7.4.2　斜截面受剪承载力计算

试验表明,配筋灌孔砌块砌体剪力墙的抗剪受力性能与非灌实砌块砌体墙有较大区别:由于灌孔混凝土的强度较高,砂浆的强度对墙体抗剪承载力的影响较少,这种墙体的抗震性能更接近于钢筋混凝土剪力墙。

配筋砌块砌体剪力墙的抗剪承载力除与材料强度有关外,还与垂直正应力、墙体的高宽比和剪跨比以及水平和垂直配筋率等因素有关。

1. 正应力 σ_0

湖南大学的试验研究表明,正应力即轴压比对抗剪承载力的影响,在轴压比不大的情况下,墙体的抗剪能力、变形能力随 σ_0 的增加而增加;但当 $\sigma_0 > 0.75f_m$ 时,墙体的破坏形态转为斜压破坏，σ_0 的增加反而使墙体的承载力有所降低。因此，根据我国试验结果，在剪力墙偏心受压承载力计算公式中，要考虑正应力的有利影响，但要控制正应力对抗剪承载力的贡献不大于 $0.12N$（美国是 $0.25N$），这是偏于安全的。

2. 剪力墙的高宽比或剪跨比（λ）

剪力墙的高宽比和剪跨比对其抗剪承载力的影响主要反映在不同的应力状态和破坏形态，小剪跨比试件，如 $\lambda \leq 1$，则趋于剪切破坏，而 $\lambda > 1$，则趋于弯曲破坏，剪切破坏的墙体抗侧承载力远大于弯曲破坏墙体的抗侧承载力。

3. 水平和垂直配筋率

配筋砌块砌体剪力墙中的钢筋提高了墙体的变形能力和抗剪能力。其中，水平钢筋（网）在通过斜截面上直接受拉抗剪，但它在墙体开裂前几乎不受力，墙体开裂直至达到极限荷载时，所有水平钢筋均参与受力并达到屈服。而竖向钢筋主要通过销栓作用抗剪，极限荷载时钢筋达不到屈服，墙体破坏时部分竖向钢筋可屈服。计算公式通过综合考虑正应力的影响，以无筋砌体部分承载力的调整给出了竖向钢筋对斜截面抗剪承载力的贡献。

4. 斜截面承载力计算公式

综合以上分析，并考虑到与《混凝土结构设计规范》及《建筑抗震设计规范》协调，得出偏心受压和偏心受拉配筋砌块砌体剪力墙斜截面承载力，应按下列公式计算。

（1）偏心受压时斜截面承载力计算公式：

$$V \leq \frac{1}{\lambda - 0.5}\left(0.6 f_{vg} b h_0 + 0.12 N \frac{A_w}{A}\right) + 0.9 f_{yh} \frac{A_{sh}}{s} h_0 \tag{7-32}$$

$$\lambda = M/(V h_0) \tag{7-33}$$

式中 f_{vg}——灌孔砌体的抗剪强度设计值，应按式（3-13）采用；

M、N、V——计算截面的弯矩、轴向力和剪力设计值，当 $N > 0.25 f_g bh$ 时，取 $N = 0.25 f_g bh$；

A——剪力墙的截面面积，其中翼缘的有效面积可按表 7-3 采用；

A_w——T 形或倒 L 形截面腹板的截面面积，对矩形截面取 $A_w = A$；

λ——计算截面的剪跨比，当 $\lambda < 1.5$ 时，取 $\lambda = 1.5$，当 $\lambda \geq 2.2$ 时，取 $\lambda = 2.2$；

b、h_0——剪力墙截面的宽度或 T 形、倒 L 形截面腹板宽度和有效高度；

A_{sh}——配置在同一截面内的水平分布钢筋或网片的全部截面面积；

s——水平分布钢筋的竖向间距；

f_{yh}——水平钢筋的抗拉强度设计值。

（2）偏心受拉时斜截面承载力计算公式：

$$V \leq \frac{1}{\lambda - 0.5}\left(0.6 f_{vg} b h_0 - 0.22 N \frac{A_w}{A}\right) + 0.9 f_{yh} \frac{A_{sh}}{s} h_0 \tag{7-34}$$

（3）公式的适用条件（剪力墙的截面控制）：

$$V \leq 0.25 f_g b h_0 \tag{7-35}$$

7.4.3 配筋砌块砌体剪力墙连梁的斜截面受剪承载力

配筋砌块砌体连梁除应满足正截面承载力要求外，还必须满足受剪承载力要求，以避免产生受剪破坏后导致剪力墙的延性降低。配筋砌块砌体剪力墙连梁的斜截面受剪承载力，应符合下列规定。

(1)当连梁采用钢筋混凝土时,连梁的承载力应按《混凝土结构设计规范》的有关规定进行计算。

(2)当连梁采用配筋砌块砌体时,应符合下列规定。

①连梁的截面应满足下式要求:

$$V_b \leqslant 0.25 f_g b h_0 \tag{7-36}$$

②连梁的斜截面受剪承载力应按下式计算:

$$V_b \leqslant 0.8 f_{vg} b h_0 + f_{yv} \frac{A_{sv}}{s} h_0 \tag{7-37}$$

式中　V_b——连梁的剪力设计值;

b——连梁的截面宽度;

h_0——连梁的截面有效高度;

A_{sv}——配置在同一截面内箍筋各肢的全部截面面积;

f_{yv}——箍筋的抗拉强度设计值;

s——沿构件长度方向箍筋的间距。

7.4.4　配筋砌块砌体剪力墙构造规定

1. 钢筋的构造规定

配筋砌块砌体对钢筋的要求与钢筋混凝土结构对钢筋的要求有很多相似之处,但又有其特点,表现在以下方面:配筋砌块砌体中钢筋的规格要受到孔洞和灰缝的限制;钢筋的接头宜采用搭接或非接触搭接,以便于先砌墙后插筋、再就位绑扎和浇筑混凝土的施工工艺;位于灌孔混凝土中的钢筋,不论位置是否对中,均能在远小于规定的锚固长度内达到屈服;对于配置在水平灰缝中的受力钢筋,其握裹条件较灌孔混凝土中的钢筋要差一些,因此在保证足够的砂浆保护层的条件下,其搭接长度较其他条件下要长。

1)钢筋的选择应符合下列规定

(1)钢筋的直径不宜大于25 mm,当设置在灰缝中时不应小于4 mm,在其他部位不应小于10 mm。

(2)配置在孔洞或空腔中的钢筋面积不应大于孔洞或空腔面积的6%。

2)钢筋的设置应符合下列规定

(1)设置在灰缝中钢筋的直径不宜大于灰缝厚度的1/2。

(2)两平行的水平钢筋间的净距不应小于50 mm。

(3)柱和壁柱中的竖向钢筋的净距不宜小于40 mm(包括接头处钢筋间的净距)。

3)钢筋在灌孔混凝土中的锚固应符合下列规定

(1)当计算中充分利用竖向受拉钢筋强度时,其锚固长度 l_a,对HRB335级钢筋不应小于30d,对HRB400和RRB400级钢筋不应小于35d,在任何情况下钢筋(包括钢丝网片)锚固长度不应小于300 mm。

(2)竖向受拉钢筋不应在受拉区截断,如必须截断时,应延伸至按正截面受弯承载力计算不需要该钢筋的截面以外,延伸的长度不应小于20d。

(3)竖向受压钢筋在跨中截断时,必须伸至按计算不需要该钢筋的截面以外,延伸的长度不应小于20d,对绑扎骨架中末端无弯钩的钢筋不应小于25d。

(4)钢筋骨架中的受力光面钢筋,应在钢筋末端作弯钩,在焊接骨架、焊接网以及轴心受压构件中不作弯钩,绑扎骨架中的受力带肋钢筋,在钢筋的末端不作弯钩。

4)钢筋的接头应符合下列规定

(1)钢筋的直径大于22 mm时宜采用机械连接接头,接头的质量应符合国家现行有关标准的规定。

(2)其他直径的钢筋可采用搭接接头,并应符合下列要求:

①钢筋的接头位置宜设置在受力较小处;

②受拉钢筋的搭接接头长度不应小于$1.1l_a$,受压钢筋的搭接接头长度不应小于$0.7l_a$,且不应小于300 mm;

③当相邻接头钢筋的间距不大于75 mm时,其搭接长度应为$1.2l_a$,当钢筋间接头错开$20d$时,搭接长度可不增加。

5)水平受力钢筋(网片)的锚固和搭接长度应符合下列规定

(1)在凹槽砌块混凝土带中钢筋的锚固长度不宜小于$30d$,且其水平或垂直弯折段的长度不宜小于$15d$和200 mm,钢筋的搭接长度不宜小于$35d$。

(2)在砌体水平灰缝中,钢筋的锚固长度不宜小于$50d$,且其水平或垂直弯折段的长度不宜小于$20d$和250 mm,钢筋的搭接长度不宜小于$55d$。

(3)在隔皮或错缝搭接的灰缝中为$50d+2h$,其中d为灰缝受力钢筋的直径,h为水平灰缝的间距。

6)钢筋的最小保护层厚度应符合下列要求。

(1)灰缝中钢筋外露砂浆保护层不宜小于15 mm。

(2)位于砌块孔槽中的钢筋保护层,在室内正常环境不宜小于20 mm,在室外或潮湿环境不宜小于30 mm。

对安全等级为一级或设计使用年限大于50年的配筋砌体结构构件,钢筋的保护层应比本条规定的厚度至少增加5 mm,或采用经防腐处理的钢筋、抗渗混凝土砌块等措施。

2.配筋砌块砌体剪力墙、连梁

1)配筋砌块砌体剪力墙、连梁的砌体材料强度等级应符合下列规定

(1)砌块不应低于MU10。

(2)砌筑砂浆不应低于Mb7.5。

(3)灌孔混凝土不应低于Cb20。

对安全等级为一级或设计使用年限大于50年的配筋砌块砌体房屋,所用材料的最低强度等级应至少提高一级

2)配筋砌块砌体剪力墙厚度、连梁截面宽度要求

配筋砌块砌体剪力墙厚度、连梁截面宽度不应小于190 mm。

3)配筋砌块砌体剪力墙的构造配筋应符合下列规定

(1)应在墙的转角、端部和孔洞的两侧配置竖向连续的钢筋,钢筋直径不应小于12 mm。

(2)应在洞口的底部和顶部设置不小于2ϕ10的水平钢筋,其伸入墙内的长度不宜小于$40d$和600 mm。

(3)应在楼(屋)盖的所有纵横墙处设置现浇钢筋混凝土圈梁,圈梁的宽度和高度应等于墙厚和块高,圈梁主筋不应小于4ϕ10,圈梁的混凝土强度等级不应低于同层混凝土块体强度等级的2倍,或该层灌孔混凝土的强度等级,也不应低于C20。

(4)剪力墙其他部位的竖向和水平钢筋的间距不应大于墙长、墙高的 1/3,也不应大于 900 mm。

(5)剪力墙沿竖向和水平方向的构造钢筋配筋率均不应小于 0.07%。

4)按壁式框架设计的配筋砌块砌体窗间墙除应符合 2)和 3)的规定外,尚应符合下列规定

(1)窗间墙的截面应符合下列要求:

①墙宽不应小于 800 mm;

②墙净高与墙宽之比不宜大于 5。

(2)窗间墙中的竖向钢筋应符合下列要求:

①每片窗间墙中沿全高不应少于 4 根钢筋;

②沿墙的全截面应配置足够的抗弯钢筋;

③窗间墙的竖向钢筋的配筋率不宜小于 0.2%,也不宜大于 0.8%。

(3)窗间墙中的水平分布钢筋应符合下列规定:

①水平分布钢筋应在墙端部纵筋处向下弯折 90°,弯折长度不小于 $15d$ 和 150 mm;

②水平分布钢筋的间距在距梁边 1 倍墙宽范围内不应大于 1/4 墙宽,其余部位不应大于 1/2 墙宽;

③水平分布钢筋的配筋率不宜小于 0.15%。

5)配筋砌块砌体剪力墙应按下列情况设置边缘构件

(1)当利用剪力墙端部的砌体受力时,应符合下列规定:

①应在一字墙的端部至少 3 倍墙厚范围内的孔中设置不小于 $\phi12$ 通长竖向钢筋;

②应在 L、T 或十字形墙交接处 3 或 4 个孔中设置不小于 $\phi12$ 通长竖向钢筋;

③当剪力墙的轴压比大于 $0.6f_g$ 时,除按上述规定设置竖向钢筋外,尚应设置间距不大于 200 mm、直径不小于 6 mm 的钢箍。

(2)当在剪力墙墙端设置混凝土柱作为边缘构件时,应符合下列规定:

①柱的截面宽度宜不小于墙厚,柱的截面高度宜为 1 ~ 2 倍的墙厚,并不应小于 200 mm;

②柱的混凝土强度等级不宜低于该墙体块体强度等级的 2 倍,或不低于该墙体灌孔混凝土的强度等级,也不应低于 Cb20;

③柱的竖向钢筋不宜小于 $4\phi12$,箍筋不宜小于 $\phi6$,间距不宜大于 200 mm;

④墙体中的水平钢筋应在柱中锚固,并应满足钢筋的锚固要求;

⑤柱的施工顺序宜为先砌砌块墙体,后浇捣混凝土。

6)配筋砌块砌体剪力墙中当连梁采用钢筋混凝土时,连梁混凝土的强度等级要求

配筋砌块砌体剪力墙中当连梁采用钢筋混凝土时,连梁混凝土的强度等级不宜低于同层墙体块体强度等级的 2 倍,或同层墙体灌孔混凝土的强度等级,也不应低于 C20;其他构造尚应符合现行国家标准《混凝土结构设计规范》的有关规定要求。

7)配筋砌块砌体剪力墙中当连梁采用配筋砌块砌体时,连梁应符合下列规定

(1)连梁的截面应符合下列要求:

①连梁的高度不应小于两皮砌块的高度和 400 mm;

②连梁应采用 H 形砌块或凹槽砌块组砌,孔洞应全部浇灌混凝土。

(2)连梁的水平钢筋宜符合下列要求:

①连梁上、下水平受力钢筋宜对称、通长设置,在灌孔砌体内的锚固长度不宜小于 $40d$

和 600 mm；

②连梁水平受力钢筋的含钢率不宜小于 0.2%，也不宜大于 0.8%。

(3)连梁的箍筋应符合下列要求：

①箍筋的直径不应小于 6 mm；

②箍筋的间距不宜大于 1/2 梁高和 600 mm；

③在距支座等于梁高范围内的箍筋间距不应大于 1/4 梁高，距支座表面第一根箍筋的间距不应大于 100 mm；

④箍筋的面积配筋率不宜小于 0.15%；

⑤箍筋宜为封闭式，双肢箍末端弯钩为 135°，单肢箍末端的弯钩为 180°，或弯 90°加 12 倍箍筋直径的延长段。

3. 配筋砌块砌体柱

配筋砌块砌体柱(图 7-5)除应满足砌块不应低于 MU10、砌筑砂浆不应低于 Mb7.5、灌孔混凝土不应低于 Cb20 要求外，尚应符合下列规定。

(1)柱截面边长不宜小于 400 mm，柱高度与截面短边之比不宜大于 30。

(2)柱的竖向受力钢筋的直径不宜小于 12 mm，数量不应少于 4 根，全部竖向受力钢筋的配筋率不宜小于 0.2%。

(3)柱中箍筋的设置应根据下列情况确定：

①当纵向钢筋的配筋率大于 0.25%，且柱承受的轴向力大于受压承载力设计值的 25%时，柱应设箍筋，当配筋率不大于 0.25%时，或柱承受的轴向力小于受压承载力设计值的 25%时，柱中可不设置箍筋；

②箍筋直径不宜小于 6 mm；

③箍筋间距不应大于 16 倍纵向钢筋直径、48 倍箍筋直径及柱截面短边尺寸中较小者；

④箍筋应封闭，端部应弯钩或纵筋水平弯折 90°，弯折长度不小于 $10d$；

⑤箍筋应设置在灰缝或灌孔混凝土中。

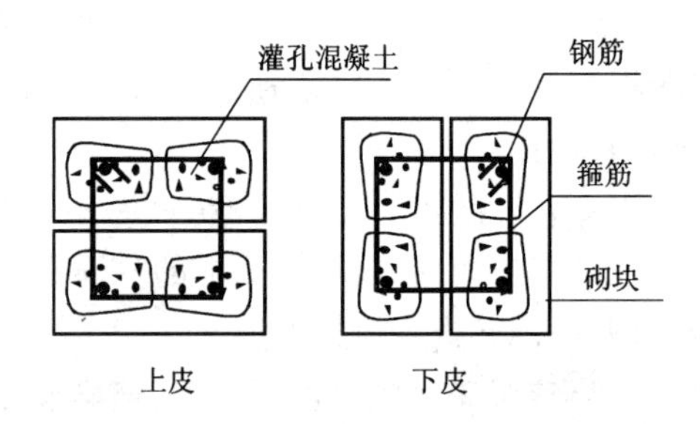

图 7-5 配筋砌块砌体柱截面示意图

思考题及习题

7-1 何谓配筋砌体？配筋砌体有哪几种主要形式？

7-2 网状配筋砌体提高砌体抗压强度的原因是什么？

7-3 网状配筋砖砌体公式中影响系数 φ_n 主要与哪些因素有关？

7-4 网状配筋砖砌体的适用范围及构造要求有哪些？

7－5　组合砖砌体的适用范围及计算特点如何？

7－6　钢筋混凝土构造柱组合砖墙有哪些构造措施？

7－7　配筋砌块砌体在作正截面承载力计算时有哪些基本假定？

7－8　已知某网状配筋砖柱 $b \times h = 370\ \text{mm} \times 490\ \text{mm}$，采用MU10砖和M7.5混合砂浆砌筑，计算高度 $H_0 = 3.6\ \text{m}$，承受轴向力设计值 $N = 160\ \text{kN}$，沿长边方向的弯矩设计值 $M = 9.8\ \text{kN} \cdot \text{m}$，网状配筋采用 $\Phi^b 4 (f_y = 350\ \text{MPa})$ 冷拔低碳钢丝，钢丝间距 $a = b = 50\ \text{mm}$，$s_n = 252\ \text{mm}$，试验算柱承载力。

7－9　某混凝土面层组合砖柱，截面尺寸如图7－6所示，柱计算高度 $H_0 = 5.4\ \text{m}$，采用MU10砖、M7.5混合砂浆砌筑，面层混凝土为C20。该砖柱承受轴向压力设计值 $N = 850\ \text{kN}$，沿柱长边方向的弯矩 $M = 60\ \text{kN} \cdot \text{m}$，截面两侧配有3根直径为14 mm的HRB335级钢筋。试验算其承载力。

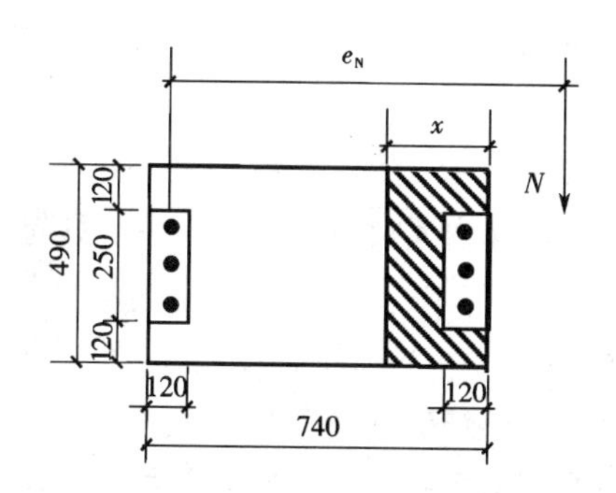

图7－6　配筋砌块砌体柱截面示意图

7－10　某承重横墙厚240 mm，采用砌体和钢筋混凝土构造柱组合墙形式，MU10砖和M5.0混合砂浆砌筑，计算高度 $H_0 = 3.9\ \text{m}$。构造柱截面240 mm×240 mm，间距1.5 m；柱内配有4根直径为14 mm的HPB300级纵向钢筋，混凝土等级为C25。求1 m横墙所能承受的轴心压力设计值。

第 8 章　砌体结构房屋抗震设计

8.1　砌体结构房屋的震害

造成砌体结构房屋震害严重的原因是多方面的,除了砌体结构本身抗剪强度低以外,还与砌体结构房屋未采取有效的抗震构造措施,或者未经抗震设防以及高烈度地区未经系统论证等因素有关。多层砌体房屋在地震作用下发生破坏的根本原因是地震作用在结构中的效应(内力、应力)超过了结构材料的抗力。基于这一点,可将多层砌体房屋发生震害的原因分为以下三大类。

(1)房屋建筑结构布置不合理造成的局部地震作用效应过大,如房屋平立面布置突变造成结构刚度突变,使地震作用异常增大;结构布置不对称引起的扭转振动,使得房屋两端墙片所受地震作用增大等。

(2)房屋构件(墙片、楼盖、屋盖)间的连接强度不足,使各构件间的连接遭到破坏,地震作用产生较大变形时,相互间连接遭到破坏的各构件丧失稳定,发生局部倒塌。

(3)砌体墙片抗震强度不足,当墙片所受的地震作用大于墙片的抗震强度时,墙片就会开裂,甚至局部倒塌。

砌体结构房屋的抗震设计可分成以下三个部分。

(1)建筑布置与结构选型——概念设计:包括合理的建筑和结构布置,房屋的总高度、总层数的限制等,主要目的是使房屋在地震作用下均匀受力,不产生过大的内力或应力。

(2)抗震构造措施——构造设计:主要包括加强房屋整体性和构件间连接强度的措施,如构造柱、圈梁、拉结筋的布置以及楼板搁置长度等。

(3)抗震强度验算——计算设计:包括墙片地震作用及抗震强度的计算,确保房屋墙片在地震作用下不发生破坏。

8.2　多层砌体房屋的抗震概念设计

《建筑抗震设计规范》非常强调抗震概念的思想,许多规定来源于震害经验的总结,并吸取了试验研究的成果。抗震概念设计除了总体布置、结构选型等方面的要求外,还包括一系列限制条件。

8.2.1　结构选型和布置

多层砌体房屋的建筑结构布置,应符合下列要求。

(1)应优先采用横墙承重或纵横墙共同承重的结构体系,不应采用砌体墙和混凝土墙混合承重的结构体系。

(2)纵横向砌体抗震墙的布置应符合下列要求:

①宜均匀对称，沿平面内宜对齐，沿竖向应上下连续，且纵横向墙体的数量不宜相差过大；

②平面轮廓凹凸尺寸不应超过典型尺寸的50%，当超过典型尺寸的25%时，房屋转角处应采取加强措施；

③楼板局部大洞口的尺寸不宜超过楼板宽度的30%，且不应在墙体两侧同时开洞；

④房屋错层的楼板高差超过500 mm时，应按两层计算，错层部位的墙体应采取加强措施；

⑤同一轴线上的窗间墙宽度宜均匀，墙面洞口的面积在地震烈度为6、7度时不宜大于墙面总面积的55%，8、9度时不宜大于50%；

⑥在房屋宽度方向的中部应设置内纵墙，其累计长度不宜少于房屋总长度的60%（高宽比不大于4的墙段不计入）。

8.2.2　房屋总高度及层数的限值

历次地震的震害表明，在不多烈度区域内，四、五层砌体房屋的震害比二、三层砌体房屋的震害严重得多，六层及六层以上砌体房屋的震害更加严重。这表明多层砌体房屋的抗震能力与房屋的高度有直接的联系。砌体本身是脆性材料，变形能力小，地震作用下极易发生严重破坏，而一旦墙体开裂，持续的地面运动就可能使破裂的墙体发生平面错动，从而大幅降低墙体的竖向承载力。上面的层数多且重量大时，已破碎的墙体可能被压垮，导致房屋整体倒塌。因此，适当限制砌体结构房屋的高度和层数无疑是减轻地震灾害的较经济有效的措施。

一般来讲，楼盖的重量占房屋层重的35%左右。当房屋总高度相同时，若增加一层楼盖就意味着增加半层楼的作用，相当于房屋增高了半层，因此《建筑抗震设计规范》对房屋总高度采用高度和层数两个指标进行控制。

一般情况下，房屋的层数和高度不应超过表8－1的规定。

表8－1　多层砌体房屋的层数和总高度限值

房屋类别		最小墙厚/mm	烈度和设计基本地震加速度											
			6		7				8				9	
			0.05g		0.10g		0.15g		0.20g		0.30g		0.40g	
			高度/m	层数	高度/m	层数	高度/m	层数	高度/m	层数	高度/m	层数	高度/m	层数
多层砌体房屋	普通砖	240	21	7	21	7	21	7	18	6	15	5	12	4
	多孔砖	240	21	7	21	7	18	6	18	6	15	5	9	3
		190	21	7	18	6	15	5	15	5	12	4	—	—

注：1. 房屋的总高度指室外地面到主要屋面板板顶或檐口的高度，半地下室从地下室室内地面算起，全地下室和嵌固条件好的半地下室应允许从室外地面算起；对带阁楼的坡屋面应算到山尖墙的1/2高度处。

2. 室内外高差大于0.6 m时，房屋总高度应允许比表中的数据适当增加，但增加量应小于1.0 m。

3. 乙类的多层砌体房屋仍按本地区设防烈度查表，其层数应减少一层且总高度应降低3 m。

横墙较少的多层砌体房屋，总高度应比表8－1的规定数值降低3 m，层数相应减少一层;横墙很少的多层砌体房屋,还应再减少一层。

注意:横墙较少是指同一楼层内开间大于 4.2 m 的房间占该层总面积的 40% 以上;开间不大于 4.2 m 的房间占该层总面积不到 20%,且开间大于 4.8 m 的房间占该层总面积的 50% 以上为横墙很少。

8.2.3 房屋的最大高宽比限值

为了使多层砌体房屋有足够的稳定性和整体抗弯能力,房屋的高宽比应满足表 8-2 的要求。

表 8-2 房屋最大高宽比

地震烈度	6	7	8	9
最大高宽比	2.5	2.5	2.0	1.5

注:1. 单面走廊房屋总宽度不包括走廊宽度。

2. 建筑平面接近正方形时,其高宽比宜适当减小。

8.2.4 抗震墙间距的最大限值

多层砌体房屋的承重墙体是地震中承受和传递水平地震作用的构件。在房屋横向,横墙是抗侧力构件,承受全部横向地震作用,当横墙间距过大而导致楼盖刚性较差时,水平地震作用就不能有效地向横墙传递,而只能传向纵墙,使纵墙发生平面外的弯曲,这是十分危险的,因此必须限制横墙间距。同时,层间的水平地震作用,还依靠楼盖平面内的刚性墙体传递。楼盖的水平刚度大,横墙间距可以大一些;楼盖的水平刚度小,横墙间距必须小一些。当楼盖的水平刚度不大,而横墙间距又较大时,则楼盖不能充分发挥其传递水平地震力到横墙的能力,导致纵墙的先行破坏。为了满足楼盖对传递水平地震作用所需刚度的要求,根据《建筑抗震设计规范》,按多层砌体房屋的结构类型、烈度大小和楼盖刚性的不同,规定了抗震横墙的最大间距应符合表 8-3 的要求。

表 8-3 多层砌体房屋抗震横墙的间距 (m)

房屋类别		地震烈度			
		6	7	8	9
多层砌体房屋	现浇或装配整体式钢筋混凝土楼、屋盖	15	15	11	7
	装配式钢筋混凝土楼、屋盖	11	11	9	4
	木屋盖	9	9	4	
底部框架-抗震墙砌体房屋	上部各层	同多层砌体房屋			
	底层或底部两层	18	15	11	

注:1. 多层砌体房屋的顶层,除木屋盖外的最大横墙间距外,其他应允许适当放宽,但应采取相应加强措施。

2. 多孔砖抗震横墙厚度为 190 mm 时,最大间距应比表中数值减少 3 m。

8.2.5　房屋局部尺寸的限值

在强烈地震作用下，房屋首先在最薄弱的部位破坏。这些薄弱部位一般是窗间墙、尽端墙段以及突出屋面的女儿墙等。因此，有必要对这些部位的尺寸进行控制。《建筑抗震设计规范》明确规定，多层砌体房屋的局部尺寸限值应符合表 8－4 的要求。

表 8－4　多层砌体房屋的局部尺寸限值　(m)

部位	地震烈度			
	6	7	8	9
承重窗间墙最小宽度	1.0	1.0	1.2	1.5
承重外墙尽端至门窗洞边的最小距离	1.0	1.0	1.2	1.5
非承重外墙尽端至门窗洞边的最小距离	1.0	1.0	1.0	1.0
内墙阳角至门窗洞边的最小距离	1.0	1.0	1.5	2.0
无锚固女儿墙(非出入口处)的最大高度	0.5	0.5	0.5	0.0

注:1. 局部尺寸不足时应采用局部加强措施弥补。

2. 出入口处的女儿墙应有锚固。

8.3　多层砌体房屋的抗震验算

8.3.1　水平地震作用的计算

地震时，多层砌体房屋的破坏主要是由水平地震作用引起的。因此，对于多层砌体房屋的抗震计算，一般只考虑水平地震作用的影响，可不考虑竖向地震作用的影响。

多层砌体房屋的高度不超过 40 m，质量和刚度沿高度分布比较均匀，水平振动时以剪切变形为主。因此，在进行结构的抗震计算时，可以采用底部剪力法等简化方法。

1. 计算简图

多层砌体房屋可视为嵌固于基础顶面竖立的悬臂梁，并将各层质量集中于每层的楼盖处。由于楼盖平面内刚度很大，墙体又以剪切变形为主，因此采用以下假定：

(1) 质量集中在楼盖处，只计算楼盖、上下各半层墙体自重和活荷载的一半；

(2) 楼盖平面内刚度无穷大，可以质点代替；

(3) 只考虑第一振型，以基础处为零的斜直线表示。

计算简图如图 8－1 所示。

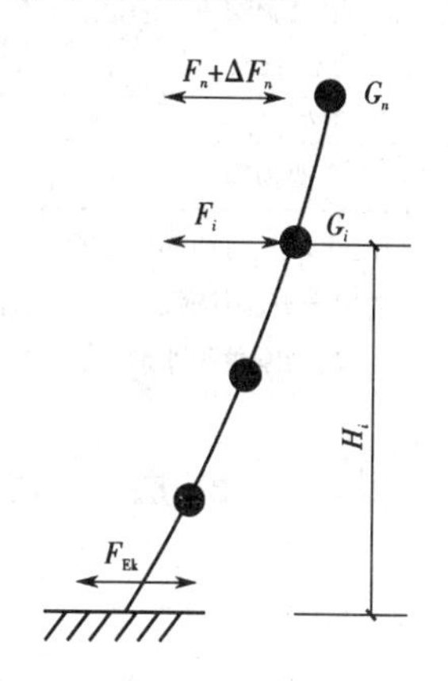

图 8－1　结构水平地震作用计算简图

计算地震作用时，建筑的重力荷载代表值应取结构和构配件自重标准值与各层可变荷载组合值之和。各可变荷载的组合值系数按照表 8－5 采用。

表8-5 可变荷载组合值系数

可变荷载种类		组合值系数
雪荷载		0.5
屋面积灰荷载		0.5
屋面活荷载		不考虑
按实际情况考虑的楼面活荷载		1.0
按等效均布荷载考虑的楼面活荷载	藏书库、档案库	0.8
	其他民用建筑	0.5
吊车悬吊物重力	硬钩吊车	0.3
	软钩吊车	不考虑

2. 水平地震作用的计算

对质量和刚度沿高度分布比较均匀的多层墙体结构，以剪切变形为主，可采用底部剪力法计算地震作用标准值，即水平地震影响系数 α 乘以结构等效总重力荷载代表值 G_{eq}。砌体结构刚度大，自振周期短，一般在 0.2～0.3 s。《建筑抗震设计规范》规定，对于多层砌体房屋、底层框架房屋可偏于安全地取第一振型的 $\alpha=\alpha_{max}$。于是，结构的总地震作用标准值为

$$F_{Ek}=\alpha G_{eq} \tag{8-1}$$

其中

$$G_{eq}=0.85\sum G_i \quad (i=1,2,\cdots,n) \tag{8-2}$$

按倒三角形分布的各质点的地震作用为

$$F_i=(G_iH_i/\sum_{i=1}^{n} G_iH_i)F_{Ek} \tag{8-3}$$

水平影响系数最大值 α_{max} 见表8-6。

表8-6 水平地震影响系数最大值 α_{max}

地震影响	烈度			
	6	7	8	9
多遇地震	0.04	0.08(0.12)	0.16(0.24)	0.32
罕遇地震	0.28	0.5(0.72)	0.90(1.20)	1.40

注：表中括号内的数值分别用于设计基本地震加速度 0.15g 和 0.30g 的地区。计算地面高度时，结构底部截面位置的确定方法：当没有地下室时，为室外地坪以下 0.5 m 处；当设有地下室时，且地下室整体刚度很大，为地下室顶板上皮；当刚度很小时，为地下室室内地坪处。

作用在第 i 层的地震剪力 V_i 为 i 层以上各层地震作用之和，即

$$V_i=\sum_{j=i}^{n} F_j \tag{8-4}$$

8.3.2 楼层地震剪力在墙体间的分配

水平地震作用通过楼(屋)盖传递分配给楼层中各墙体，并在各墙体中产生剪力。某一楼层中各墙体剪力的合力就是该楼层的楼层地震剪力，各墙体剪力的大小也就是楼层地震

剪力在该楼层各墙体间的分配,主要取决于楼(屋)盖的水平刚度及各墙体的侧移刚度。

楼层地震剪力指的是作用在房屋结构某一层上的剪力。首先地震剪力分配到各道抗震墙上(第一次分配),然后再分配到每一个墙段上(第二次分配)。这样,某一道墙的地震剪力已知后,才能按照砌体结构设计方法对其进行抗震验算。

1. 刚性楼盖房屋

刚性楼盖是指现浇钢筋混凝土楼盖及装配整体式钢筋混凝土楼盖。当横墙间距符合《建筑抗震设计规范》的规定时,即受横向水平地震作用时,刚性楼盖在其水平面内变形很小,故可将刚性楼盖视作在其平面内为绝对刚性的连续梁,而横墙为其弹性支座,如图 8 - 2 所示。当结构布置和荷载分布都对称时,房屋的刚度中心与质量中心重合,而不发生扭转,楼盖发生整体相对平移运动,各横墙将发生相等的层间位移,此时刚性连续梁各支座的反力即为各抗震横墙所承受的地震剪力,它与支座的弹性刚度成正比,即各道横墙所承受的地震剪力是按各墙的侧移刚度比例进行分配的。

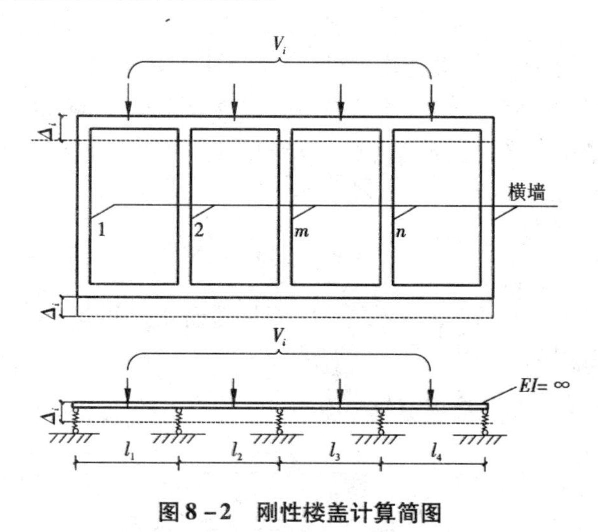

图 8 - 2　刚性楼盖计算简图

若已知第 i 层横向墙体的层间等效刚度之和,则在第 i 层层间地震剪力作用下产生的层间位移可按下式计算:

$$u = V_i/K_i = V_i/\sum_{k=1}^{n} K_{ik} \tag{8-5}$$

第 i 层第 m 片横墙所分配的水平地震剪力 V_{im} 可以按下式计算:

$$V_{im} = K_{im}u = K_{im}V_i/\sum_{k=1}^{n} K_{ik} \tag{8-6}$$

式中　K_{im}, K_{ik}——第 i 层第 m 片、第 k 片墙体的层间等效侧移刚度;

V_i——房屋第 i 层的横向水平地震力。

对于无门窗洞的砖横墙,同一层中各片墙的侧移刚度与层间侧移刚度的比,在满足无错层(同一层中各墙高度相同)、砖和砂浆强度等级相同(砌体的剪切模量相同)、各片墙的高度比属于同一范围的情况下,其刚度比可以简化。由于大部分墙体的高度比小于 1,其弯曲变形小。对于这样的多层砌体房屋,在计算各道横墙的侧移刚度时,一般可只考虑剪切变形的影响,故

$$K_{im}=\frac{A_{im}G_{im}}{\xi h_{im}}$$

式中 G_{im}——第 i 层第 m 道墙砌体的剪切模量；

A_{im}——第 i 层第 m 道墙砌体的净横截面面积；

h_{im}——第 i 层第 m 道墙的高度。

当各墙的高度相同、材料相同时，G_{im} 相同，经简化得

$$V_{im}=(A_{im}/\sum_{m=1}^{s}A_{im})V_i=\frac{A_{im}}{A_i}V_i \tag{8-7}$$

上式表明，对刚性楼盖，当各道横墙高度、材料相同时，其楼层水平地震剪力可按各道横墙的横截面面积比例进行分配。

2. 柔性楼盖房屋

对于木楼盖等柔性楼盖房屋，由于楼盖的整体性差、水平刚度小，故受横向水平地震作用时，楼盖除平移外，还产生弯曲变形，在各支承处（即各横墙处）楼盖变形不相同、变形曲线也不连续，因此可视楼盖为一多跨简支梁，分段铰接于各片横墙上，各片横墙独立地变形如图 8－3 所示。各片横墙所承担的地震作用为该墙两侧横道（墙）之间各一半面积楼（屋）盖上的重力荷载代表值所产生的地震作用。所以，各片横墙所承担的地震剪力即可按各墙所承担的上述重力荷载代表值的比例进行分配，即

$$V_{ij}=\frac{G_{ij}}{G_i}V_i \tag{8-8}$$

式中 G_{ij}——第 i 层楼盖上第 j 道墙与左右两侧相邻横墙之间各一半楼盖面积上承担的重力荷载之和；

G_i——第 i 层楼盖上所承担的总重力荷载。

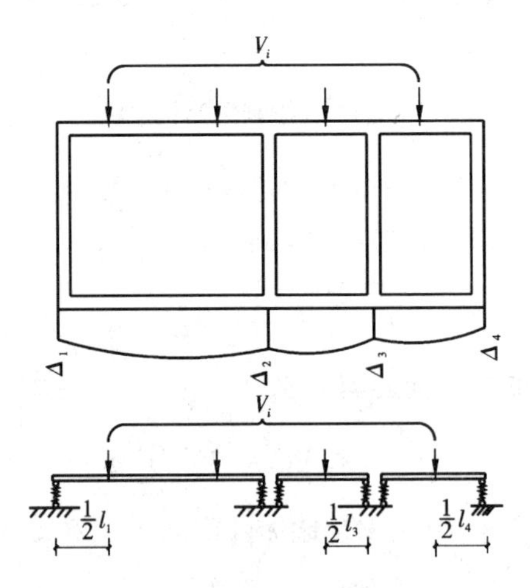

8－3 柔性楼盖计算简图

当楼层上重力荷载均匀分布时，上述计算可进一步简化为按各墙从属面积的比例进行分配。应该注意，从属面积是指墙体负担地震作用的面积，是依水平地震作用来划分的荷载面积，且横向水平地震作用全都由横墙承担。

3. 中等刚度楼盖房屋

采用预制板的装配式钢筋混凝土楼盖属于中等刚度楼盖，其水平刚度介于刚性楼盖和

柔性楼盖之间,要精确计算是比较烦琐的。由于目前尚缺乏研究的可靠依据,对这种楼(屋)盖房屋中抗震横墙所承受的楼层地震剪力的计算,多采用简化的近似方法,《建筑抗震设计规范》建议取刚性楼盖和柔性楼盖分配结果的平均值:

$$V_{im}=\frac{1}{2}\left(\frac{K_{im}}{K_i}+\frac{G_{im}}{G_i}\right)V_i \tag{8-9}$$

对于一般房屋,当同层墙高相同、所用材料相同,忽略墙体弯曲变形的影响,且楼(屋)盖上重力荷载代表值均匀分布时,也可用下式进行分配:

$$V_{im}=\frac{1}{2}\left(\frac{A_{im}}{A_i}+\frac{F_{im}}{F_i}\right)V_i \tag{8-10}$$

同一幢建筑物,各层采用不同类型楼(屋)盖时,则应按不同楼(屋)盖类型分别进行楼层地震剪力的分配计算。

(1)当对纵向地震剪力进行计算时,由于楼盖沿纵向的水平刚度要比水平刚度大得多,故可将纵向水平地震剪力按墙体刚度比例分配给各纵墙。

(2)进行地震剪力分配和截面验算时,砌体墙段的层间抗侧力等效刚度应按下列原则确定。

①刚度的计算应考虑高宽比的影响。高宽比小于 1 时,可只考虑剪切变形;高宽比不大于 4 且不小于 1 时,应同时考虑弯曲和剪切变形;高宽比大于 4 时,可不考虑刚度。

②墙段宜按门窗洞口划分,对小开口墙段按毛墙面计算的刚度,可根据开洞率乘以表 8－7 中的洞口影响系数。

表 8－7　墙段洞口影响系数

开洞率	0.10	0.20	0.30
影响系数	0.98	0.94	0.88

注:开洞率为洞口面积与墙段毛面积之比,窗洞高度大于层高 50% 时,按门洞对待。

例 8－1　一多层砖砌体办公楼,其底层平面如图 8－4 所示,外墙厚 370 mm,内墙厚 240 mm,底层层高 3.4 m,室内外高差 300 mm,基础埋置较深且有刚性地坪。墙体采用烧结多孔砖、混合砂浆砌筑,楼、屋面板采用现浇钢筋混凝土楼板。砌体砌筑控制质量等级为 B 级。假定底层横向水平地震剪力设计值 $V=3\ 300$ kN,求墙 A 承担的水平地震剪力设计值。

解

根据《建筑抗震设计规范》,横墙的高宽比小于 1,只计算剪切变形,因为层高相同,同层中砖和砂浆强度相同,则可简化成墙体的面积比例。

墙 A 的截面面积:

$$A=0.24\times\left(5.1+\frac{0.37}{2}+\frac{0.24}{2}\right)=1.297\ 2\ \text{m}^2$$

横墙总截面面积:

$$\sum A=1.297\ 2\times 8+2\times 0.37\times(5.1\times 2+2.4+0.37)=19.975\ \text{m}^2$$

根据《建筑抗震设计规范》,刚性楼盖按抗侧力构件等效侧向刚度比例分配地震剪力。

$$V_i=\frac{A}{\sum A}V=\frac{1.297\ 2}{19.975}\times 3\ 300=214.3\ \text{kN}$$

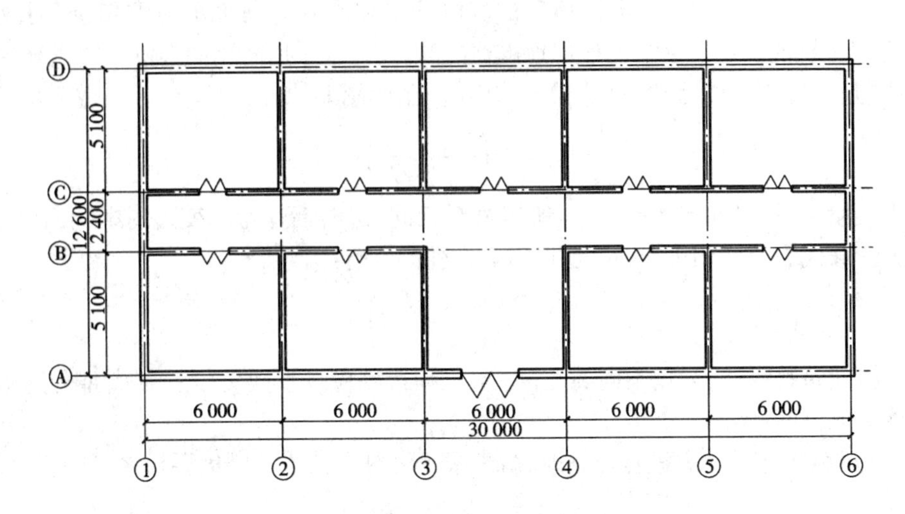

图 8-4 砌体结构办公楼平面布置图

8.3.3 墙体抗震承载力的验算

根据《建筑抗震设计规范》的规定，墙体截面抗震验算的设计表达式为

$$S \leqslant \frac{R}{\gamma_{RE}} \tag{8-11}$$

式中 S——结构构件内力组合的设计值，包括组合的弯矩、轴向力和剪力设计值；

R——结构构件承载力设计值；

γ_{RE}——承载力抗震调整系数，按表 8-8 采用。

表 8-8 砌体承载力抗震调整系数

结构构件类别	受力状态	γ_{RE}
两端均设有构造柱、芯柱的砌体抗震墙	受剪	0.9
组合砖墙	偏压、大偏拉和受剪	0.9
配筋砌块砌体抗震墙	偏压、大偏拉和受剪	0.85
自承重墙	受剪	1.0
其他砌体	受剪和受压	1.0

1. 砌体沿阶梯形截面破坏的抗震抗剪强度

根据《建筑抗震设计规范》的规定，各类砌体沿阶梯形截面破坏的抗震抗剪强度设计值，应按下式确定：

$$f_{vE} = \xi_N f_v \tag{8-12}$$

式中 f_{vE}——砌体沿阶梯形截面破坏的抗震抗剪强度设计值；

f_v——非抗震设计的砌体抗剪强度设计值；

ξ_N——砌体抗震抗剪强度的正应力影响系数，可按表 8-9 采用。

表 8－9　砌体抗震抗剪强度的正应力影响系数

砌体类别	σ_0/f_v							
	0.0	1.0	3.0	5.0	7.0	10.0	12.0	≥16.0
普通砖、多孔砖	0.80	0.99	1.25	1.47	1.65	1.90	2.05	—
砌块	—	1.23	1.69	2.15	2.57	3.02	3.32	3.92

注：σ_0 为对应于重力荷载代表值的砌体截面平均压应力。

2. 普通砖、多孔砖墙体的截面抗震承载力

一般情况下，应按下式验算：

$$V \leqslant f_{vE}A/\gamma_{RE} \tag{8-13}$$

式中　V——墙体剪力设计值；

f_{vE}——砖砌体沿阶梯形截面破坏的抗震抗剪强度设计值；

A——墙体横截面面积，多孔砖取毛截面面积；

γ_{RE}——承载力抗震调整系数。

(1) 当按式(8－13)验算不满足要求时，可在墙段中部设置构造柱提高受剪承载力，构造柱截面不小于 240 mm×240 mm，且间距不大于 4 m，并按下列方法验算其抗剪承载力：

$$V \leqslant \frac{1}{\gamma_{RE}}[\eta_c f_{vE}(A-A_c)+\xi_c f_t A_c+0.08 f_{yc}A_{sc}+\xi_s f_{yh}A_{sh}] \tag{8-14}$$

式中　A_c——中部构造柱的横截面总面积（对于横墙和内纵墙，$A_c>0.15A$ 时，取 $0.15A$，对于外纵墙，$A_c>0.25A$ 时，取 $0.25A$）；

f_t——中部构造柱的混凝土轴心抗拉强度设计值；

A_{sc}——中部构造柱的纵向钢筋截面总面积（配筋率大于 1.4% 时取 1.4%）；

f_{yh}、f_{yc}——墙体水平钢筋、构造柱纵向钢筋抗拉强度设计值；

ξ_c——中部构造柱参与工作系数，居中设一根时取 0.5，多于一根时取 0.4；

η_c——墙体约束修正系数，一般情况下取 1.0，构造柱间距不大于 3.0 m 时取 1.1；

A_{sh}——层间墙体竖向截面的总水平钢筋面积，无水平筋时取 0；

ξ_s——钢筋参与工作系数，可按表 8－10 采用。

表 8－10　钢筋参与工作系数

墙体高宽比	0.4	0.6	0.8	1.0	1.2
ξ_s	0.10	0.12	0.14	0.15	0.12

(2) 网状水平筋普通砖、多孔砖墙体的截面抗震承载力，应按下式验算：

$$V \leqslant \frac{1}{\gamma_{RE}}(f_{vE}A+\xi_s f_{yh}A_{sh}) \tag{8-15}$$

(3) 砌块墙体的截面抗震承载力，应按下式验算：

$$V \leqslant \frac{1}{\gamma_{RE}}[f_{vE}A+(0.3f_t A_c+0.05 f_y A_s)\xi_c] \tag{8-16}$$

式中　f_t——芯柱混凝土轴心抗拉强度设计值；

A_c——芯柱截面总面积；

A_s——芯柱钢筋总面积；

ξ_c——芯柱参与工作系数，可按表 8-11 采用。

表 8-11 芯柱参与工作系数

填孔率	$p<0.15$	$0.15\leqslant p<0.25$	$0.25\leqslant p<0.5$	$p\geqslant 0.5$
ξ_c	0	1.0	1.1	1.15

例 8-2 某抗震设防烈度为7度的多层砌体结构住宅，其底层某横墙的尺寸和构造柱平面布置如图 8-5 所示，墙体采用 MU10 烧结普通砖和 MU10 混合砂浆砌筑。构造柱截面为 240 mm×240 mm；采用 C20 混凝土，砌体施工质量等级为 B 级。不考虑构造柱作用，且假定 $\xi_N=1.55$ 时，求该墙体的截面抗震受剪承载力。

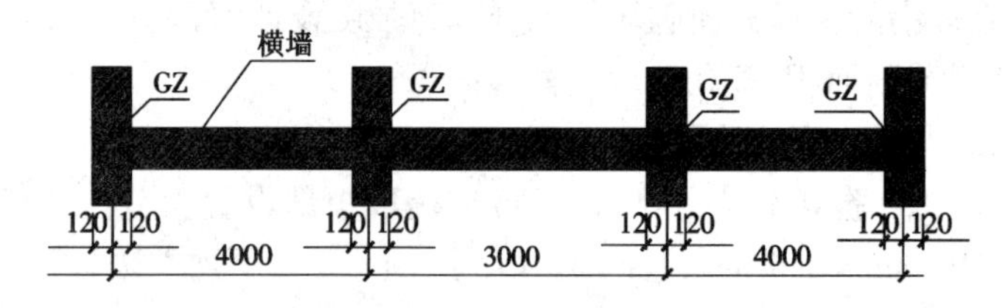

图 8-5 横墙尺寸及构造柱平面布置

解

M10 混合砂浆，$f_v=0.17$ MPa，根据《砌体结构设计规范》，得

$$f_{vE}=\xi_N f_v=1.55\times 0.17=0.263\ 5\ \text{MPa}$$

不考虑构造柱的作用，$\gamma_{RE}=1.0$。

该墙体截面受剪承载力为

$$f_{vE}A/\gamma_{RE}=\frac{0.263\ 5\times 240\times(4\ 000\times 2+3\ 000+240)}{1.0}=710.8\ \text{kN}$$

8.4 多层砌体结构房屋的抗震构造措施

8.4.1 多层砖房屋抗震构造措施

1. 设置构造柱

钢筋混凝土构造柱是唐山大地震以来采用的一项重要抗震构造措施。在砖房屋中设置构造柱可以在很大程度上防止房屋突然倒塌。构造柱和圈梁整体连接形成"构造框架"，显著加强了对墙体的约束，因此这种带有构造柱的砌体墙又称为"约束型组合砌体墙"。

构造柱的作用如下。

(1) 构造柱可以提高砌体房屋的抗剪强度，因而提高墙体的初裂荷载和极限承载力。试验证明，构造柱对抗剪强度的提高大概在 20%～30%。

(2) 构造柱可加强结构的整体性。由于构造柱增强了内外墙交接处的连接，有效提高了砌体的整体性。内外墙交接处是结构的薄弱环节，施工中常常不能同时咬槎砌筑，形成内外墙的马牙槎甚至直缝，地震中有可能发生外墙倾倒。设置构造柱后，允许内外墙分别施工，既方便了施工，又增强了内外墙的连接。

（3）构造柱可以防止墙体或房屋的倒塌。地震作用下墙体中形成交叉裂缝并破裂成四块后，构造柱可约束破碎的三角形块体。破碎墙体仍然可以作为支撑上部的竖向荷载，抵抗水平地震作用，消耗地震能量。

构造柱的设置部位：构造柱作为主要抗震墙体的边缘构件，设置在有横墙的内外墙交接处可以充分发挥作用。特别是当构造柱的间距比较大（如 8 m 左右）时，构造柱排列可能在横墙处，也有可能在无横墙处，应尽量将构造柱设置在有横墙处。多层砖砌体房屋构造柱的具体设置部位见表 8－12。

表 8－12　多层砖砌体房屋构造柱设置要求

<table>
<tr><th colspan="4">房屋层数</th><th colspan="2" rowspan="2">设置部位</th></tr>
<tr><th>6 度</th><th>7 度</th><th>8 度</th><th>9 度</th></tr>
<tr><td>四、五</td><td>三、四</td><td>二、三</td><td></td><td rowspan="3">楼、电梯间四角，楼梯斜梯段上下端对应的墙体处；外墙四角和对应转角；错层部位横墙与外纵墙交接处；大房间内外墙交接处；较大洞口两侧</td><td>隔 12 m 或单元横墙与外纵墙交接处，楼梯间对应的另一侧内横墙与外纵墙交接处</td></tr>
<tr><td>六</td><td>五</td><td>四</td><td>二</td><td>隔开间横墙（轴线）与外墙交接处，山墙与内纵墙交接处</td></tr>
<tr><td>七</td><td>≥六</td><td>≥五</td><td>≥三</td><td>内纵墙（轴线）与外墙交接处，内墙的局部较小墙垛处，内纵墙与横墙（轴线）交接处</td></tr>
</table>

注：较大洞口，内墙指不小于 2.1 m 的洞口；外墙在内外墙交接处已设置构造柱时允许适当放宽，但洞侧墙体应加强。

2. 设置现浇钢筋混凝土圈梁

设置圈梁是多层砌体房屋的一种经济有效的抗震措施。历来震害证实，在同一烈度区，设有圈梁的房屋比没有设置圈梁的房屋震害要轻得多。圈梁可加强墙体间以及墙体与楼盖间的连接，因而增强了房屋的整体性和空间刚度。根据试验资料分析，当钢筋混凝土预制板周围加设圈梁时，楼盖水平刚度可提高 15～20 倍。

1）多层砖砌体房屋的现浇钢筋混凝土圈梁的设置应符合下列要求

（1）装配式钢筋混凝土楼盖，应按照表 8－13 的要求设置圈梁。

（2）纵墙承重时，每层均应设置圈梁，且间距比表 8－13 内要求适当加密。

表 8－13　砖砌体房屋现浇钢筋混凝土圈梁设置要求

设防烈度	6、7 度	8 度	9 度
外墙和内纵墙	屋盖处及每层楼盖处	屋盖处及每层楼盖处	屋盖处及每层楼盖处
内横墙	屋盖处及每层楼盖处；屋盖处间距不应大于 4.5 m，楼盖处间距不应大于 7.5 m；构造柱对应部位	屋盖处及每层楼盖处；各层所有横墙，且间距不应大于 4.5 m；构造柱对应部位	屋盖处及每层楼盖处；各层所有横墙

(3)现浇或装配整体式钢筋混凝土屋、楼盖与墙体有可靠连接的房屋可不另设圈梁,但楼板沿墙体周边应加强配筋,并应与相应的构造柱钢筋可靠连接。

2)多层砖砌体房屋的现浇钢筋混凝土圈梁的构造应符合下列要求

(1)圈梁应闭合,遇有洞口圈梁应上下搭接,圈梁宜与预制板设在同一标高处或紧贴板底。

(2)圈梁在表8-13中要求的间距内无横墙时,应利用梁或板缝中的配筋替代圈梁。

(3)圈梁的截面高度不应小于120 mm,配筋应符合表8-14的要求;基础圈梁的截面高度不应小于180 mm,配筋不应少于4ϕ12。

表8-14 圈梁配筋要求

配筋	6、7度	8度	9度
最小纵筋	4ϕ10	4ϕ12	4ϕ14
最大箍筋间距(mm)	250	200	150

3.楼梯间的设置

楼梯间的刚度一般较大,受到的地震作用往往比其他部位大。同时,其顶层的层高又较大,且墙体往往受到楼梯段的削弱。因此,楼梯间的震害要比其他部位严重得多。故楼梯间不应设置在房屋的第一开间及转角处,也不宜突出,不宜开设过大的窗洞。楼梯间的设计应符合下列要求。

(1)顶层楼梯间墙体应沿墙高每隔500 mm设2ϕ6通长钢筋和分布筋组成的拉结网片或ϕ4点焊网片;地震烈度7~9度时其他各层楼梯间墙体应在休息平台或楼层半高处设置60 mm厚、纵向钢筋直径不少于2ϕ10的钢筋混凝土带或钢筋砖带,配筋砖带不少于3皮,每皮的配筋不少于2ϕ6,砂浆强度等级不应低于M7.5且不低于同层墙体的砂浆强度等级。

(2)楼梯间及门厅内墙阳角处的大梁支撑长度不应小于500 mm,并与圈梁连接。

(3)装配式楼梯段应与平台板的梁可靠连接,地震烈度8、9度时不应采用装配式楼梯段;不应采用墙中悬挑式踏步楼梯,不应采用无筋砖砌栏板。

(4)突出屋顶的楼、电梯间,构造柱应伸到顶部,并与顶部的圈梁连接,所有墙体应沿墙高每隔500 mm设2ϕ6通长钢筋和ϕ4分布短筋平面内点焊组成的拉结网片或ϕ4电焊网片。

8.4.2 多层砌块房屋抗震构造措施

1.设置钢筋混凝土芯柱

为了增加混凝土小砌块房屋的整体性和延性,提高其抗震能力,可结合空心砌块的特点,在墙体的适当部位设置钢筋混凝土芯柱。

1)芯柱设置部位及数量

混凝土小砌块房屋应按表8-15的要求设置钢筋混凝土芯柱;对医院、教学楼等横墙较少的房屋,应根据房屋增加一层后的层数按表8-15要求设置芯柱。

表8－15　多层小砌块房屋芯柱设置要求

房屋层数及设防烈度				设置部位	数量
6度	7度	8度	9度		
四、五	三、四	二、三		外墙转角，楼梯、电梯间四角，楼梯斜梯段上下端对应的墙体处；大房间内外墙交接处；错层部位横墙与外墙交接处；隔12 m或单元横墙与外纵墙交接处	外墙转角，灌实3个孔；内外墙交接处，灌实4个孔；楼梯斜段上下端对应的墙体处，灌实2个孔
六	五	四		同上；隔开间横墙（轴线）与外纵墙交接处	
七	六	五	二	同上；各内墙（轴线）与外纵墙交接处；内纵墙与横墙（轴线）交接处和洞口两侧	外墙转角，灌实5个孔；内外墙交接处，灌实4个孔；内墙交接处，灌实4～5个孔；洞口两侧各灌实1个孔
	七	低于六层	低于三层	同上；横墙内芯柱间距不大于2 m	外墙转角，灌实7个孔；内外墙交接处，灌实5个孔；内墙交接处，灌实4～5个孔；洞口两侧各灌实1个孔

注：外墙转角、内外墙交接处及楼梯、电梯间四角等部位，应允许采用钢筋混凝土构造柱替代部分芯柱。

2）多层小砌块房屋的芯柱

（1）小砌块房屋芯柱截面不宜小于120 mm×120 mm。

（2）芯柱混凝土强度等级不应低于C20。

（3）芯柱的竖向插筋应贯通墙身且与圈梁连接，插筋不应小于1ϕ12；6、7度时超过五层，8度时超过四层和9度时，插筋不应小于1ϕ14。

（4）芯柱应深入室外地面下500 mm或与埋深小于500 mm的基础梁连接。

（5）多层小砌块房屋墙体交接处或芯柱与墙体连接处应设置拉结钢筋网片，网片可采用直径4 mm的钢筋点焊而成，沿墙高间距不大于600 mm，并沿墙体水平通长设置。6、7度时底部1/3楼层，8度时底部1/2楼层，9度时全部楼层，上述拉结筋沿墙高度间距不应大于400 mm。

2. 多层小砌块房屋圈梁的要求

多层小砌块房屋的现浇钢筋混凝土圈梁的设置部位应按照多层砌体房屋圈梁的要求执行，圈梁宽度不应小于190 mm，配筋不应小于4ϕ12，箍筋间距不应大于200 mm。

3. 多层小砌块房屋的层数要求

多层小砌块房屋的层数，6度时超过五层，7度时超过四层，8度时超过三层和9度时，在底层和顶层的窗台标高处，沿纵横墙应设置通长水平现浇钢筋混凝土带，其截面高度不小于60 mm，纵筋不小于2ϕ10，并应有分布拉结筋，混凝土强度等级不应低于C20。

8.5　底层框架－抗震墙砖房抗震构造措施

8.5.1　概述

底层框架－抗震墙砖房主要指底层采用框架结构的多层砖房。这种建筑多用于底层为商店、餐厅或邮局等生活设施,而上面几层为住宅、办公室等临街房屋,底层因使用上需要大的空间而采用框架结构,上部结构为砖砌体承重结构。

底层框架－抗震墙砌体房屋是由两种不同材料建造的混合结构房屋,两种材料的抗震性能不同,底部框架抗震墙结构为刚柔性结构,主要依靠框架来承受竖向重力荷载,砌体墙承受水平地震力。

历次震害表明,底层框架砖房在地震中的破坏是相当严重的,破坏多发生在底层框架部位。由于这种"底柔上刚"的结构形式,使得刚度在底层发生突变,从而加重了震害,危害整个房屋的安全。

底层框架－抗震墙砌体房屋的结构布置,应符合下列要求。

(1)上部的砌体墙体与底部的框架梁或抗震墙,除楼梯间附近的个别墙段外,均应对齐。

(2)房屋的底部应沿纵横两个方向设置一定数量的抗震墙,并应均匀对称布置。6 度且总层数不超过 4 层的底层框架－抗震墙砌体房屋,应允许采用嵌砌于框架之间的约束普通砖砌体或小型砌块砌体的抗震墙,但应计入砌体墙对框架的附加轴力和附加剪力并进行底层抗震验算,且同一方向不应同时采用钢筋混凝土抗震墙和约束砌体抗震墙;其余情况,8 度时应采用钢筋混凝土抗震墙,6、7 度时应采用钢筋混凝土抗震墙或配筋小砌块砌体抗震墙。

(3)底层框架－抗震墙砌体房屋的纵横两个方向,第二层计入构造柱影响的侧向刚度与底层侧向刚度的比值,6、7 度时不应大于 2.5,8 度时不应大于 2.0,且均不应小于 1.0。

(4)底部两层框架－抗震墙砌体房屋纵横两个方向,底层与底部第二层侧向刚度应接近,第三层计入构造柱影响的侧向刚度与底部第二层侧向刚度的比值,6、7 度时不大于 2.0,8 度时不大于 1.5,且均不应小于 1.0。

(5)底层框架－抗震墙砌体房屋的抗震墙应设置条形基础、筏式基础等整体性较好的基础。

8.5.2 抗震构造措施

(1)底层框架－抗震墙砌体房屋应符合下列构造措施。

①底层框架－抗震墙砌体房屋的上部墙体应设置钢筋混凝土构造柱或芯柱。

②钢筋混凝土构造柱、芯柱的设置部位,应根据房屋的总层数分别按照表 8－11 和表 8－12 的要求设置。

③构造柱和芯柱截面不宜小于 240 mm × 240 mm。

④构造柱的纵筋不宜少于 4ϕ14,箍筋间距不宜大于 200 mm;芯柱插筋每孔不应少于 1ϕ14,芯柱之间每隔 400 mm 设 ϕ4 焊接钢筋网片。

(2)底层框架－抗震墙砌体房屋的楼盖应符合下列要求。

①采用装配式钢筋混凝土楼板时均应设现浇圈梁。

②采用现浇钢筋混凝土楼板时应允许不另设圈梁,但楼板沿抗震墙体周边均应加强配筋并与构造柱有可靠的连接。

(3)过渡层即为与底层框架－抗震墙相邻的上一层砌体楼层,其在破坏时震害较严重。在竖向均布荷载作用下,过渡层墙体处于剪压或剪拉应力状态。试验表明,过渡层墙体的水平承载力降低,其砖墙开裂先于其他楼层,在设计中应采取相应的抗震措施提高墙体的抗剪和平面外的抗弯能力。过渡层应适度提高砌筑砂浆的强度等级,采取增加构造柱的配筋率和构造柱数量等措施。过渡层每个开间设置构造柱和圈梁,形成弱框架体系,将增强过渡层的传递地震剪力的能力和耗能能力。过渡层的墙体构造,应符合下列要求。

①上部砌体墙的中心线宜与底部的框架梁、抗震墙的中心线相重合,构造柱或芯柱宜与框架柱上下贯通。

②过渡层应在底部框架柱、混凝土墙或约束砌体墙的构造柱所对应处设置构造柱或芯柱,墙体内的构造柱间距不宜大于层高,芯柱间距不宜大于 1 m。

③过渡层构造柱的纵向钢筋,6、7 度时不宜少于 4ϕ16,8 度时不宜少于 4ϕ18;芯柱的纵筋,6、7 度时不宜少于每孔 1ϕ16,8 度时不宜少于 1ϕ18。

④过渡层的砌体墙在窗台标高处,应设置沿纵向横墙通长的水平现浇钢筋混凝土带;其截面高度不小于 60 mm,宽度不小于墙厚,纵向钢筋不少于 2ϕ10,横向分布钢筋的直径不小于 6 mm,间距不大于 200 mm。

(4)底层框架 - 抗震墙砌体房屋的底部采用钢筋混凝土墙时,其截面和构造应符合下列要求。

①墙体周边应设置梁(或暗梁)和边框柱(或框架柱)组成的边框;边框梁的截面宽度不宜小于墙板厚度的 1.5 倍,截面高度不宜小于墙板厚度的 2.5 倍;边框柱的截面高度不宜小于墙板厚度的 2 倍。

②墙板的厚度不宜小于 160 mm,且不应小于墙板净高的 1/20;墙体宜开设洞口形成若干墙段,各墙段的高度不宜小于 2 m。

③墙体的竖向和横向分布钢筋配筋率均不应小于 0.30%,并应采用双排布置;双排分布钢筋间拉筋的间距不应大于 600 mm,直径不应小于 6 mm。

④墙体的边缘构件可按《建筑抗震设计规范》关于一般部位的规定设置。

(5)当 6 度设防的底层框架 - 抗震墙砖房的底层采用约束砖砌墙体时,其构造应符合下列要求。

①砖墙厚不应小于 240 mm,砌筑砂浆强度等级不应低于 M10,应先砌墙后浇框架。

②沿框架柱每隔 300 mm 配置 2ϕ8 水平钢筋和 ϕ4 分布短筋平面内点焊组成的拉结网片,并沿砖墙水平通长设置;在墙体半高处尚应设置与框架柱相连的钢筋混凝土水平系梁,系梁宽度不小于墙厚。

③墙长大于 4 m 时和洞口两侧,应在墙内增设钢筋混凝土构造柱,纵筋不少于 4ϕ14。

(6)当 6 度设防的底层框架 - 抗震墙砌块房屋的底层采用约束小砌块砌体墙时,其构造应符合下列要求。

①墙厚不应小于 190 mm,砌筑砂浆强度等级不应低于 Mb10,应先砌墙后浇框架。

②沿框架柱每隔 400 mm 配置 2ϕ8 水平钢筋和 ϕ4 分布短筋平面内点焊组成的拉结网片,并沿砌块墙水平通长设置;在墙体半高处尚应设置与框架柱相连的钢筋混凝土水平系梁,系梁截面不应小于 190 mm×190 mm,纵筋不应小于 4ϕ12,箍筋直径不应小于 ϕ6,间距不应大于 200 mm。

③墙体在门、窗洞口两侧应设置芯柱,墙长大于 4 m 时应在墙内设置芯柱,芯柱应符合有关规定;其余位置宜采用钢筋混凝土构造柱替代芯柱,钢筋混凝土构造柱应符合有关规定。

(7)底层框架 - 抗震墙砌体房屋的框架柱应符合下列要求。

①柱的截面不应小于 400 mm×400 mm,圆柱直径不应小于 450 mm。

②柱的轴压比,6 度时不宜大于 0.85,7 度时不宜大于 0.75,8 度时不宜大于 0.65。

③柱的纵向钢筋最小总配筋率,当钢筋的强度标准值低于 400 MPa 时,中柱在 6、7 度时

不应小于0.9%，8度时不应小于1.1%；边柱、角柱和混凝土抗震墙端柱在6、7度时不应小于1.0%，8度时不应小于1.2%。

④柱的箍筋直径，6、7度时不应小于8 mm，8度时不应小于10 mm，并应全高加密箍筋，间距不大于100 mm。

⑤柱的最上端和最下端组合的弯矩设计值应乘以增大系数，一、二、三级的增大系数应分别按1.5、1.25和1.15采用。

(8)底层框架－抗震墙砌体房屋的楼盖应符合下列要求。

①过渡层的底板应采用现浇钢筋混凝土板，板厚不应小于120 mm，并应双排双向配筋，配筋率分别不应小于0.25%；并应少开洞、开小洞，当洞口尺寸大于800 mm时，洞口周边应设置边梁。

②其他楼层采用装配式钢筋混凝土楼板时均应设现浇圈梁；采用现浇钢筋混凝土楼板时应允许不另设圈梁，但楼板沿抗震墙体周边均应加强配筋，并应与相应的构造柱、芯柱可靠连接。

(9)底层框架－抗震墙砌体房屋的钢筋混凝土托墙梁的截面和构造应符合下列要求。

①梁的截面宽度不应小于300 mm，梁的截面高度不应小于跨度的1/10。

②箍筋的直径不应小于10 mm，间距不应大于200 mm；梁端在1.5倍梁高且不小于1/5梁净跨范围内以及上部墙体的洞口处和洞口两侧各500 mm且不小于梁高的范围内，箍筋间距不应大于100 mm。

③沿梁高应设腰筋，数量不应小于2ϕ14，间距不应大于200 mm。

④梁的纵向受力钢筋和腰筋应按受拉钢筋的要求锚固在柱内，且支柱上部的纵向钢筋在柱内的锚固长度应符合钢筋混凝土框支梁的有关要求。上、下部钢筋的最小配筋率，一级时不小于0.4%，二、三级时不小于0.3%；当托梁受力状态为偏心受拉时，支座上部纵向钢筋至少应有50%沿全长贯通，下部钢筋应全部直通到柱内。

(10)底层框架－抗震墙砌体房屋的材料强度等级应符合下列要求。

①框架柱、混凝土墙和托墙梁的混凝土强度等级不应低于C30。

②过渡层砌体块材的强度等级不应低于MU10，砖砌体砌筑砂浆强度的等级不应低于M10，砌块砌体砌筑砂浆强度的等级不应低于Mb10。

(11)底层框架－抗震墙砌体房屋的其他抗震构造措施，应符合《建筑抗震设计规范》的有关要求。底部砌体填充墙的布置导致短柱或加大扭转效应时，应与框架柱脱开或采取柔性连接等措施。

思考题

8－1 为什么要限制多层砌体房屋的总高度和总层数？为什么要控制房屋的最大高宽比数值？

8－2 怎样进行多层砌体房屋的抗震验算？

8－3 多层砖房的现浇钢筋混凝土构造柱和圈梁应符合哪些要求？

8－4 何谓底层框架－抗震墙房屋？它有哪些抗震构造措施？

第9章　设计实例

9.1　设计资料

9.1.1　设计对象

某4层企业办公楼，平面尺寸为47.3 m×16.4 m，总高度为14.85 m，建筑平、立、剖面图如图9－1至图9－4所示，主要功能为办公用房；场地设防烈度为7度，设计基本地震加速度为0.10g；场地土类别为Ⅱ类，设计地震分组为第一组；业主要求房间的使用荷载不小于2.5 kN/m^2；走廊均布活荷载标准值不小于3.5 kN/m^2；地基持力层为粉土层，黏粒含量大于10%，地基土承载力特征值f_{ak}=140 kPa，地下水最高水位为室外地坪下2.50 m，地下水对混凝土及混凝土的钢筋无侵蚀性；场地土冻结深度1.0 m；采用砌体结构，施工质量控制等级按B级。

9.1.2　建筑做法

各部分建筑做法见表9－1。

表9－1　建筑用料说明

项目	建筑做法	重量	项目	建筑做法	重量
屋面	SBS防水层上铺小豆石一层	0.4 kN/m^2	厕所	防滑瓷砖地面50 mm厚	1.0 kN/m^2
	1:2.5水泥砂浆找平层20 mm厚	20 kN/m^3		1:6水泥焦渣坡向地漏60 mm厚	12 kN/m^3
	1:10水泥珍珠岩保温层150 mm厚	7.5 kN/m^3		SBS防水层	0.3 kN/m^2
	1:6水泥焦渣找坡，平均150 mm厚	12 kN/m^3		钢筋混凝土现浇板110 mm厚	25 kN/m^3
	SP预应力空心板(除走廊)	按图集		板下混合砂浆抹面20 mm厚	17 kN/m^3
	钢筋混凝土现浇板(走廊)100 mm厚	25 kN/m^3	外墙面	瓷砖贴面(含水泥砂浆打底共30 mm厚)	0.55 kN/m^2
	板下混合砂浆抹面20 mm厚	17 kN/m^3	内墙面	混合砂浆抹面20 mm厚	17 kN/m^3
楼面	铺石材地面50 mm厚	1.16 kN/m^2	墙体	烧结页岩实心砖	19 kN/m^3
	SP预应力空心板(除走廊)	按图集	门窗	断桥铝合金中空窗	0.30 kN/m^2
	钢筋混凝土现浇板(走廊)100 mm厚	25 kN/m^3	木门		0.25 kN/m^2
	板下混合砂浆抹面20 mm厚	17 kN/m^3			

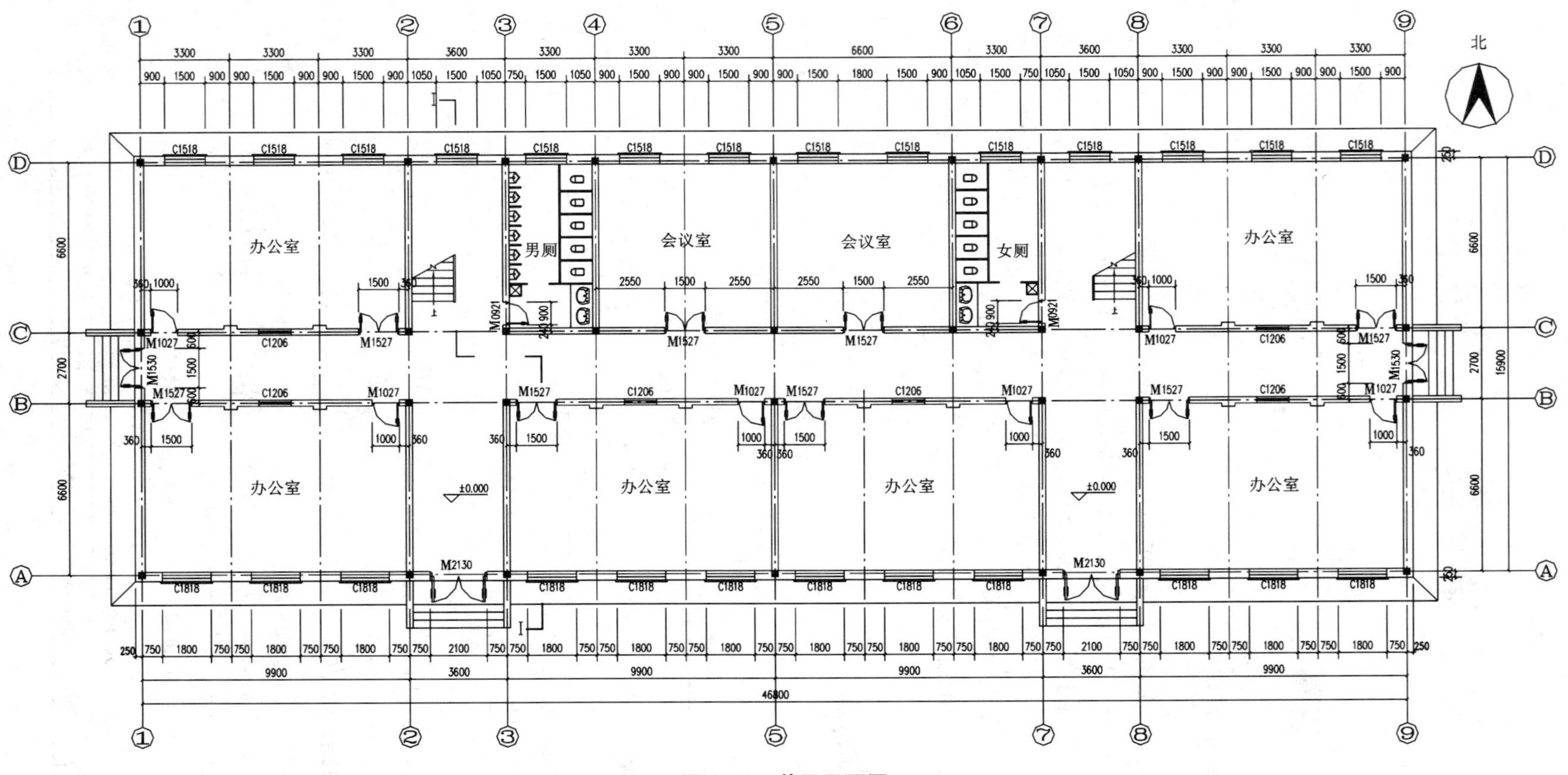
北
办公室
男厕
会议室
会议室
女厕
办公室
办公室
办公室
办公室
办公室
±0.000
±0.000
M2130
M2130
46800

图9-1 首层平面图

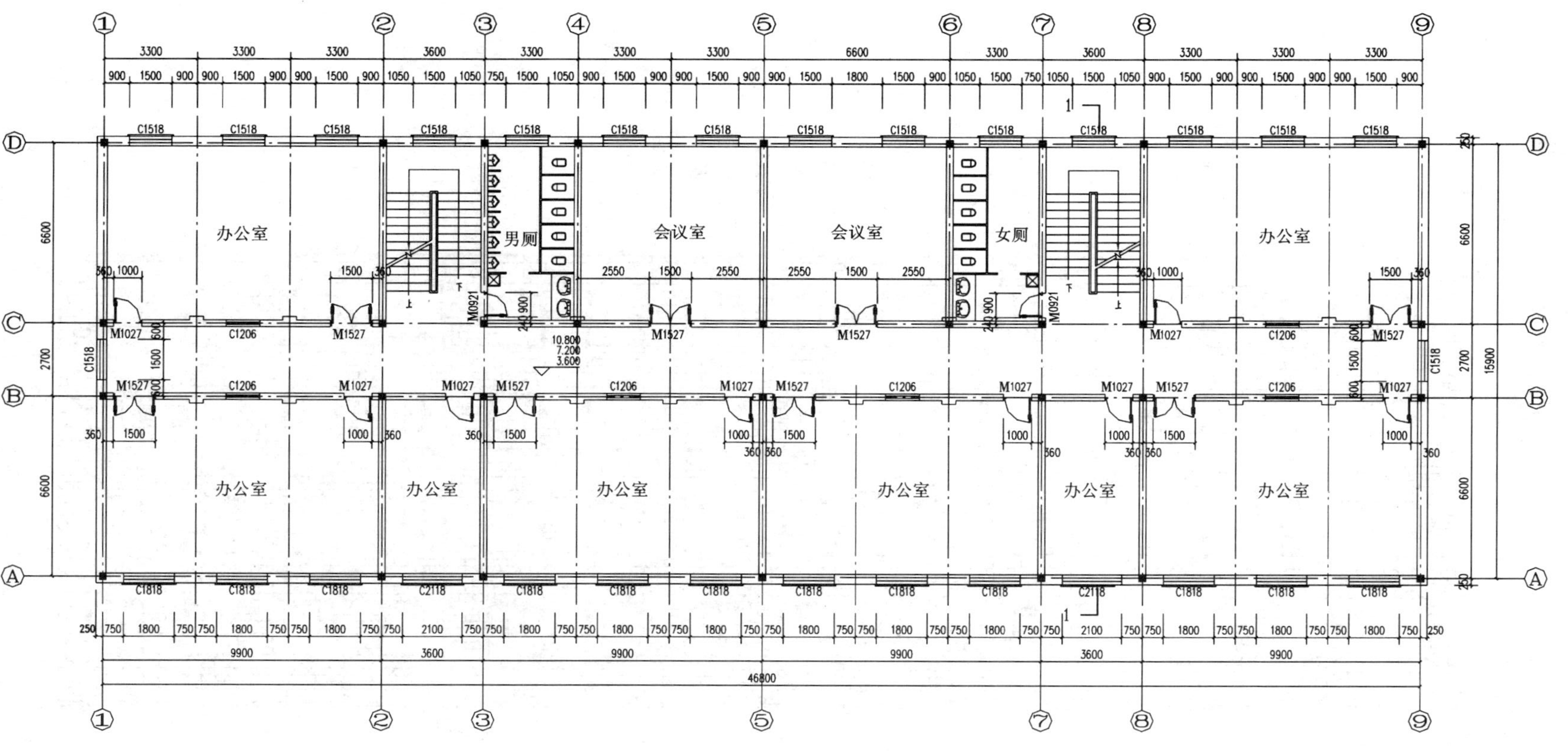
办公室
会议室
男厕
女厕
C1518
C1818
C2118
C1206
M1027
M1527
M0921
15900
46800
9900
3600
6600
2700

图9－2 标准层平面图

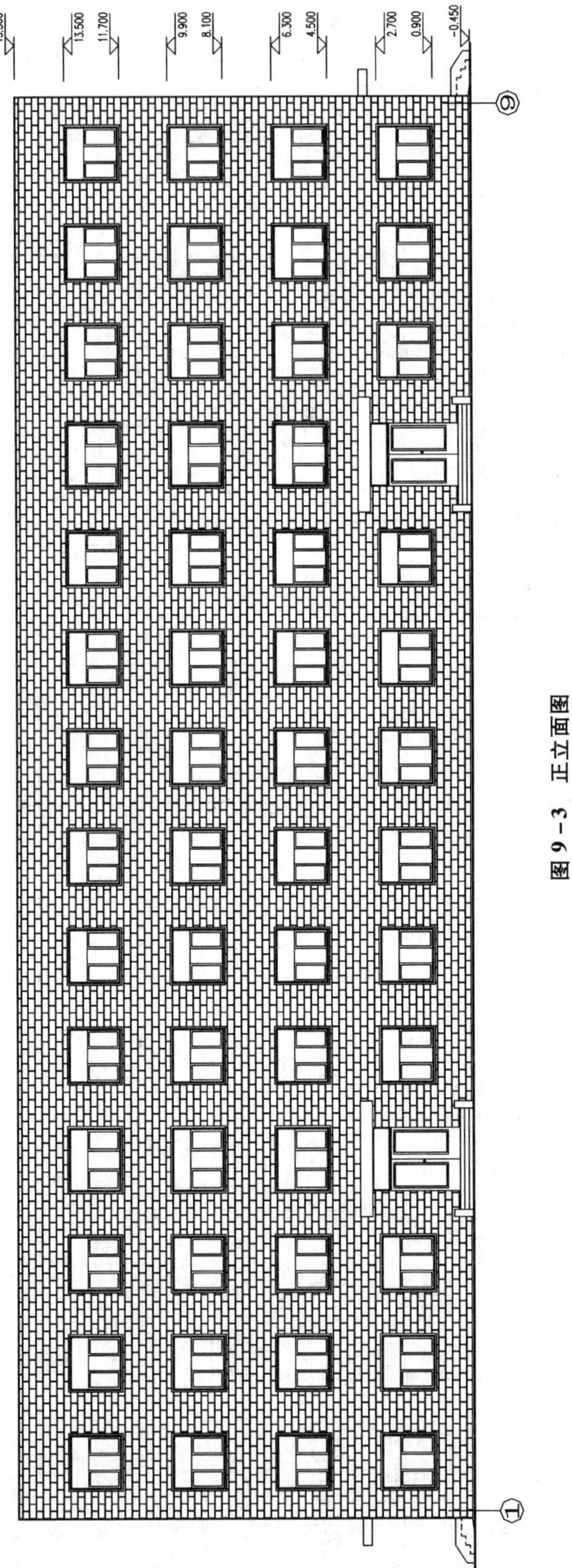

图 9-3 正立面图

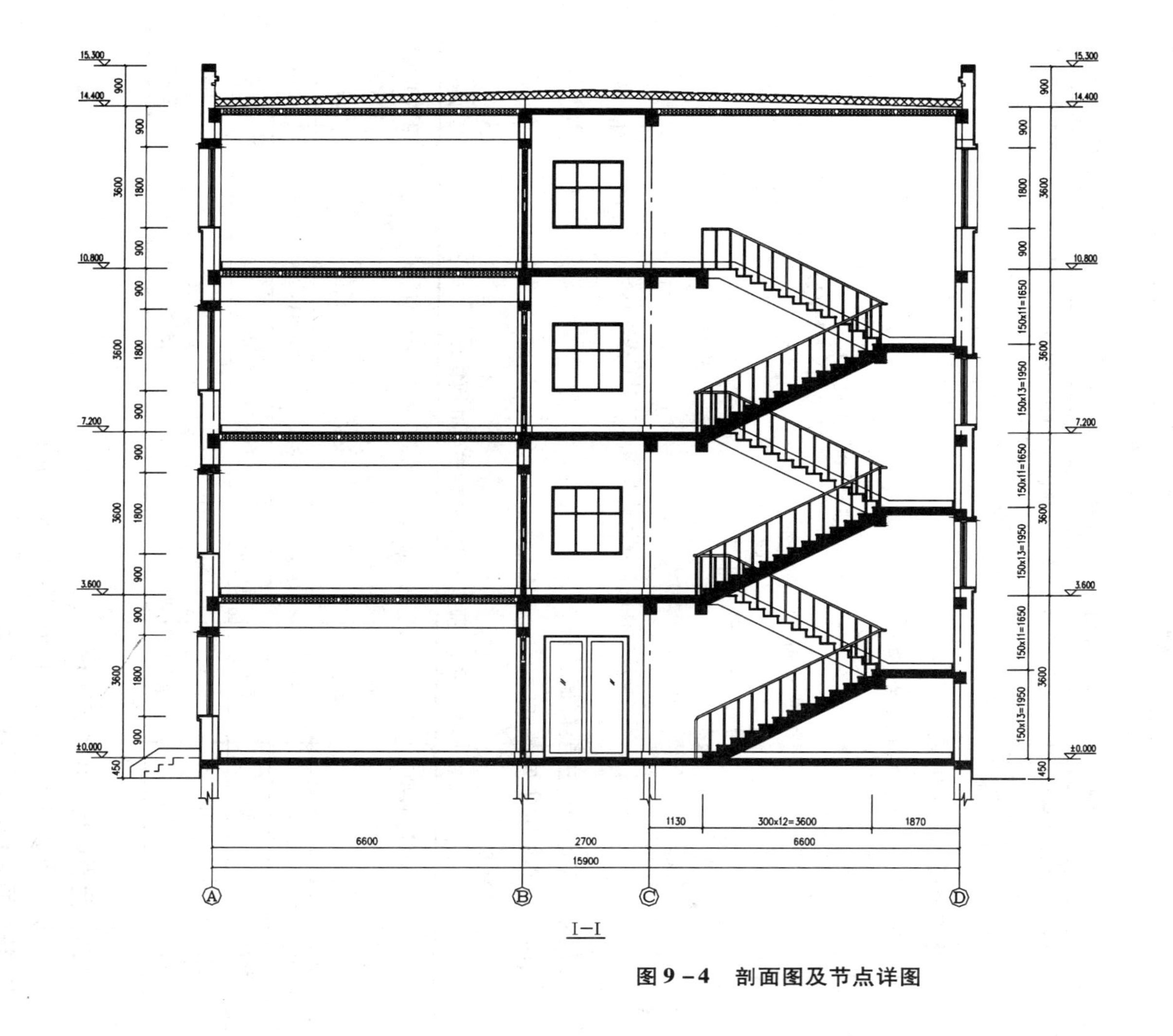

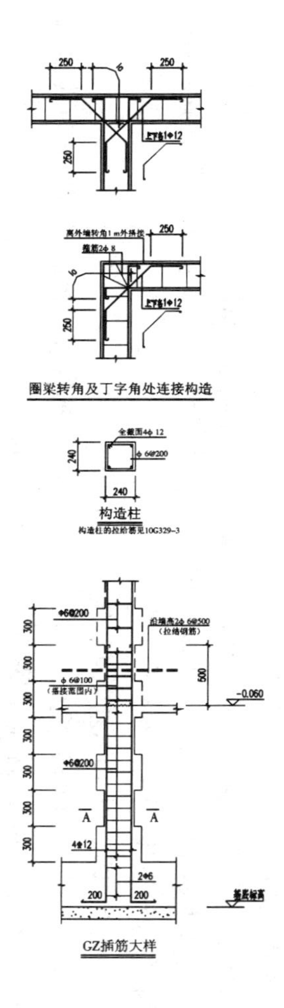

图9-4 剖面图及节点详图

9.1.3 预制板选板资料及现浇双向板内力计算系数

1. 预制板规格

预制板的选用要参照国家标准图集《SP 预应力空心板》(05SG408)。

(1)板宽主要为 1 200 mm。SP 板可以切割成所需宽度的板,但应使切割后的板中钢绞线成对称布置状态,以避免不对称受力产生扭矩。

(2)板高有 100、120、150、180、200、250、300、380 mm 等。

(3)板长度尺寸有轴线跨度(标志尺寸)和实际长度的区分。板的实际长度为其轴线跨度减去 30 mm,轴线跨度与板高的对应关系见表 9-2。

表 9-2 SP 板常用轴线跨度与板高的对应关系 (mm)

SP 板高	100	120	150	180	200
板标志长度	3 000 ~ 5 100	3 000 ~ 6 000	4 500 ~ 7 500	4 800 ~ 9 000	5 100 ~ 10 200

注:为了保证预制空心板有足够的刚度,挠度在合理使用范围内,选用时板的跨高比一般不宜超过下列范围,即屋面板 $L/h \leqslant 50$,楼面板 $L/h \leqslant 40$。

2. 预应力板的标注方式

预应力板的标注方式如图 9-5 所示。

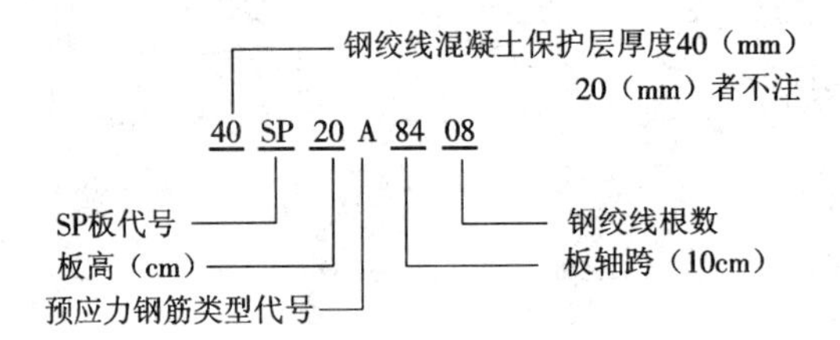

图 9-5 预应力板的标注方式及预应力钢筋类型代号

3. 预应力空心板的主要截面特征

预应力空心板的主要截面特征见表 9-3。

表 9-3 预应力空心板的主要截面特征

板型	混凝土保护层厚度 c /mm	板肋宽度 b_1 /mm	截面面积 A /mm²	重心到下底边距离 Y_d /mm	惯性矩 I/ ($\times 10^8$ mm⁴)	自重/(kN/m²)	不拉开板缝灌缝重/(kN/m²)
SP10	20	450	86 200	50	0.93	1.84	0.03
SP12	20	516	110 000	60	1.64	2.32	0.04
SP15	20	454	118 000	74	3.08	2.50	0.06
SP18	20	464	150 000	92	5.28	3.12	0.07

4. 预应力空心板选用注意事项

国家标准图集《SP 预应力空心板》提供了两种选用方法。

1)按板面允许均布荷载[p_k]选用

当板面均布荷载符合下列两种情况时:

(1)2.0 kN/m^2≤活荷载标准值≤5.0 kN/m^2；

(2)准永久组合设计值≤0.87×标准组合设计值(均包括板自重和灌缝自重)，可根据作用于板面的荷载标准组合值，按允许荷载表中的允许均布荷载$[p_k]$选用，即

$$g_k + q_k \leq [p_k]$$

式中　g_k——板面自重标准值与均布永久荷载标准值之和；

　　　q_k——板面可变荷载标准值之和。

2)按板面允许内力选用

当板面均布荷载不符合上述两种情况或需精确计算时，可按允许荷载表中的各项允许弯矩和允许剪力选用，并进行挠度计算，即需同时满足下列各式：

$$M \leq [M_u] \quad M_k \leq [M_k] \quad M_q \leq [M_q] \quad V \leq [V_u]$$

式中　M——按荷载效应基本组合计算的弯矩设计值，包括板自重和灌缝自重；

　　　M_k——按荷载效应标准组合计算的弯矩设计值，包括板自重和灌缝自重；

　　　M_q——按荷载效应准永久组合计算的弯矩设计值，包括板自重和灌缝自重；

　　　V——按荷载效应基本组合计算的剪力设计值，包括板自重和灌缝自重。

表9-4为预应力空心板选用表。

5.预应力空心板板型图

预应力空心板板型图如图9-6所示。

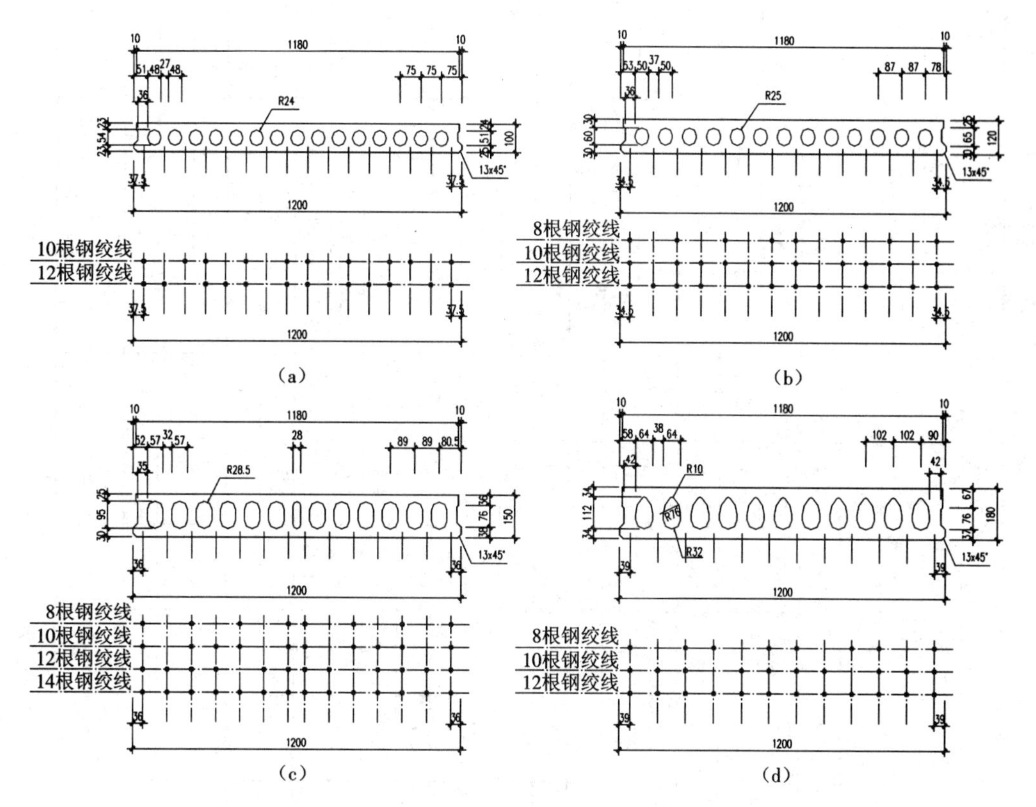

图9-6　预应力空心板板型图

(a)SP10板的横截面及钢绞线布置图　(b)SP12板的横截面及钢绞线布置图

(c)SP15板的横截面及钢绞线布置图　(d)SP18板的横截面及钢绞线布置图

表 9－4　预应力空心板选用表

板型	SP10D		SP12D			SP15D			SP15C		SP18C			SP18B		SP18A	
预应力筋	10－8.6	12－8.6	8－8.6	10－8.6	12－8.6	10－8.6	12－8.6	14－8.6	8－9.5	10－9.5	8－9.5	10－9.5	12－9.5	8－11.1	10－11.1	8－12.7	10－12.7
张拉控制应力	$0.65f_{ptk}$																
混凝土强度	C40										C45						
开裂弯矩$[M_{cr}]$/(kN·m)	21.9	24.8	25.5	29.4	33.2	42.6	48.0	53.2	53.4	62.6	70.2	82.0	93.4	86.3	101.5	105.7	124.7
允许弯矩/(kN·m) $[M_u]$	24.8	29.0	26.4	32.3	38.0	43.5	51.4	59.0	58.5	71.1	74.8	91.6	108.0	97.8	118.8	124.5	149.5
$[M_k]$	20.3	23.2	23.2	27.1	30.9	39.0	44.4	49.6	49.9	59.0	65.0	76.8	88.2	81.1	96.3	100.5	119.5
$[M_q]$	15.7	18.6	16.6	20.5	24.3	28.7	34.1	39.4	39.6	48.8	50.2	61.9	73.4	66.3	81.4	85.6	104.7
允许剪力$[V_u]$/kN	40.8		59.1			68.3			68.1		90.8			90.3		89.8	
板轴跨/m	允许均布荷载$[p_k]$/(kN/m^2)(不包括板缝自重及灌缝自重)																
3.0	12.5		12.8														
3.3	9.9	12.1	10.1	13.0													
3.6	8.0	9.8	8.0	10.5	12.9												
3.9	6.5	8.1	6.5	8.6	10.6												
4.2	5.3	6.7	5.2	7.0	8.8												
4.5	4.4	5.5	4.2	5.8	7.3	8.9	11.0	13.1	13.0								
4.8	3.6	4.6	3.4	4.8	6.1	7.5	9.3	11.2	11.1	14.0	14.2						
5.1	3.0	3.9	2.8	4.0	5.1	6.3	7.9	9.6	9.5	12.1	12.2						
5.4			2.2	3.3	4.3	5.3	6.8	8.2	8.2	10.5	10.5	13.5		14.7			
5.7				2.7	3.6	4.5	5.8	7.1	7.1	9.1	9.0	11.8	14.4	12.8			
6.0				2.2	3.0	3.8	5.0	6.2	6.1	8.0	7.8	10.3	12.7	11.2	14.3		
6.3						3.2	4.3	5.3	5.3	7.0	6.8	9.0	11.2	9.9	12.7	13.4	
6.6						2.7	3.7	4.6	4.6	6.1	5.9	7.9	9.9	8.7	11.2	11.9	14.5
6.9						2.3	3.1	4.0	4.0	5.4	5.1	7.0	8.8	7.7	10.0	10.6	13.4
7.2											4.4	6.1	7.8	6.8	8.9	9.5	12.0
7.5											3.8	5.4	6.9	6.0	7.9	8.5	10.8

6. 双向简支板在均布荷载作用下的弯矩系数表

表9－5为双向简支板在均布荷载作用下的弯矩系数表，用表说明如下。

(1)表中符号含义如下：

$M_x, M_{x,\max}$——平行于l_x方向板中心点单位板宽内的弯矩和板跨内最大弯矩；

$M_y, M_{y,\max}$——平行于l_y方向板中心点单位板宽内的弯矩和板跨内最大弯矩。

(2)板四边均为简支。

(3)表中弯矩系数以使板的受荷面受压者为正。

(4)表中的弯矩系数按$\mu=0$计算。对于钢筋混凝土，μ一般可取为1/6，跨中弯矩可按下式计算：

$$M_x^{(\mu)} = M_x + \mu M_y$$

$$M_y^{(\mu)} = M_y + \mu M_x$$

$$\text{弯矩} = \text{表中系数} \times q l_0^2$$

式中，l_0取l_x和l_y中的较小者。

表9－5 四边简支双向板弯矩系数

l_x/l_y	M_x	M_y	l_x/l_y	M_x	M_y
0.50	0.096 5	0.017 4	0.80	0.056 1	0.033 4
0.55	0.089 2	0.021 0	0.85	0.050 6	0.034 9
0.60	0.082 0	0.024 2	0.90	0.045 6	0.035 8
0.65	0.075 0	0.027 1	0.95	0.041 0	0.036 4
0.70	0.068 3	0.029 6	1.00	0.036 8	0.036 8
0.75	0.062 0	0.031 7			

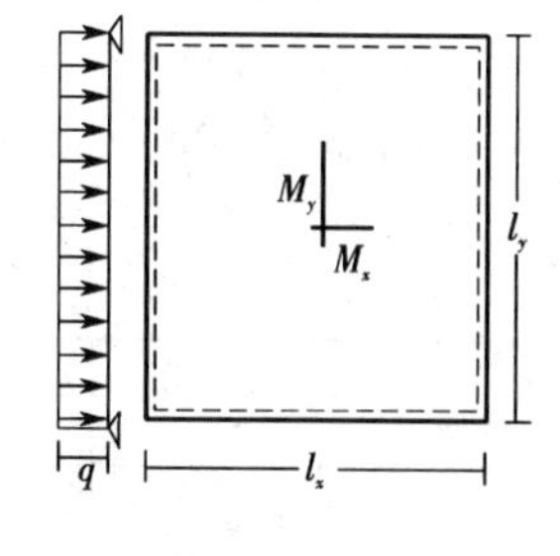

9.2 结构方案及布置

9.2.1 结构体系及材料选用

依据建筑物主要功能和重要性分类，该建筑为丙类建筑，抗震设防按场地烈度(7度，0.10g)进行设防。建筑层数为4层，从室外地面到建筑物大屋面的总高度为14.85 m，层高3.6 m<4 m；房屋的高宽比14.85/16.4<1；体形简单，采用砌体结构能满足表8－1和表8－2的要求。

建筑物的总长度46.8 m<50 m，根据表4－4，可不设伸缩缝；场地土土质较均匀，邻近无建筑物，荷载差异不大，根据《建筑抗震设计规范》，可不设防震缝。

根据《砌体结构设计规范》及《建筑抗震设计规范》，抗震墙房屋普通砖的强度等级不应低于MU10，砂浆强度等级不应低于M5。综合考虑后，首层及二层砖的强度等级按MU20考虑，砂浆选用M7.5混合砂浆；三层及四层砖的强度等级按MU10考虑，砂浆选用M7.5混合砂浆；地面下墙体采用MU20砖、M7.5水泥砂浆砌筑。主体现浇混凝土构件及条形基础的混凝土选用强度等级C25的混凝土；现浇板内受力主筋及分布筋均采用HPB300级钢筋；现浇梁梁内受力主筋采用HRB335级钢筋，箍筋采用HPB300级钢筋。

9.2.2 结构布置

1. 墙体布置

房间大小允许时，优先考虑横墙承重方案，以增强结构的横向刚度；较大开间时，楼、屋面梁支承在内、外纵墙上，为纵墙承重。墙体布置时，尽量在建筑分隔墙体位置处布置承重墙，按平面对称、拉通对齐、竖向连续、减小偏心的原则进行布置；当窗间墙个别不满足规范要求的最小局部尺寸时，可设置构造柱后适当放宽。根据上述分析，采用纵横墙混合承重方案。

由于大开间房间所占数量较多，造成开间不大于4.2 m的房间仅占每层总面积20%不到，而开间大于4.8 m的房间占每层总面积的50%以上，按8.2.2节内容，本结构房屋为横墙很少的多层砌体房屋。房屋总高度及层数均应按表8－1规定的最高层数限值(7层)减少2层和总高度限值(21 m)减少6 m设计。本工程总层数4层、总高度14.85 m，满足总高度和总层数的规定。采用装配式钢筋混凝土楼盖，墙体间距满足表8－3的要求。

考虑承重及保温要求，外墙厚度取370 mm，内墙厚度取240 mm。局部需要时，再按规范要求进行墙体局部加厚的设置。

2. 屋面及楼面板布置

屋面及楼面板布置方案见表9－6。当办公室纵向跨度较大时，布置楼面梁将大开间进行分隔，进深梁间距3.3 m。

表9－6 屋面及楼面板布置

区域＼功能	办公室	卫生间	走廊	楼梯
屋盖	预制板	预制板	现浇板	预制板
楼盖	预制板	现浇板	现浇板	现浇板式楼梯

3. 构造柱设置

根据《建筑抗震设计规范》的相关规定，对于抗震设防烈度为7度的横墙很少的4层砌体结构房屋，应按增加两层后的层数按表8－12进行构造柱的设置，具体如下：

(1)楼梯间四角、楼梯斜梯段上下端对应的墙体处；

(2)外墙四角和对应转角处；

(3)大房间内外墙交接处；

(4)较大洞口两侧；

(5)内墙(轴线)与外墙交接处；

(6)内墙的局部较小墙垛处；

(7)内纵墙与横墙(轴线)交接处。

构造柱的根部锚入基础圈梁，不再另设基础。构造柱在楼面标高上、下端500 mm范围内进行箍筋加密，加密箍筋为φ6@100。

构造柱的做法是将墙先砌成大马牙槎(五皮砖设一槎)，后浇构造柱的混凝土。混凝土强度等级C25。

4. 圈梁设置

根据《砌体结构设计规范》及《建筑抗震设计规范》，对于抗震设防烈度为7度的4层砌体结构丙类建筑，应按表8－13设置圈梁。即应在屋盖、各层楼盖的外墙、内纵墙设置圈梁；内横墙位置的圈梁，在屋盖处间距不应大于4.5 m，楼盖处间距不应大于7.2 m及构造柱对应部位，当上述间距范围内无横墙时，应利用屋面梁或楼面梁替代圈梁与纵墙圈梁可靠连接。由于本砌体结构预制空心板搁置于横墙上，故横墙圈梁在预制空心板板底设置，纵墙圈梁底面与横墙圈梁底面为同一标高，纵墙圈梁的顶面与板面齐平。圈梁应闭合，遇有洞口时应上、下搭接；圈梁可兼洞口过梁，但过梁所需要的钢筋另行计算配置。

9.3　结构设计

9.3.1　荷载标准值确定

1. 永久荷载

永久荷载按《建筑结构荷载规范》规定的常用材料自重与构件设计尺寸进行确定。

2. 楼、屋面活荷载

楼、屋面活荷载按《建筑结构荷载规范》的规定并考虑业主要求，各不同功能房间取值如下。

楼面：办公室及会议室　2.5 kN/m^2

　　卫生间　2.5 kN/m^2

　　走廊、门厅、楼梯　3.5 kN/m^2

屋面：非上人屋面　0.5 kN/m^2

3. 风、雪荷载

基本风压：0.4 kN/m^2

基本雪压：0.5 kN/m^2（雪荷载分区为Ⅰ区）

9.3.2　预制板选型

预制板均采用SP预应力空心板，简支于横墙上或楼、屋面梁上，根据板的跨度及荷载水平，按图集要求进行预制板型号的选择。

根据图集说明，板跨3.3 m及3.6 m时，板厚可取100 mm，即可选用SP10；板跨6.6 m时，楼面板厚可取180 mm，即可选用SP18；板跨6.6 m的屋面，板厚可取150 mm，即可选用SP15。

根据结构平面尺寸，A轴与B轴，C轴与D轴的轴线距离为6 600 mm，墙体间净距离为6 360 mm，预制板布置时板缝均匀设置，宽度为60 mm，根据图集，板自重及灌缝重量如下。

SP10：$[(1.84+0.03)\times1.2+0.06\times25\times0.10]/1.26=1.90$ kN/m^2。

SP15：$[(2.50+0.06)\times1.2+0.06\times25\times0.15]/1.26=2.62$ kN/m^2。

SP18：$[(3.12+0.07)\times1.2+0.06\times25\times0.18]/1.26=3.25$ kN/m^2。

预制板的荷载计算与选型过程如下。

1. 楼面板

1）荷载计算

楼面恒载：铺石材地面（50 mm厚）　1.16 kN/m^2

　　板自重：①SP10　1.90 kN/m^2

②SP18　　3.25 kN/m²

板下混合砂浆抹面(20 mm 厚)　　$0.02 \times 17 = 0.34$ kN/m²

楼面恒载标准值:①SP10　　3.40 kN/m²

②SP18　　4.75 kN/m²

办公室楼面活载:　　2.50 kN/m²(准永久值系数0.4)

2)板型选择

根据板面允许均布荷载(p_k)选用条件。

(1)活载标准值满足图集选板方法1)的条件(1),即2 kN/m² ≤ 可变荷载标准组合值 ≤ 5 kN/m²。

(2)荷载设计值。

SP10:荷载标准组合设计值　$p_k = 3.40 + 2.50 = 5.90$ kN/m²

荷载准永久组合设计值　$p_q = 3.40 + 0.4 \times 2.50 = 4.40$ kN/m²

$p_q / p_k = 0.746$

SP18:荷载标准组合设计值　$p_k = 4.75 + 2.50 = 7.25$ kN/m²

荷载准永久组合设计值　$p_q = 4.75 + 0.4 \times 2.50 = 5.75$ kN/m²

$p_q / p_k = 0.793$

均满足选板方法1)的条件(2),即准永久组合设计值≤0.87×标准组合设计值。

(3)根据板型的内力选用图表,楼面板选用如下:

①$l = 3.3$ m时,选用SP10D3310;

②$l = 3.6$ m时,选用SP10D3610;

③$l = 6.6$ m时,选用SP18C6610。

2. 屋面板

1)荷载计算

屋面恒载:SBS防水层上铺小豆石一层　　0.40 kN/m²

1:2.5水泥砂浆找平层(20 mm 厚)　　$20 \times 0.02 = 0.40$ kN/m²

1:10水泥珍珠岩保暖层(150 mm 厚)　　$7.5 \times 0.15 = 1.13$ kN/m²

1:6水泥焦渣找坡,平均(150 mm 厚)　　$12 \times 0.15 = 1.80$ kN/m²

板自重:①SP10　　1.90 kN/m²

②SP15　　2.62 kN/m²

板下混合砂浆抹面(20 mm 厚)　　$17 \times 0.02 = 0.34$ kN/m²

屋面恒载标准值:①SP10　　5.97 kN/m²

②SP15　　6.69 kN/m²

屋面活载:屋面均布活荷载标准值(不上人屋面)　　0.50 kN/m²(准永久值系数0.0)

屋面均布雪荷载标准值　　0.50 kN/m²(准永久值系数0.5)

屋面活荷载标准值取两者较大值　　0.50 kN/m²(准永久值系数0.5)

2)板型选择

活载标准值0.50 kN/m² < 2.0 kN/m²,不满足按板型选择方法1)的选用条件(1),故应按板面允许内力选用。

Ⅰ.荷载基本组合设计值 p

SP10:$p_1 = 1.2 \times 5.97 + 1.4 \times 0.50 = 7.86\ \text{kN/m}^2$

$p_2 = 1.35 \times 5.97 + 1.4 \times 0.7 \times 0.50 = 8.55\ \text{kN/m}^2$

取较大值,$p = 8.55\ \text{kN/m}^2$。

SP15:$p_1 = 1.2 \times 6.69 + 1.4 \times 0.50 = 8.83\ \text{kN/m}^2$

$p_2 = 1.35 \times 6.69 + 1.4 \times 0.7 \times 0.50 = 9.52\ \text{kN/m}^2$

取较大值,$p = 9.52\ \text{kN/m}^2$。

Ⅱ.荷载标准组合设计值 p_k

SP10:$p_k = 5.97 + 0.50 = 6.47\ \text{kN/m}^2$

SP15:$p_k = 6.69 + 0.50 = 7.19\ \text{kN/m}^2$

Ⅲ.荷载准永久组合设计值 p_q

SP10:$p_q = 5.97 + 0.5 \times 0.50 = 6.22\ \text{kN/m}^2$

SP15:$p_q = 6.69 + 0.5 \times 0.50 = 6.94\ \text{kN/m}^2$

Ⅳ.内力设计值

板的计算跨度 l_0 按图集中的规定进行计算,有 $l_0 = l - 0.1(\text{m})$。

SP10:$l = 3.3\ \text{m} \quad l_0 = l - 0.1 = 3.2\ \text{m}$

$$M = \frac{bpl_0^2}{8} = \frac{1.26 \times 8.55 \times 3.2^2}{8} = 13.79\ \text{kN} \cdot \text{m}$$

$$M_k = \frac{bp_k l_0^2}{8} = \frac{1.26 \times 6.47 \times 3.2^2}{8} = 10.43\ \text{kN} \cdot \text{m}$$

$$M_q = \frac{bp_q l_0^2}{8} = \frac{1.26 \times 6.22 \times 3.2^2}{8} = 10.03\ \text{kN} \cdot \text{m}$$

$$V = \frac{bpl_0}{2} = \frac{1.26 \times 8.55 \times 3.2}{2} = 17.24\ \text{kN}$$

$l = 3.6\ \text{m}, l_0 = l - 0.1 = 3.5\ \text{m}$

$$M = \frac{bpl_0^2}{8} = \frac{1.26 \times 8.55 \times 3.5^2}{8} = 16.50\ \text{kN} \cdot \text{m}$$

$$M_k = \frac{bp_k l_0^2}{8} = \frac{1.26 \times 6.47 \times 3.5^2}{8} = 12.48\ \text{kN} \cdot \text{m}$$

$$M_q = \frac{bp_q l_0^2}{8} = \frac{1.26 \times 6.22 \times 3.5^2}{8} = 12.00\ \text{kN} \cdot \text{m}$$

$$V = \frac{bpl_0}{2} = \frac{1.26 \times 8.55 \times 3.5}{2} = 18.85\ \text{kN}$$

SP15:$l = 6.6\ \text{m} \quad l_0 = l - 0.1 = 6.5\ \text{m}$

$$M = \frac{bpl_0^2}{8} = \frac{1.26 \times 9.52 \times 6.5^2}{8} = 63.35\ \text{kN} \cdot \text{m}$$

$$M_k = \frac{bp_k l_0^2}{8} = \frac{1.26 \times 7.19 \times 6.5^2}{8} = 47.84\ \text{kN} \cdot \text{m}$$

$$M_q = \frac{bp_q l_0^2}{8} = \frac{1.26 \times 6.94 \times 6.5^2}{8} = 46.18\ \text{kN} \cdot \text{m}$$

$$V = \frac{bpl_0}{2} = \frac{1.26 \times 9.52 \times 6.5}{2} = 38.98\ \text{kN}$$

根据板型的内力选用图表,屋面板选用如下:

(1) l = 3.3 m 时,选用 SP10D3310;

(2) l = 3.6 m 时,选用 SP10D3610;

(3) l = 6.6 m 时,选用 SP15C6610。

9.3.3 现浇板的计算

1. 荷载计算

1) 现浇楼面 1(走廊)

恒载:铺石材地面(50 mm 厚) 1.16 kN/m²

钢筋混凝土现浇板(100 mm 厚) $25\times0.10=2.50$ kN/m²

板下混合砂浆抹面(20 mm 厚) $17\times0.02=0.34$ kN/m²

恒载标准值 $g_k=4.00$ kN/m²

活载:活载标准值 $q_k=3.50$ kN/m²

荷载标准组合设计值:$p_k=g_k+q_k=4.00+3.50=7.50$ kN/m²

荷载基本组合设计值:$p=1.2g_k+1.4q_k=1.2\times4.00+1.4\times3.50=9.70$ kN/m²

2) 现浇楼面 2(卫生间)

恒载:防滑瓷砖地面(50 mm 厚) 1.00 kN/m²

1:6水泥焦渣坡向地漏(60 mm 厚) $12\times0.06=0.72$ kN/m²

SBS 防水层 0.30 kN/m²

钢筋混凝土现浇板(110 mm 厚) $25\times0.11=2.75$ kN/m²

板下混合砂浆抹面(20 mm 厚) $17\times0.02=0.34$ kN/m²

恒载标准值 $g_k=5.11$ kN/m²

活载:活载标准值 $q_k=2.50$ kN/m²

荷载标准组合设计值:$p_k=g_k+q_k=5.11+2.50=7.61$ kN/m²

荷载基本组合设计值:$p=1.2g_k+1.4q_k=1.2\times5.11+1.4\times2.50=9.63$ kN/m²

3) 现浇屋面板(走廊)

恒载:SBS 防水层上铺小豆石一层 0.40 kN/m²

1:2.5 水泥砂浆找平层(20 mm 厚) $20\times0.02=0.40$ kN/m²

1:10 水泥珍珠岩保温层(150 mm 厚) $7.5\times0.15=1.13$ kN/m²

1:6水泥焦渣找坡(平均 150 mm 厚) $12\times0.15=1.80$ kN/m²

钢筋混凝土现浇板(100 mm 厚) $25\times0.10=2.50$ kN/m²

板下混合砂浆抹面(20 mm 厚) $17\times0.02=0.34$ kN/m²

恒载标准值 $g_k=6.57$ kN/m²

活载:活载标准值 $q_k=0.50$ kN/m²

荷载标准组合设计值:$p_k=g_k+q_k=6.57+0.50=7.07$ kN/m²

荷载基本组合设计值:$p=1.35g_k+0.7\times1.4q_k=1.35\times6.57+0.7\times1.4\times0.50$

$=9.36$ kN/m²

2. 配筋计算

1) 板的分类

(1) 走廊板:$l_x=2\ 700$ mm,$l_y=9\ 900$ mm(走廊内横向圈梁间的间距),$l_y/l_x=3.67>3$,

属单向板。

(2)卫生间板：$l_x=3\ 300$ mm，$l_y=6\ 600$ mm，$l_y/l_x=2$，宜按双向板进行设计。

2)板的计算跨度

按弹性理论计算板的配筋，板的计算跨度可按下列数值近似选取。

(1)走廊板：$l_0=2\ 700$ mm。

(2)卫生间板：$l_x=3\ 300$ mm，$l_y=6\ 600$ mm。

3)配筋计算参数

取计算截面 $b=1\ 000$ mm；板钢筋采用 HPB300 级，$f_y=270\ \text{N/mm}^2$；混凝土强度等级 C25，$f_c=11.9\ \text{N/mm}^2$，$f_t=1.27\ \text{N/mm}^2$；对于室内一类环境，板的保护层厚度 $c_{min}=20$ mm，则对于走廊板，截面有效高度 $h_0=100-25=75$ mm；对于卫生间板，短向 $h_0=110-25=85$ mm，长向 $h_0=110-35=75$ mm。

4)跨中弯矩

(1)楼面走廊板：

$$M=pl_0^2/8=9.70\times2.7^2/8=8.84\ \text{kN}\cdot\text{m/m}$$

(2)屋面走廊板：

$$M=pl_0^2/8=9.36\times2.7^2/8=8.53\ \text{kN}\cdot\text{m/m}$$

(3)楼面卫生间板：

$$l_x/l_y=0.5$$

$$M_x^\mu=M_x+\mu M_y=(0.096\ 5+\frac{1}{6}\times0.017\ 4)\times9.63\times3.3^2=10.43\ \text{kN}\cdot\text{m/m}$$

$$M_y^\mu=M_y+\mu M_x=(0.017\ 4+\frac{1}{6}\times0.096\ 5)\times9.63\times3.3^2=3.51\ \text{kN}\cdot\text{m/m}$$

板的截面配筋见表 9-7。板最小配筋率 $\rho_{min}=\max(0.2\%,0.45f_t/f_y)=0.212\%$，表 9-7 中实配钢筋均满足要求。

表 9-7　现浇板配筋计算

板的位置	楼面走廊板	屋面走廊板	楼面卫生间板短向	楼面卫生间板长向
按简支板计算的跨中弯矩 $M/(\text{kN}\cdot\text{m})$	8.84	8.53	10.43	3.51
$\alpha_s=\dfrac{M}{\alpha_1 f_c bh_0^2}$	0.132	0.127	0.121	0.052
$\xi=1-\sqrt{1-2\alpha_s}(\leq\xi_b=0.576)$	0.142	0.136	0.129	0.053
$\gamma_s=\dfrac{1+\sqrt{1-2\alpha_s}}{2}$	0.929	0.932	0.935	0.973
$A_s=\dfrac{M}{\gamma_s f_y h_0}/\text{mm}^2$	470	452	486	167
配筋方案	ϕ10@160	ϕ10@160	ϕ10@160	ϕ8@200
实配面积 $/\text{mm}^2$	491	491	491	251
最小配筋面积 $A_{s,min}=\rho_{min}bh/\text{mm}^2$	212	212	233	233

9.3.4　楼、屋面梁的设计

进深梁混凝土强度等级 C25，纵筋采用 HRB335 级钢筋，箍筋采用 HPB300 级钢筋。由于梁的轴线跨度大于 6 000 mm,根据 4.5.1 节壁柱设置的相关要求,对于 240 mm 厚内纵墙,宜加设扶壁柱。扶壁柱宽度为 490 mm,与梁轴线对中布置,扶壁柱伸出内纵墙边缘的尺寸为 130 mm,设于办公室内一侧。

1)梁截面尺寸

$h=(1/12\sim1/8)\ l=(1/12\sim1/8)\times6\ 600=550\sim825$ mm,取 $h=550$ mm。

$b=(1/3\sim1/2)\ h=(1/3\sim1/2)\times550=183\sim275$mm,取 $b=250$ mm。

2)计算跨度

楼面梁伸入墙内长度为 240 mm,净跨度 $l_n=l-0.12-0.25=6.6-0.12-0.25=6.23$ m,$0.025l_n=0.025\times6.23=0.156$ m,大于支承长度的一半 120 mm。则计算跨度为

$$l_0=l_n+a_{左侧支承长度}/2+a_{右侧支承长度}/2=6\ 230+240=6\ 470\ \text{mm}$$

3)楼面梁荷载设计值

恒载:梁自重标准值　$0.25\times0.55\times25+0.02\times(0.25+0.55\times2)\times17=3.90$ kN/m

板传来的恒载标准值　$3.40\times3.3=11.22$ kN/m

恒载标准值　$g_k=15.12$ kN/m

活载:楼面板传来的活载标准值　$q_k=2.50\times3.3=8.25$ kN/m

荷载标准组合设计值　$p_k=g_k+q_k=15.12+8.25=23.37$ kN/m

荷载基本组合设计值　$p=1.2g_k+1.4q_k=1.2\times15.12+1.4\times8.25=29.69$ kN/m

4)屋面梁荷载设计值

恒载:梁自重标准值:$0.25\times0.55\times25+0.02\times(0.25+0.55\times2)\times17=3.90$ kN/m

板传来的恒载标准值　$5.97\times3.3=19.70$ kN/m

恒载标准值　$g_k=23.60$ kN/m

活载:屋面板传来的活载标准值　$q_k=0.50\times3.3=1.65$ kN/m

荷载标准组合设计值　$p_k=g_k+q_k=23.60+1.65=25.25$ kN/m

荷载基本组合设计值　$p=1.35g_k+0.7\times1.4q_k=1.35\times23.60+0.7\times1.4\times1.65$
$=33.48$ kN/m

5)正截面承载力计算(表 9-8)

表 9-8　楼、屋面梁正截面承载力计算

梁的位置	楼面梁	屋面梁
荷载基本组合设计值 p/(kN/m)	29.69	33.48
计算跨度 l_0/m	6.47	6.47
跨中最大弯矩 M/(kN·m)	155.36	175.19
截面有效高度 h_0/mm	550-45=505	550-45=505
$\alpha_s=\dfrac{M}{\alpha_1 f_c bh_0^2}$	0.205	0.231
$\xi=1-\sqrt{1-2\alpha_s}\ (\leq\xi_b=0.550)$	0.232	0.267
$\gamma_s=\dfrac{1+\sqrt{1-2\alpha_s}}{2}$	0.884	0.867
$A_s=\dfrac{M}{\gamma_s f_y h_0}$/mm²	1 160	1 334
配筋方案	4 ⌀ 20	2 ⌀ 22 + 2 ⌀ 20
实配面积/mm²	1 256	1 388

梁最小配筋率 $\rho_{min}=\max(0.2\%, 0.45f_t/f_y)=0.2\%$，最小配筋面积 $A_{s,min}=\rho_{min}bh=0.2\%\times 250\times 550=275\ mm^2$，表中配筋均满足要求。

挠度及裂缝验算略。

6）斜截面承载力计算（表9－9）

表9－9　楼、屋面梁斜截面承载力计算

梁的位置	楼面梁	屋面梁
荷载基本组合设计值 p/(kN/m)	29.69	33.48
净跨度 l_n/m	6.23	6.23
梁端剪力基本组合设计值/kN	92.48	104.29
截面有效高度 h_0/mm	550－45＝505	550－45＝505
$0.25\beta_c f_c bh_0$/kN	375.59	375.59
$0.7f_t bh_0$/kN	112.24	112.24
实配箍筋（双肢）	ϕ6＠200	ϕ6＠200

由于梁端剪力基本组合设计值 $V<0.7f_t bh_0$，故按规范进行最小箍筋直径和最大箍筋间距的控制进行箍筋配置，可不必满足最小配箍率。由于梁跨度较大，实际配筋时可将梁下部纵向钢筋中的中间两根在支座附近弯起，可有效提高梁斜截面抗剪的安全度。对于大开间房屋，横墙间距大于规范规定的最小横墙圈梁间距，楼、屋面梁应与纵墙圈梁可靠拉结，起到横墙圈梁的作用。

9.4　墙体承载力验算

9.4.1　静力计算方案

（1）本工程采用装配式钢筋混凝土楼（屋）盖，根据表4－2规定，横墙最大间距 $s=3\times 3.3=9.9\ m<32\ m$，满足房屋静力计算按刚性方案的横墙间距要求。

（2）横墙厚度240 mm＞180 mm，横墙除两端山墙沿建筑物横向连续布置外，中间横墙被走廊分成独立的两段。根据砌体墙顶部水平位移计算公式(4－2)简化计算如下：

$$\mu_{max}=\frac{F_1H^3}{3EI}+\frac{\tau}{G}H$$

$$\tau=\zeta\frac{F_1}{A}$$

$$\mu_{max}=\frac{F_1H^3}{3EI}+\frac{\zeta F_1 H}{GA}$$

式中　F_1——作用于横墙顶端的水平集中荷载；

H——横墙总高度；

E——砌体的弹性模量；

I——横墙惯性矩；

ζ——考虑墙体剪应力分布不均匀的系数；

G——砌体的剪切模量，可取 $G=0.4E$；

A——横墙截面面积。

走廊两侧同一轴线上的横墙通过走廊楼板铰接连接联合作用下的顶点位移：

$$\mu_{\max}=\frac{F_1H^3}{3E(2I)}+\frac{\zeta F_1H}{G(2A)}=\frac{F_1H^3}{3E(2\times bh^3/12)}+\frac{\zeta F_1H}{G(2bh)}<\frac{F_1H^3}{3Eb\,(\sqrt[3]{2}h)^3/12}+\frac{\zeta F_1H}{Gb(\sqrt[3]{2}h)}$$

故走廊两侧长度相等的两段横墙，按抗侧刚度相当的等效长度将不小于$\sqrt[3]{2}$倍的单段横墙长度。则$\sqrt[3]{2}\times 6.6=8.31\ \text{m}>H/2=14.85/2=7.425\ \text{m}$（$H$为房屋总高度），满足4.2.3节关于刚性方案的横墙长度要求。

（3）外墙洞口水平截面面积未超过全截面面积的2/3，基本风压0.4 kN/m^2，层高3.6 m <4.0 m，房屋总高度14.85 m<24 m，屋面自重不小于0.8 kN/m^2，按4.4.1节静力计算中不考虑风荷载的规定，可知静力计算时不必考虑风荷载的影响。

9.4.2 墙体高厚比验算

根据表5-2，砂浆强度等级M7.5时，$[\beta]=26$。带壁柱墙的高厚比按式(5-4)验算。

经对比分析，内纵墙大房间墙体（横墙间距9.9 m）的高厚比相对较大，作为墙体高厚比的验算对象。

1. 确定计算高度

根据5.1.1节墙、柱高厚比验算的相关规定，底层高度$H=3.60+0.45+0.50=4.55$ m，其余各层高度$H=3.60$ m。

横墙间距$s=9.9$ m，根据表5-1，各层内纵墙整片计算时的计算高度为底层$s=9.9$ m $>2H=9.1$ m，内纵墙的计算高度$H_0=1.0H=4.55$ m；其余各层$s=9.9\text{m}>2H=7.2$ m，内纵墙的计算高度$H_0=1.0H=3.60$ m。

2. 确定壁柱截面的折算厚度

由于梁下砌体支承节点设置有壁柱，带壁柱墙的截面用窗间墙截面验算，如图9-7所示。T字形截面的较长一端翼缘尺寸为1 195 mm，小于层高的1/3，满足5.1.1节中带壁柱墙高厚比验算翼缘宽度的规定。

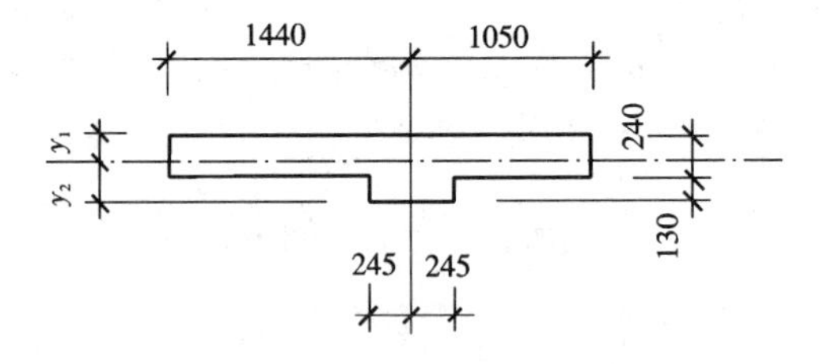

图9-7 带壁柱墙体截面

$$A=240\times 2\,490+130\times 490=661\,300\ \text{mm}^2$$

$$y_1=\frac{240\times 2\,490\times 120+130\times 490\times(240+130/2)}{661\,300}=137.8\ \text{mm}$$

$$y_2=240+130-137.8=232.2\ \text{mm}$$

$$I=\frac{1}{12}\times 2\,490\times 240^3+2\,490\times 240\times(137.8-120)^2+$$

$$\frac{1}{12}\times 490\times 130^3+490\times 130\times(232.2-65)^2=4.93\times 10^9\ \text{mm}^4$$

$$i=\sqrt{\frac{I}{A}}=\sqrt{\frac{4.93\times10^{9}}{661\ 300}}=86.33\ \text{mm}$$

$$h_T\approx3.5i=3.5\times86.33=302\ \text{mm}$$

3. 高厚比验算

1）横墙间的整片墙体验算

对于承重墙，$\mu_1=1.0$。走廊两侧内纵墙高窗尺寸为1 200 mm×600 mm，偏安全计，不考虑其高度小于 $H/5$ 的有利因素，则有门窗洞口时允许高厚比的修正系数 $\mu_2=1-0.4b_s/s=1-0.4\times(1.5+1.2+1.0)/9.9=0.851$。

底层 $\beta=H_0/h_T=4.55/0.302=15.07<\mu_1\mu_2[\beta]=1.0\times0.851\times26=22.13$（满足）

二～四层 $\beta=H_0/h_T=3.60/0.302=11.92<\mu_1\mu_2[\beta]=1.0\times0.851\times26=22.13$（满足）

2）壁柱与壁柱间墙体验算

由于壁柱间距离 $s=3.3\ \text{m}<H$，查表5-1，则

$H_0=0.6s=0.6\times3\ 300=1\ 980\ \text{mm}$ $\mu_2=1-0.4b_s/s=1-0.4\times1.2/3.3=0.854$

$$\beta=H_0/h=1.98/0.24=8.25<\mu_1\mu_2[\beta]\text{（满足要求）}$$

3）壁柱与横墙间墙体验算（带1 500 m宽门洞段墙体）

$H_0=0.6s=0.6\times3\ 300=1\ 980\ \text{mm}$ $\mu_2=1-0.4b_s/s=1-0.4\times1.5/3.3=0.818$

$$\beta=H_0/h=1.98/0.24=8.25<\mu_1\mu_2[\beta]\text{（满足要求）}$$

9.4.3 梁端支座处砌体局部受压承载力验算

选取楼、屋面梁在内纵墙B轴线支承壁柱处的局部承压节点进行砌体的局部受压计算，当不满足局部承压要求时，设置刚性垫块；同时应按4.5.1及5.2.4节墙、柱上垫块设置相关要求进行刚性垫块的构造性设置。由于梁跨度为6.6 m，大于4.8 m，应按规范在梁端支承处设置混凝土刚性垫块。根据刚性垫块的构造要求，垫块尺寸为490 mm×250 mm×180 mm，见图9-8。

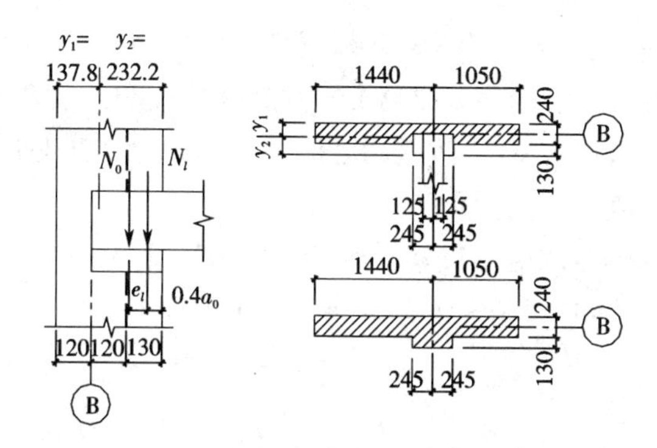

图9-8 梁下局部受压节点荷载作用示意图

1. 上部平均压应力计算

由于楼、屋面梁的承荷范围主要是一个开间，即3.3 m的受荷范围，故取一个开间进行上部荷载压应力的计算。梁的受荷跨度近似按内外纵墙间轴线距离6.6 m考虑。

1)屋面梁传来

恒载标准值:$G_k = g_k l_0/2 = 23.60 \times 6.6/2 = 77.88$ kN

活载标准值:$Q_k = q_k l_0/2 = 1.65 \times 6.6/2 = 5.45$ kN

荷载标准组合设计值:$P_k = G_k + Q_k = 77.88 + 5.45 = 83.33$ kN

荷载基本组合设计值:

由可变荷载控制 $P = 1.2G_k + 1.4Q_k = 1.2 \times 77.88 + 1.4 \times 5.45 = 101.09$ kN

由永久荷载控制 $P = 1.35G_k + 0.7 \times 1.4Q_k = 1.35 \times 77.88 + 0.7 \times 1.4 \times 5.45 = 110.48$ kN

2)楼面梁传来

恒载标准值:$G_k = g_k l_0/2 = 15.12 \times 6.6/2 = 49.90$ kN

活载标准值:$Q_k = q_k l_0/2 = 8.25 \times 6.6/2 = 27.23$ kN

荷载标准组合设计值:$P_k = G_k + Q_k = 49.90 + 27.23 = 77.13$ kN

荷载基本组合设计值:

由可变荷载控制 $P = 1.2G_k + 1.4Q_k = 1.2 \times 49.90 + 1.4 \times 27.23 = 98.00$ kN

由永久荷载控制 $P = 1.35G_k + 0.7 \times 1.4Q_k = 1.35 \times 49.90 + 0.7 \times 1.4 \times 27.23 = 94.05$ kN

3)走廊屋盖传来

恒载标准值:$G_k = g_k b l_0/2 = 6.57 \times 3.3 \times 2.7/2 = 29.27$ kN

活载标准值:$Q_k = q_k b l_0/2 = 0.50 \times 3.3 \times 2.7/2 = 2.23$ kN

荷载标准组合设计值:$P_k = G_k + Q_k = 29.27 + 2.23 = 31.50$ kN

荷载基本组合设计值:

由可变荷载控制 $P = 1.2G_k + 1.4Q_k = 1.2 \times 29.27 + 1.4 \times 2.23 = 38.25$ kN

由永久荷载控制 $P = 1.35G_k + 0.7 \times 1.4Q_k = 1.35 \times 29.27 + 0.7 \times 1.4 \times 2.23 = 41.70$ kN

4)走廊楼盖传来

恒载标准值:$G_k = g_k b l_0/2 = 4.00 \times 3.3 \times 2.7/2 = 17.82$ kN

活载标准值:$Q_k = q_k b l_0/2 = 3.50 \times 3.3 \times 2.7/2 = 15.59$ kN

荷载标准组合设计值 $P_k = G_k + Q_k = 17.82 + 15.59 = 33.41$ kN

荷载基本组合设计值:

由可变荷载控制 $P = 1.2G_k + 1.4Q_k = 1.2 \times 17.82 + 1.4 \times 15.59 = 43.21$ kN

由永久荷载控制 $P = 1.35G_k + 0.7 \times 1.4Q_k = 1.35 \times 17.82 + 0.7 \times 1.4 \times 15.59 = 39.34$ kN

5)墙体自重

计算每层墙体自重时,应扣除窗洞及门洞面积,并考虑窗、门自重及墙体内外抹灰。

对于2~4层,墙体厚度为240 mm,计算高度为3.6 m,考虑壁柱后,其自重标准值为

$$G_{wk} = (0.24 \times 19 + 2 \times 0.02 \times 17) \times (3.3 \times 3.6 - 0.21 \times 2.7 - 0.6 \times 0.6) + 0.13 \times 0.49 \times 3.6 \times 19 + 0.21 \times 2.7 \times 0.25 + 0.6 \times 0.6 \times 0.30 = 62.0 \text{ kN}$$

对于首层,墙体厚度为240 mm,计算高度为4.55 m,其自重标准值为

$$G_{wk} = (0.24 \times 19 + 2 \times 0.02 \times 17) \times (3.3 \times 4.55 - 0.21 \times 2.7 - 0.6 \times 0.6) + 0.13 \times 0.49$$

$\times 4.55 \times 19 + 0.21 \times 2.7 \times 0.25 + 0.6 \times 0.6 \times 0.30 = 79.58$ kN

当墙体自重和楼面传来的恒载、活载进行组合时，也应按可变荷载控制或永久荷载控制考虑相应的荷载分项系数。墙体面积按 $240 \times 3\ 300 + 130 \times 490 = 8.557 \times 10^5$ (mm^2)考虑，梁下局压处平均压应力由上部墙体传下的上部荷载及本层的走廊荷载产生。各层荷载的基本组合设计值见表9-10。

表9-10 各层荷载基本组合设计值统计

位置＼项目	本层梁传荷载（活载控制/恒载控制）/kN	本层走廊传荷载（活载控制/恒载控制）/kN	本层墙体恒载（活载控制/恒载控制）/kN	平均压应力 σ_0（活载控制/恒载控制）/MPa
标高3.600 m	98/94.05	43.21/39.34	74.4/83.7	0.804/0.829
标高7.200 m	98/94.05	43.21/39.34	74.4/83.7	0.552/0.575
标高10.800 m	98/94.05	43.21/39.34	74.4/83.7	0.300/0.322
屋面	101.09/110.48	38.25/41.70	0	0.045/0.049

2. 梁下支承节点局部受压承载力验算（以永久荷载控制的基本组合为例进行计算）

(1)首层砖强度等级MU20，砂浆强度等级M7.5，查表3-5得抗压强度设计值 $f=2.39$ MPa。

$$a_b = 250\text{ mm} \quad b_b = 490\text{ mm} \quad t_b = 180\text{ mm}$$

$$A_b = a_b b_b = 250 \times 490 = 122\ 500\text{ mm}^2$$

$$A_0 = 370 \times 490 = 181\ 300\text{ mm}^2$$

$$\gamma_1 = 0.8\left(1 + 0.35\sqrt{\frac{A_0}{A_b} - 1}\right) = 0.8\left(1 + 0.35\sqrt{\frac{181\ 300}{122\ 500} - 1}\right) = 0.99 < 1.0（取 \gamma_1 = 1.0）$$

$\sigma_0/f = 0.829/2.39 = 0.347$（查表5-8，内插后得 $\delta_1 = 5.92$），则

$$a_0 = \delta_1\sqrt{\frac{h_c}{f}} = 5.92\sqrt{\frac{550}{2.39}} = 89.81\text{ mm}$$

$$N_0 = \sigma_0 A_b = 0.829 \times 122\ 500 = 101.56\text{ kN}$$

$$N_0 + N_l = 101.56 + 94.05 = 195.61\text{ kN}$$

$$e_l = \frac{a_b}{2} - 0.4a_0 = 125 - 0.4 \times 89.81 = 89.08\text{ mm}$$

由于各力对截面形心轴取矩的平衡条件 $(N_0 + N_l)e = N_l e_l$，所以

$$e = \frac{N_l e_l}{N_0 + N_l} = \frac{94.05 \times 89.08}{195.61} = 42.83\text{ mm}$$

$$e/h_T = 42.83/302 = 0.142$$

取 $\beta \leqslant 3$，查表5-4，得 $\varphi = 0.806$。

$$\varphi\gamma_1 f A_b = 0.806 \times 1.0 \times 2.39 \times 122\ 500 = 235.85\text{ kN} > N_0 + N_l = 195.61\text{ kN}$$

满足要求。

(2)同理，验算其他层相应位置处的局部受压承载力，结果见表9-11。

表 9-11 各层楼、屋面梁下局部受压承载力验算

项目＼位置	标高 3.600 m	标高 7.200 m	标高 10.800 m	屋面
平均压应力 σ_0/MPa	0.829	0.575	0.322	0.049
砌体强度 f/MPa	2.39	2.39	1.69	1.69
应力比 σ_0/f	0.347	0.241	0.190	0.029
δ_1	5.920	5.761	5.685	5.443
梁端有效支承长度 a_0/mm	89.810	87.395	102.566	98.197
垫块承受的上部荷载 N_0/kN	101.556	70.478	39.400	5.970
梁端传来楼面荷载 N_l/kN	94.05	94.05	94.05	110.48
作用在垫块上的轴向力 N/kN	195.606	164.528	133.450	116.450
N_l 对垫块中心的偏心距 e_l/mm	89.076	90.042	83.973	85.721
N 对垫块中心的偏心距 e/mm	42.829	51.471	59.181	81.327
e/h_T	0.142	0.170	0.196	0.269
$\varphi(\beta\leq 3)$(式(5-17))	0.806	0.742	0.685	0.535
$N_u=\varphi\gamma_1 fA_b$/kN	235.853	217.100	141.718	110.695

从表 9-11 可以看出,除屋面梁外,其他楼层处的梁下局部受压均满足。屋面梁下的局压承载力与所受荷载相差少于 5%,且当内纵墙设置圈梁且圈梁与楼、屋面梁整浇在一起时,可有效改善梁端的不均匀受压状态,提高砌体的局部承压能力,故可认为屋面部位亦满足要求。

按可变荷载控制的基本组合也应进行验算,此处略。

9.4.4 纵墙的承载力验算

每层取楼面梁底面稍上位置及楼面梁下部支承截面作为控制截面(图 9-9)。在房屋层数、墙体所采用材料种类、材料强度、楼面(屋面)荷载均相同的情况下,墙体的最不利计算位置可根据墙体的负载面积与其面积的比值来判别。

经比较,选大开间房屋内纵墙轴线上,门与窗之间的带壁柱窗间墙作为计算单元。

墙体验算与梁下局部承压的验算过程相似,但有不同,其中局部承压验算的对象为垫块范围下砌体及垫块上部的荷载,而墙体验算在Ⅰ—Ⅰ截面处的验算对象为窗间墙面积的砌体及窗间墙范围内的荷载;另外,局压承载力验算的高厚比按 $\beta\leq 3$ 选取 φ,而墙体承载力验算时按 $\beta=H_0/h_T$ 依据表 5-4 选取(或计算)φ;同时,墙体承载力验算无局部抗压强度的提高系数。但两者的梁端反力位置相同。综上所述,以永久荷载控制的基本组合设计值为例,可得各层墙体在Ⅰ—Ⅰ截面处的承载力验算结果,见表 9-12。计算Ⅱ—Ⅱ截面时,用式(5-11)

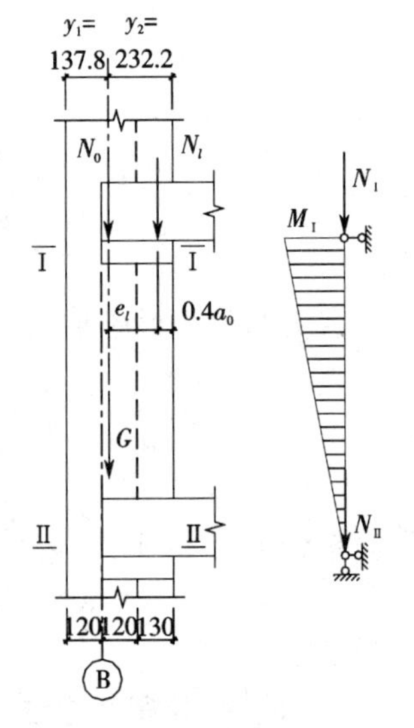

图 9-9 纵墙墙体荷载与内力

计算稳定系数。

表9-12 各层墙体I—I截面处承载力的静力验算

项目＼位置	一层	二层	三层	顶层
本层梁传荷载/kN	94.05	94.05	94.05	110.48
本层走廊传荷载/kN	39.34	39.34	39.34	41.7
上层墙体恒载/kN	83.7	83.7	83.7	0
窗间墙水平投影面积 A /mm^2	661 300	661 300	661 300	661 300
平均压应力 σ_0/MPa	1.073	0.744	0.416	0.063
砌体强度 f/MPa	2.39	2.39	1.69	1.69
梁端有效支承长度 a_0/mm	89.810	87.395	102.566	98.197
墙体承受的上部荷载 N_0/kN	709.400	492.310	275.220	41.700
作用在窗间墙上的轴向力 N/kN	803.450	586.360	369.270	152.180
N_l 对墙体形心的偏心距 $e_l=y_2-0.4a_0$/mm	196.276	197.242	191.173	192.921
N 对墙体形心的偏心距 e/mm	22.976	31.637	48.690	140.058
e/h_T	0.076	0.105	0.161	0.464
$\beta=H_0/h_T$	15.070	11.920	11.920	11.920
φ(式(5-16))	0.582	0.595	0.490	0.189
$N_u=\varphi fA$/kN	920.103	940.842	547.645	211.769

由表9-12可以看出，内纵墙大开间窗间墙在房屋的各层均满足静力作用下的承载力要求，说明本设计的内纵墙截面尺寸及选用的材料强度适宜。但顶层N对墙体形心的偏心距e大于$0.6y_2$，说明偏心较大，此时可采取如图9-10所示的梁端支座节点，减小梁端反力的偏心距。

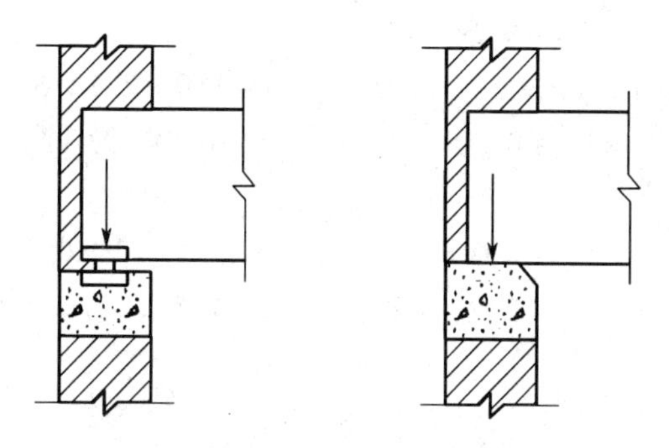

图9-10 减小梁端反力偏心距的措施

9.5 墙体的抗震验算

9.5.1 重力荷载代表值计算

集中在各楼层标高处的各质点重力荷载代表值包括楼盖、屋盖恒荷标准值,50%楼面活荷载与50%屋面雪荷载,上下各半层墙重标准值。

对于外墙 $0.36\times19+0.55+0.02\times17=7.73\ kN/m^2$

对于内墙 $0.24\times19+2\times0.02\times17=5.24\ kN/m^2$

1. 山墙恒载

首层 $[7.73\times(15.9\times4.55-1.5\times3)+0.25\times1.5\times3]\times2=1\ 051.13\ kN$

二~四层 $[7.73\times(15.9\times3.60-1.5\times1.8)+0.30\times1.5\times1.8]\times2=844.81\ kN$

2. A 轴线外纵墙恒载

首层 $7.73\times(46.8\times4.55-1.8\times1.8\times12-2.1\times3\times2)+0.3\times1.8\times1.8\times12+0.25\times2.1\times3\times2=1\ 262.90\ kN$

二~四层 $7.73\times(46.8\times3.60-1.8\times1.8\times12-2.1\times1.8\times2)+0.3\times(1.8\times1.8\times12+2.1\times1.8\times2)=957.30\ kN$

3. D 轴线外纵墙恒载

首层 $7.73\times(46.8\times4.55-1.5\times1.8\times14)+0.3\times1.5\times1.8\times14=1\ 365.17\ kN$

二~四层 $7.73\times(46.8\times3.60-1.5\times1.8\times14)+0.3\times1.5\times1.8\times14=1\ 021.50\ kN$

4. 内横墙恒载

首层 $5.24\times(6.6\times4.55\times12-0.9\times2.1\times2)+0.25\times0.9\times2.1\times2=1\ 869.42\ kN$

二~四层 $5.24\times(6.6\times3.60\times12-0.9\times2.1\times2)+0.25\times0.9\times2.1\times2=1\ 475.17\ kN$

5. B 轴线内纵墙恒载

首层 $[5.24\times(9.9\times4.55-1.5\times2.7-1.0\times2.7-1.2\times0.6)+0.25\times(1.5\times2.7+1.0\times2.7)+0.3\times1.2\times0.6]\times4=795.19\ kN$

二~四层 $5.24\times(46.8\times3.6-1.5\times2.7\times4-1.0\times2.7\times6-1.2\times0.6\times4)+0.25\times(1.5\times2.7\times4+1.0\times2.7\times6)+0.30\times1.2\times0.6\times4=706.93\ kN$

6. C 轴线内纵墙恒载

首层 $5.24\times(9.9\times4.55-1.0\times2.7-1.5\times2.7-1.2\times0.6)\times2+5.24\times3.3\times4.55\times2+5.24\times(6.6\times4.55-1.5\times2.7)\times2+0.25\times(1.5\times2.7\times4+1.0\times2.7\times2)+0.3\times1.2\times0.6\times2=829.25$

二~四层 $5.24\times(9.9\times3.6\times4-1.0\times2.7\times2-1.5\times2.7\times4-1.2\times0.6\times2)+0.25\times(1.0\times2.7\times2+1.5\times2.7\times4)+0.3\times1.2\times0.6\times2=632.12\ kN$

7. 女儿墙恒载

女儿墙,厚240 mm,高900 mm,外侧墙砖,内侧抹灰20 mm。

$(0.24\times19+0.55+0.02\times17)\times(46.8+15.9)\times2\times0.9=615.09\ kN$

8. 屋面板恒载

$5.97\times3.3\times6.6\times20+5.97\times3.6\times6.6\times4+6.69\times6.6\times6.6\times2+6.57\times46.8\times2.7=4\ 580.94\ kN$

9. **楼面板恒载**

3.40×3.3×6.6×18+3.40×3.6×6.60×2+4.75×6.6×6.6×2+5.11×3.3×6.6×2+4.00×46.8×2.7=2 636.36 kN

10. **进深梁恒载**

(25×0.25×0.55+17×0.02×0.55×2)×6.6×12=301.87 kN

11. **雪荷载**

0.5×0.5×46.8×15.9=186.03 kN

12. **楼面活载**

0.5×[2.5×(9.9×6.6×6+3.3×6.6×2+6.6×6.6×2+3.6×6.6×2)+3.5×(46.8×2.7+3.6×6.6×2)]=1 017.09 kN

首层半层墙重标准值　0.5×(1 051.13+1 262.90+1 365.17+1 869.42+795.19+829.25)=3 586.53 kN

二~四层半层墙重标准值　0.5×(844.81+957.30+1 021.50+1 475.17+706.93+632.12)=2 818.92 kN

各层的重力荷载代表值 G_i：

G_4=4 580.94+301.87+186.03+615.09+2 818.92=8 502.85 kN

$G_3=G_2$=2 636.36+301.87+1 017.09+2 818.92×2=9 593.16 kN

G_1=2 636.36+301.87+1 017.09+2 818.92+3 586.53=10 360.77 kN

结构总重力荷载代表值　$\sum G_i$=38 049.94 kN

9.5.2　水平地震作用计算

采用底部剪力法，不考虑顶层附加地震作用，即取 $\delta_n=0$，将女儿墙作为顶层的一部分，不考虑鞭梢效应。

结构等效总重力荷载 $G_{eq}=0.85\sum G_i=0.85\times 38\ 049.94=32\ 342.45$ kN。

根据设防烈度7度，设计基本地震加速度为0.1g，查表得 $\alpha_{max}=0.08$，因此房屋底部总水平地震作用标准值

$$F_{Ek}=\alpha_1 G_{eq}=\alpha_{max}G_{eq}=0.08\times 32\ 342.45=2\ 587.40\ \text{kN}$$

各楼层的水平地震作用标准值 F_i 和层间地震剪力 V_i 的计算结果见表9-13。

表9-13　水平地震作用 F_i 及地震剪力 V_i 标准值

楼层	G_i/kN	H_i/m	G_iH_i	$\frac{G_iH_i}{\sum_{j=1}^{4}G_jH_j}$	$F_i=\frac{G_iH_i}{\sum_{j=1}^{4}G_jH_j}F_{Ek}$ /kN	$V_i=\sum_{j=1}^{4}F_j$ /kN
4	8 502.85	15.35	130 518.75	0.354	916.27	916.27
3	9 593.16	11.75	112 719.63	0.306	791.31	1 707.58
2	9 593.16	8.15	78 184.25	0.212	548.87	2 256.45
1	10 360.77	4.55	47 141.50	0.128	330.94	2 587.40
$\sum$	38 049.94		368 564.14	1	2 587.40	

9.5.3 内纵墙抗震验算

由纵向水平地震作用求得的纵向层间水平地震剪力,全部由内外纵墙承担。通常由于纵向墙体的间距较小,水平刚度较大,为简化计,在计算纵墙的水平地震剪力时,往往可按纵墙净截面面积与全部纵墙总净截面面积的比值 A_{im}/A_i 进行分配。

底层地震剪力最大,相比其他层,底层墙体抗震更为不利,故取底层 B 轴线内纵墙,1 ~ 2 轴间墙片进行抗震验算。

1. 整个墙片地震剪力计算

B 轴线内纵墙 1 ~2 轴间墙片上开有 1.5 m×2.7 m 及 1.0 m×2.7 m 两处门洞及一处 1.2 m×0.6 m 窗洞,由于 2 轴线一侧墙垛与右侧墙段连成一体,故只计算图 9 - 11 所示的 a,b,c 三段。忽略墙垛面积后,墙片横截面面积

$$A_{12}=(0.6+2.49+2.99)\times0.24=1.46\ \text{m}^2$$

底层纵墙总截面面积:

$$\begin{aligned}A_1&=(46.8-1.8\times12-2.1\times2)\times0.36+(9.9-1.5-1.2-1.0)\times0.24\times4+\\&\quad(9.9\times4-1.5\times4-1.2\times2-1.0\times2)\times0.24+(46.8-1.5\times14)\times0.36\\&=29.81\ \text{m}^2\end{aligned}$$

则 B 轴线内纵墙 1 ~2 轴间墙片分担的地震剪力

$$V=\frac{A_{12}}{A_1}V_1=\frac{1.46}{29.81}\times2\ 587.40=0.049\times2\ 587.40=126.78\ \text{kN}$$

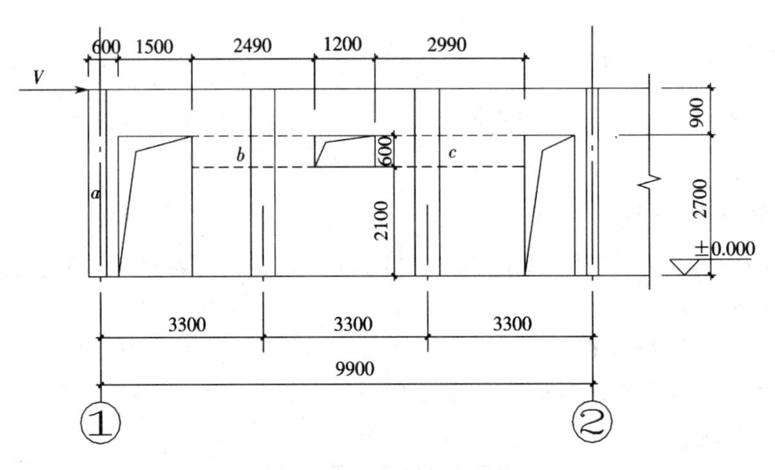

图 9 - 11 B 轴线内纵墙 1 ~2 轴间墙片

2. 内墙段地震剪力计算

地震剪力 V 按各墙段的侧移刚度大小的比例进行分配。

a 墙段 $h/b=2\ 700/600=4.5>4$

故不考虑 a 墙段分担水平地震剪力。

b 墙段 $h/b=600/2\ 490=0.24<1$

故可仅考虑剪切变形的影响,该墙段侧移刚度为

$$K_b=Etb/(3h)=Et\times2.49/(3\times0.6)=1.383Et$$

c 墙段 $h/b=600/2\ 990=0.20<1$

故可仅考虑剪切变形的影响，该墙段侧移刚度为

$$K_c = Etb/(3h) = Et \times 2.99/(3 \times 0.6) = 1.66Et$$

综上，各墙段分担水平地震剪力：

b 墙段　$V_{Eb} = K_b/(K_b + K_c)V = 1.383/(1.383 + 1.66) \times 126.78 = 57.61$ kN

c 墙段　$V_{Ec} = 126.78 - 57.61 = 69.17$ kN

3. b，c 墙段在底层半高处的平均压应力计算

单位长度内屋盖、楼盖传来的荷载：

$(77.88 + 29.27)/3.3 + 0.5 \times 0.5 \times (6.6 + 2.7)/2 + [(49.90 + 17.82)/3.3 + 0.5 \times (2.5 \times 6.6/2 + 3.5 \times 2.7/2)] \times 3$

$= 114.66$ kN

单位长度内墙段自重：

$$62/3.3 \times 3 + 79.58/3.3 \times 0.5 = 68.42 \text{ kN}$$

b 墙段负荷长度为本墙段和与其相邻门洞、窗洞各一半的宽度之和，则 b 墙段竖向压应力：

$\sigma_{0b} = (114.66 + 68.42) \times [2.49 + 0.5 \times (1.5 + 1.2)]/(2.49 \times 0.24) = 1\ 176.42$ kN/m^2

同理，可得 c 墙段竖向压应力：

$\sigma_{0c} = (114.66 + 68.42) \times [2.99 + 0.5 \times (1.0 + 1.2)]/(2.99 \times 0.24) = 1\ 043.47$ kN/m^2

4. b，c 墙段截面抗震承载力验算

底层砂浆强度等级为 M7.5，查表得 $f_v = 0.14$ MPa = 140 kPa。

B 轴线内纵墙 1～2 轴间为承重墙体，且无构造柱，承载力抗震调整系数 $\gamma_{RE} = 1.0$。

b，c 墙段截面抗震承载力验算见表 9－14。

表 9－14　b，c 墙段截面抗震承载力验算

墙段	A /m^2	σ_0 /kPa	σ_0/f_v	ζ_N	$f_{vE} = \zeta_N f_v$ /kPa	$f_{vE}A$ /kN	$V = 1.3V_{Ek}$/kN
b	0.598	1 176.42	8.40	1.77	247.3	147.90	74.89
c	0.718	1 043.47	7.45	1.69	236.6	169.88	89.92

故 b，c 墙段均满足抗震承载力要求。

9.6　基础设计

9.6.1　计算单元确定及荷载计算

作用于条形基础上的荷载取 1 m 长度作为计算单元。

B 轴线内纵墙下条形基础为轴心受压，在计算单元内，荷载如下。

相应于荷载效应基本组合的竖向轴心荷载：

$$F = (803.45 + 79.58 \times 1.35)/3.3 = 276.03 \text{ kN/m}$$

相应于荷载效应标准组合的竖向轴心荷载：

$F_k = (83.33 + 77.13 \times 3 + 31.50 + 33.41 \times 3 + 79.58 + 62 \times 3)/3.3 = 215.77$ kN/m

9.6.2 地基承载力特征值修正

基础埋深自室外下 1.6 m,地基承载力特征值$f_{ak}=140$ kPa。基础自重及基础上土重 G_k 考虑 1.6 +0.45 =2.05 m 深度。

预估基础宽度 $b=(F_k+G_k)/(f_{ak}+\gamma_G d)<(215.77+20\times2.05)/(140+18\times1.6)=1.52$ m。

由于 $b<3$ m,取 $b=3$ m,故仅需对埋深进行修正。修正用深度对于室内基础可用 2.05 m,对于外墙基础宜用 1.6 m。

地基持力层为粉土,查表得 $\eta_d=1.5$,得

$$f_a=f_{ak}+\eta_d\gamma_m(d-0.5)=140+1.5\times18\times(2.05-0.5)=181.85\ \text{kPa}$$

9.6.3 基础设计

采用墙下钢筋混凝土条形基础。

基础宽度 $b=(F_k+G_k)/f_a=(215.77+20\times2.05)/181.85=1.41$(取 $b=1.6$ m)

地基净反力 $P_j=F/(b\times1)=276.03/1.6=172.52$ kPa

最大弯矩截面位置 $S=(1.6-0.24)/2=0.68$ m

最大弯矩 $M=\frac{1}{2}P_jS^2=\frac{1}{2}\times172.52\times0.68^2=39.88\ \text{kN}\cdot\text{m}$

相应剪力 $V=P_jS=172.52\times0.68=117.32$ kN

基础高度 $h=\frac{1}{8}b=\frac{1}{8}\times1.6=200$ mm(边缘取 $h=200$ mm,根部取 $h=300$ mm)

条形基础下设 C10 混凝土垫层,厚 100 mm,基础采用 C25 混凝土,受力主筋及分布筋均采用 HPB300 级钢筋,混凝土保护层厚度 $c=40$ mm。$f_c=11.9\ \text{N/mm}^2$, $f_t=1.27\ \text{N/mm}^2$, $f_y=270\ \text{N/mm}^2$, $h_0=h-c-10=h-50=250$ mm。

受剪承载力验算:

$$0.7f_tbh_0=0.7\times1.27\times1\,000\times250=222.25\ \text{kN}>V=117.32\ \text{kN}$$

满足要求。

受弯承载力验算:

$$A_s=M/(0.9h_0f_y)=39.88\times10^6/(0.9\times250\times270)=656.5\ \text{mm}^2$$

按构造要求最小配筋面积:

$$A_{s,\min}=\rho_{\min}bh=0.15\%\times1\,000\times300=450\ \text{mm}^2<A_s$$

选用 $\phi12@160$,实配面积 $A_s=706.8\ \text{mm}^2$。

按构造要求,分布筋选用 $\phi8@250$。

楼盖结构布置、条形基础详图及构造等见图 9-12。图中仅示出了部分构件的设计,其中Ⓑ~Ⓒ轴线间的内横墙基础,仅做至标高 -0.060 m。

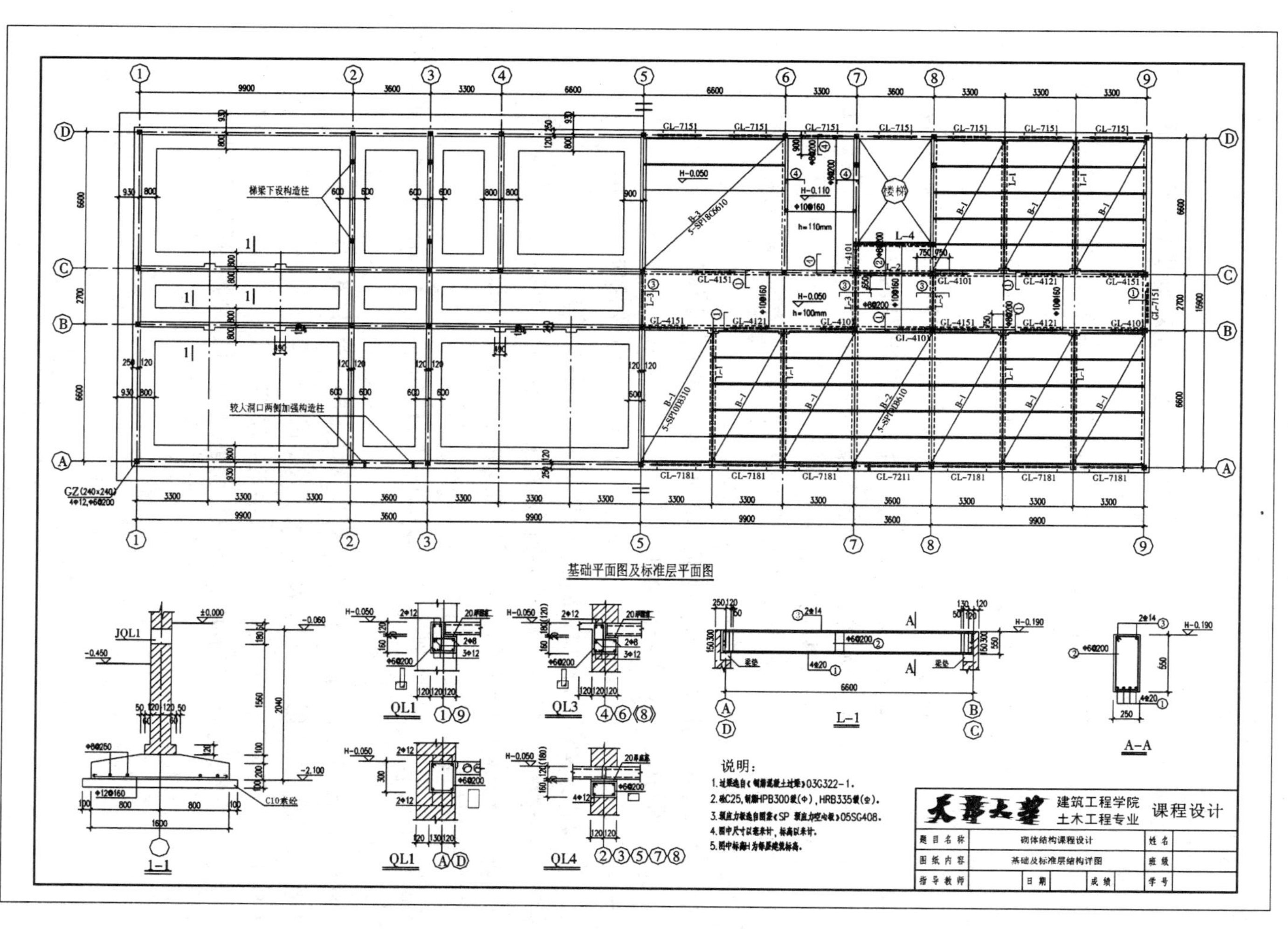
基础平面图及标准层平面图
梯梁下设构造柱
较大洞口两侧加强构造柱
GZ(240×240)
4Φ12,Φ6@200
JQL1
1-1
C10素砼
QL1
QL3
QL4
L-1
A-A
说明：
1.过梁选自《钢筋混凝土过梁》03G322-1.
2.砼C25,钢筋HPB300级(Φ),HRB335级(Φ).
3.预应力板选自图集《SP 预应力空心板》05SG408.
4.图中尺寸以毫米计，标高以米计.
5.图中标高H为每层建筑标高.
天津大学
建筑工程学院
土木工程专业
课程设计
题目名称
砌体结构课程设计
图纸内容
基础及标准层结构详图
指导教师
日期
成绩
姓名
班级
学号

图9-12　结构布置图

参考文献

[1]中华人民共和国住房和城乡建设部. GB 50003—2011　砌体结构设计规范[S]. 北京:中国计划出版社,2012.

[2]中华人民共和国住房和城乡建设部. GB 50007—2011　建筑地基基础设计规范[S]. 北京:中国计划出版社,2012.

[3]中华人民共和国住房和城乡建设部. GB 50009—2012　建筑结构荷载规范[S]. 北京:中国建筑工业出版社,2012.

[4]中华人民共和国住房和城乡建设部. GB 50010—2010　混凝土结构设计规范[S]. 北京:中国建筑工业出版社,2011.

[5]中华人民共和国住房和城乡建设部,中华人民共和国国家质量监督检验检疫总局. GB 50011—2010　建筑抗震设计规范[S]. 北京:中国建筑工业出版社,2010.

[6]中华人民共和国住房和城乡建设部,中华人民共和国国家质量监督检验检疫总局. GB 50068—2001　建筑结构可靠度设计统一标准[S]. 北京:中国建筑工业出版社,2002.

[7]中华人民共和国住房和城乡建设部. GB 50203—2011　砌体结构工程施工质量验收规范[S]. 北京:中国建筑工业出版社,2012.

[8]中华人民共和国住房和城乡建设部. GB 50574—2010　墙体材料应用统一技术规范[S]. 北京:中国建筑工业出版社,2011.

[9]李砚波,张晋元,韩圣章. 砌体结构设计[M]. 天津:天津大学出版社,2004.

[10]苏小卒. 砌体结构设计[M]. 2版. 上海:同济大学出版社,2013.

[11]施楚贤. 砌体结构[M]. 3版. 北京:中国建筑工业出版社,2012.

[12]刘立新. 砌体结构[M]. 4版. 武汉:武汉理工大学出版社,2012.

[13]周坚. 砌体结构[M]. 北京:清华大学出版社,2012.

[14]于俊荣. 砌体结构设计新规范(GB 50003—2011)解读[M]. 北京:机械工业出版社,2012.

[15]王铁成. 混凝土结构原理[M]. 5版. 天津:天津大学出版社,2013.

[16]张晋元. 混凝土结构设计[M]. 天津:天津大学出版社,2012.

[17]王成华. 土力学原理[M]. 天津:天津大学出版社,2002.

[18]李东侠,徐光华. 土力学与地基基础[M]. 北京:北京理工大学出版社,2013.